生产安全事故调查处理的理论与实践

主　编　谢财良　王　林
副主编　丁　亮　孙玉琪
　　　　郝彩霞　谢圣权

中南大学出版社
www.csupress.com.cn

序言

安全生产事关人民群众生命财产安全，事关企业健康发展和社会稳定，同时也是促进国民经济稳定、持续发展的基本条件。近年来，我国安全生产形势总体上持续好转，但仍然处于工业化快速发展进程中，生产安全事故易发多发，重特大事故尚未得到有效遏制。

湖南省自2002年被列入全国安全生产监控的主要省份以来，经过艰苦努力，生产安全事故起数、死亡人数大幅下降。但当前全省安全生产形势仍然不容乐观，安全生产基础仍然比较薄弱，事故安全隐患仍然大量存在，事故风险仍然很高。一些企业安全生产主体责任不落实、非法违法及违规违章问题仍然比较严重，传统高危行业的重特大事故尚未有效控制，非传统高危行业事故有多发趋势。

生产安全事故在我国、我省未来经济发展相当长的一段时间内仍然不可避免。生产安全事故发生后，对事故进行调查，必须认真贯彻落实习近平总书记"要严格事故调查，严肃责任追究。要审时度势、宽严有度，解决失之于软、失之于宽的问题。对责任单位和责任人要打到疼处、痛处，让他们真正痛定思痛、痛改前非，有效防止悲剧重演"的要求，彻查原因，严肃追责，总结和深刻汲取事故教训，努力推动安全生产工作上台阶上水平，努力实现以人为本、科学发展、安全发展的社会经济良好格局。

本书作者多年从事安全生产领域学历教育和培训工作，通过对典型案件的深入研究，积累了比较丰富的生产安全事故调查的理论基础和实践经验。本书致力于理论与实践的有机结合，全面介绍了事故调查处理的理论基础、工作程序、法律依据、文书编制格式等方面知识，同时对近年来发生的典型事故调查处理案例进行了详细分析，是一本具有较高实用价值的工具书，也是事故调查处理领域研究的一项新拓展。我相信，这本书一定能对我省安全生产形势的稳定好转发挥积极的作用。

2016. 2. 29

目　录

第一篇　事故调查处理的理论基础

第二篇　事故调查处理的工作程序

第三篇　事故调查处理的法律依据与典型案例分析

第一篇

事故调查处理的理论基础

第一篇

第一章　绪　论

1.1　事故调查处理概述

在安全管理工作中,对已发生的事故进行调查处理是极其重要的一环,根据事故的必然性可知,事故发生是不可避免的,但我们可以采取事前预防措施减少其发生的概率或控制其产生的后果。事故预防是一种管理职能,而且事故预防工作在很大程度上取决于事故调查。因为通过事故调查获得的相应事故信息对于认识危险、控制事故起着至关重要的作用。而事故调查与处理,特别是重特大事故的调查处理会在相当大的时空范围内产生极大影响。因此,事故调查是确认事故经过、查找事故原因的过程,是安全管理工作的一项关键内容,是制定最佳事故预防对策的前提。

所谓事故调查,是指生产安全事故发生后,人民政府查明事故经过与原因、认定事故性质与责任、依法进行责任追究、提出整改与防范措施的过程。

事故调查是一门科学,也是一门艺术。说它是一门科学,是因为事故调查工作需要特定的技术和知识,包括事故调查专门技术的掌握,如航空器事故调查人员既应熟悉事故分析测定技术,也应了解航空器的结构、原理及相应设备;说它是一门艺术,则是因为事故调查工作人员需要具有丰富的经验及综合处理信息并加以分析的能力,有时甚至要凭直觉,这些并不是简单的教育培训所能达到的。因而,真正掌握事故调查的过程及方法,特别需要理论与实践的紧密结合。概括起来,事故调查工作对安全管理的重要性可归纳为以下几个方面。

1.1.1　它是最有效的事故预防方法

事故的发生既有它的偶然性,也有必然性。即如果潜在的事故发生的条件(一般称之为事故隐患)存在,什么时候发生事故是偶然的,但发生事故是必然的。因而,只有通过事故调查的方法,才能发现事故发生的潜在条件,包括引发事故的直接原因和间接原因,找出其发生发展的过程,防止类似事故的发生。例如:某建筑工地叉车司机午间休息时饮酒过量后,又进入工地现场,爬上叉车,使叉车前行一段后从车上摔下,造成重伤。如果按责任承担来找寻事故发生的原则,则处理非常简单,即该司机违章酒后驾车行为;但试问在其酒后进入工地驾车的过程中,为什么没有人制止或提醒他不能酒后驾车呢?如果在类似情况下有人制止,是否还会发生事故呢?答案是十分明确的。

1.1.2　它为制定安全措施提供依据

事故的发生是有因果性和规律性的,事故调查是找出这种因果关系和事故规律的最有效的方法。只有掌握了这种因果关系和规律性,我们才能有针对性地制定出相应的安全措施,包括技术手段和管理手段,达到最佳的事故控制效果。

1.1.3　它可以揭示新的或未被人注意的危险

任何系统，特别是具有新设备、新工艺、新产品、新材料、新技术的系统，都在一定程度上存在着某些我们尚未了解或掌握或被我们所忽视的潜在危险。事故的发生给了我们认识这类危险的机会，事故调查是我们抓住这一机会的最主要途径。只有充分认识了这类危险，我们才有可能防止其发生。

1.1.4　它可以确认管理系统的缺陷

如前所述，事故是管理不佳的表现形式，而管理系统缺陷的存在也会直接影响到企业的经济效益。事故的发生给了我们将坏事变成好事的机会。即通过事故调查发现管理系统存在的问题，加以改进后，就可以一举多得，既控制事故，又改进管理水平，提高企业经济效益。

1.1.5　它是高效的安全管理系统的重要组成部分

安全管理工作是事故预防、应急措施和保险补偿等手段的有机结合，其中，事故预防和应急措施更为重要。既然事故调查结果对于我们进行事故预防和制定应急计划都有重要价值，那么我们的安全管理系统中当然要具备事故调查处理职能并真正发挥其作用，否则安全管理工作的目的和对象就会在我们头脑中变得模糊起来。

当然，事故调查不仅仅与企业安全生产有关。对于保险业来说，事故调查也有着特殊的意义。因为事故调查既可以确定事故真相，排除骗赔事件，减少经济损失；也可以确定事故经济损失，确定双方都能接受的合同赔偿额度；还可以根据事故的发生情况，进行保险费率的调整，同时提出合理的预防措施，协助被保险人减少事故，搞好防灾防损工作，降低事故率。另一方面，对于产品生产企业来说，针对其产品使用、维修乃至报废过程中发生的事故的调查对于确定事故责任、发现产品缺陷、维护企业形象和搞好新产品开发都具有重要意义。

1.2　生产安全事故调查处理制度的演变过程

生产安全事故调查处理制度作为社会的上层建筑，它的形成与发展是随着我国经济基础不断发展而变化的，总体来说，可以大致地分为初创、过渡和规范三个阶段。

1.2.1　生产安全事故调查处理的初创阶段

新中国成立初期，百废待兴，恶劣的劳动条件使得生产安全事故频发，人民群众的生命财产遭受了极大损害。为此，政务院财经委员会颁布了《全国公私营厂矿职工伤亡报告办法》（1950 年），本办法规定由劳动部门负责调查处理企业安全生产事故。同年，劳动部制定了《全国公私营厂矿职工伤亡报告办法》（并附发了《重伤、死亡事故调查报告表》和《因工死亡人数日报表》），更加具体地规定了企业在职工发生伤亡事故后的报告程序。另外，1956 年，国务院还颁布了《工厂安全卫生规程》《建筑安装工程安全技术规程》和《工人职工伤亡事故报告规程》，这一系列规定的出台，意味着我国生产安全事故调查研究处理初创阶段的形成。

事故的调查处理不仅仅为了处罚肇事者，更主要是为了寻找最合理的预防措施，防止同类事故再次发生，做到亡羊补牢，防患于未然，国家对生产安全事故要求进行调查处理，并基本形成了调查处理程序，具体程序包括：①组织调查组、明确任务和分工；②事故现场、事故前生产情况及事故经过的调查；③必要的技术鉴定和试验；④原因分析；⑤提出防范措施；⑥进行责任分析；⑦提出对事故责任者的处理意见；⑧填写调查报告书，结案归档。事故调查实行分级负责原则，其具体分工如下：

（1）轻伤事故及险肇事故，由车间负责；

（2）死亡事故及重伤事故，由企业负责；

（3）重大伤亡事故，由企业主管部门负责；

（4）特别重大伤亡事故，由企业主管部门或者当地劳动部门负责。

对事故调查工作坚持两个原则：一是必须坚信，事故是可以调查清楚的；二是必须坚持，一切认识和结论来源于客观实际，以客观事实为依据，即依靠证据。所谓证据，主要是指现场勘查记录、图纸、照片或实物，有关的技术试验和鉴定材料，当事人的陈述及证明人的证言等。

由于事故调查处理制度处在初创阶段，很多程序还不够完善，也不够科学，比如事故原因分析时，管理的原因仅停留在企业自身的管理层面；事故经济损失计算时将"因事故而造成的产品、半成品、原材料、工厂建筑、机械工具和保护措施的损失费用"列为间接经济损失；事故调查处理往往由个人独立完成，等等。

1.2.2 生产安全事故调查处理的过渡阶段

这一时期，安全生产事故的调查处理制度散见于一系列法律、法规和政策之中，也没有将事故调查处理作为一项单独的行政法律程序予以规定，国家分别于 1989 年颁布了《特别重大事故调查程序暂行规定》《企业职工伤亡事故报告和处理规定》《国务院关于特大安全事故行政责任追究的规定》《企业职工伤亡事故调查分析规则》《企业职工伤亡事故分类标准》《企业职工伤亡事故报告和处理规定》《安全生产法》等。

具体来说，特别重大事故的调查处理和企业发生人身伤亡和急性中毒事故的调查程序已经基本形成。《特别重大事故调查程序暂行规定》明确了特别重大事故的调查权、事故调查组的组成、事故调查组的任务以及调查人员的责任等等。另外，特别重大事故以外的企业人身伤亡和急性中毒事故则适用 1991 年出台的《企业职工伤亡事故报告和处理规定》，该规定明确了企业发生人身伤亡及急性中毒事故的接报程序、事故调查权、调查组的组成等等。这两项规定为事故调查处理制度的规范发展奠定了基础。但是这两项规定存在很多明显不科学的地方，比如适用范围的局限性、事故调查组分工的缺失、事故调查报告时效的仓促性、事故调查处理的非公开性、调查处理责任的模糊性等等。

为了克服上述规定中存在的一些问题，2002 年，各省相继成立了省级安全生产监督管理局，负责对各省安全生产工作实施综合管理，并作为事故调查处理的职能部门。这一制度在同年全国人大常委会颁布的《中华人民共和国安全生产法》（以下简称《安全生产法》）中予以进一步明确，该法第九条规定："国务院负责安全生产监督管理的部门依照本法，对全国安全生产工作实施综合监督管理；县级以上地方各级人民政府负责安全生产监督管理的部门依照本法，对本行政区域内安全生产工作实施综合监督管理。"第七十一条规定："负有安全生产监督管理职责的部门接到事故报告后，应当立即按照国家有关规定上报事故情况。负有安全生产监督管理职责的部门和有关地方人民政府对事故情况不得隐瞒不报、谎报或者拖延不报。”第七十二条规定：“有关地方人民政府和负有安全生产监督管理职责的部门的负责人接到重大事故报告后，应当立即赶到事故现场，组织事故抢救。”虽然安全生产监督管理的综合部门已经成立，但是对于事故调查处理的具体办法，则由国务院另行规定。

因此，这一时期事故调查处理制度的特点主要体现为系统性欠缺，而且对相关问题的规定也不够科学。

1.2.3　生产安全事故调查处理的规范阶段

以2007年国务院493号令《生产安全事故报告和调查处理条例》（以下简称《条例》）和《〈生产安全事故报告和调查处理条例〉罚款处罚暂行规定》为基础、其他行业特别规定并行的事故调查制度体系的建立，意味着生产安全事故调查处理制度进入了规范化发展阶段。该条例分总则、事故报告、事故调查、事故处理、法律责任以及附则共七章四十六条，事故调查处理的行政程序特性得到了充分体现，依照现代法治理念对该行政程序中相关主体的权利、义务、责任都作了规定，对该条例的适用范围、事故调查权、调查组的组成、调查组的分工、调查组的任务和处理程序及法律责任都作了明确规定。条例规定《特别重大事故调查程序暂行规定》和《企业职工伤亡事故报告和处理规定》同时废止。另外，国务院还先后出台了《关于加强较大及重特大事故信息报告和处置工作的通知》《关于调整生产安全事故调度统计报告的通知》，这些规定对事故调查处理相关问题作了明确规定，以保证事故调查处理的客观性、公正性、规范性与科学性。

就制度建设方面，生产安全事故调查处理的相关问题还有待进一步科学化、规范化，比如回避制度、调查权的授予问题、调查处理程序责任问题等等还有待研究并进一步明确。另外，《企业职工伤亡事故调查分析规则》《企业职工伤亡事故分类标准》《企业职工伤亡事故经济损失统计标准》等技术操作方法与标准部分已不适应现时的情况，有修订的必要。

1.3　生产安全事故调查处理目的、原则与任务

1.3.1　事故调查处理的目的

事故调查处理是人民政府按照法律规定进行的一项行政行为，其具有很强的目的性，具体体现在以下几个方面：

1.防止事故再次发生

必须明确的是，无论何种事故，科学的事故调查处理程序开展的目的主要是防止事故的再次发生。虽然，事故调查处理的任务包括查明事故原因、厘清事故责任、提出防范与整改措施，但相对而言，防止事故的再次发生才是事故调查处理程序最根本、最主要的目的。也就是说，根据事故调查的主要目的，提出整改措施，以便控制类似事故的再次发生。

2.为正确执法、司法提供依据

科学、严谨的事故调查程序能够为行政机关和司法机关提供正确执法与司法的依据。无论何种事故，都会涉及相关主体的利益，为了不使无辜者的利益受到损害，必须科学、严谨地进行事故调查处理。

3.为宏观决策提供依据

此外，通过事故调查还可以描述事故的发生过程，鉴别事故的直接原因和间接原因，从而积累事故资料，为事故的统计分析及类似系统、产品的设计与管理提供信息，为企业或政府有关部门安全工作的宏观决定提供依据。

1.3.2 事故调查处理原则

事故调查处理是一项比较复杂的工作，涉及各种利益主体，同时又具有很强的科学性和技术性。因此，要搞好事故调查处理工作，必须有正确的原则作指导。因此，《条例》规定，事故调查处理应当坚持实事求是、尊重科学和"四不放过"原则。这与《安全生产法》中的相关规定是一致的。

1.实事求是的原则。实事求是是唯物辩证法的基本要求。这一原则有几个方面的含义。一是必须全面、彻底查清生产安全事故的原因，不得夸大事故事实或者规避事实，更不得弄虚作假；二是一定要从实际出发，在查明事故原因的基础上明确事故责任；三是提出处理意见要实事求是，不得从主观出发，不能感情用事，要根据事故责任划分，按照法律、法规和国家有关规定对事故责任人提出处理意见；四是总结事故教训、落实事故整改措施要实事求是，总结教训要准确、全面，落实整改措施要坚决、彻底。

2.尊重科学的原则。尊重科学，是事故调查处理工作的客观要求。生产安全事故的调查处理具有很强的科学性和技术性，特别是事故原因的调查，往往需要作出很多技术上的分析与研究，借助科学技术手段。尊重科学：一是要有科学的态度，不主观臆想，不轻易下结论，防止个人意识主导，杜绝心理偏好，努力做到客观、公正；二是要特别注意充分发挥专家和技术人员的作用，把对事故原因的查明、事故责任的分析与认定建立在科学的基础上。

3."四不放过"原则。事故调查处理过程必须坚持"四不放过"原则，即事故原因不查清楚不放过，防范措施不落实不放过，职工群众未受到教育不放过，事故责任者未受到处理不放过。"四不放过"是我国安全生产工作长期实践经验的总结，实践也证明其是行之有效的调查处理原则。1975年4月7日，《国务院关于转发全国安全生产会议纪要的通知》中提出"三不放过"，即：事故原因分析不清不放过，事故责任者和群众没有受到教育不放过，没有防范措施不放过。2004年2月17日，国务院办公厅文件《关于加强安全工作的紧急通知》（〔2004〕7号）提出"四不放过"：对责任不落实，发生重特大事故的，要严格按照事故原因未查清不放过、责任人员未处理不放过、整改措施未落实不放过、有关人员未受到教育不放过的"四不放过"原则和《国务院关于特大安全事故行政责任追究的规定》（国务院令第302号），严肃追究有关领导和责任人的责任。

1.3.3 事故调查处理的任务

根据《条例》规定，事故调查处理的主要任务和内容包括以下几个方面：

（1）及时、准确地查清事故经过、事故原因和事故损失。查清事故发生的经过和事故原因，是事故调查处理的首要任务和内容，也是进行下一步工作的基础。事故原因有可能是自然原因，即所谓"天灾"，也有可能是人为原因，即所谓"人祸"，更多情况下则是自然原因与人为原因共同造成的，即所谓的"三分天灾，七分人祸"。无论什么原因，都要予以查明。事故损失主要包括事故造成的人身伤亡和财产损失，这是确定事故等级的依据。查清事故经过、事故原因和事故损失要及时、准确，不能久拖不决，模模糊糊。

（2）查明事故性质，认定事故责任。事故性质是指在对事故调查所确认的事实、事故发生原因和责任属性进行科学分析的基础上，对事故严重程度以及是属于责任事故或非责任事故作出认定。查明事故性质是认定事故责任的基础和前提。如果事故纯属自然事故或者意外事故，则不需要认定事故责任。如果事故是人为事故或责任事故，就应当查明哪些人员对事故负有责任，负有何种责任等等。事故责任分为直接责任、领导责任、直接领导责任等。

（3）总结事故教训，提出整改措施。安全生产工作的方针是"安全第一、预防为主、综合治理"。通过查明事故经过和事故原因，发现安全生产管理工作的漏洞，从事故中总结血的教训，并提出整改措施，防止今后类似事故再次发生，这是事故调查处理的重要任务和内容之一，也是事故调查处理的最根本目的。

（4）对事故责任者依法追究责任。生产安全事故责任追究制度是我国安全生产领域的一项基本制度。《安全生产法》明确规定，国家建立生产安全事故责任追究制度。结合对事故责任的认定，对事故责任人分别提出不同的处理建议，使有关责任者受到合理的处理，包括给予党纪处分、行政处分的行政责任和刑事责任。这对于增强有关人员的责任心，预防事故的再次发生具有非常重要的意义。

第二章　生产安全事故调查处理的理论基础

2.1　事故的概念及其分类

事故是在生产活动过程中，人们由于受到科学知识和技术力量的限制或者由于认识上的局限，当前还不能防止或能防止但未有效控制而发生的违背人们意愿的事件序列。任何事故的发生都有其根本的内在原因，而事故调查的目的之一也是为了要探究这些内在原因。为了便于在事故调查中，分析事故的内在致因、了解事故的发生发展规律、掌握事故调查的经过，有必要明确了解事故的内涵和外延、安全隐患与事故的关系、事故原因、事故调查模式、事故损失和伤亡的计算以及事故分析等基本问题，以提高事故调查的水平。

安全工作的基本任务是防止各类事故的发生，避免和减少事故造成的人员伤亡和财产损失。为了预防事故，控制事故的损失，我们要研究事故及其发生、发展的规律。

2.1.1　事故

事故是发生在人们的生产、生活过程中的意外事件。在事故的种种定义中，伯克霍夫的定义较著名。

伯克霍夫认为，事故是个人或集体在为实现某种意图而进行的活动过程中，突然发生的、违反人的意志的、迫使活动暂时或永久停止的事件。事故的含义包括以下几方面：

（1）事故是一种发生在人类生产、生活过程中的特殊事件，人类的任何生产、生活活动过程中都可能发生事故。

（2）事故是一种突然发生的、出乎人们意料的意外事件。由于导致事故发生的原因非常复杂，往往包括许多偶然因素，因而事故的发生具有随机性质。在一起事故发生之前，人们无法准确地预测什么时候、什么地方会发生什么样的事故。

（3）事故是一种迫使正在进行着的生产、生活暂时或永久停止的事件。事故中断、终止人们正常活动的进行，必然给人们的生产、生活带来某种形式的影响。因此，事故是一种违背人们意志的事件，是人们不希望发生的事件。

事故这种意外性除了影响人们的生产、生活顺利进行之外，往往还可能造成人员伤害、财物损坏或环境污染等其他形式的严重后果。在这个意义上说，事故是在生产、生活过程中突然发生的、违反人们意志的、迫使活动暂时或永久停止的并可能造成人员伤害、财产损失或环境污染的意外事件。

根据上述事故定义，在结合事故共性与生产系统本身特点的基础上确定了具体生产过程中事故的定义，即：生产事故是指在生产活动中，由于人们受到科学知识和技术力量的限制，或者由于认识上的局限，有的还不能防止、或能防止而未有效控制出现的违背人们意愿的具有现象上偶然性、本质上必然性的事件序列；它的发生，从结果上看具有随机性，即事故的发生可能迫使生产系统暂时或较长时间或永远中断运行，也可能伴随人员伤亡、财产损失或环境破坏，或者其中两者或三者同时出现。这一定义从内涵到外延对事故都给出了明确的标准。

简而言之，事故是在以人为主体的系统中，在为了实现某一意图而采取行动的过程中，突然发生的与人的希望和意志相反的事件。事故迫使人们必须依照一定的规则来设计、安排生产和生活方式。例如，煤矿企业的生产必须符合《煤矿安全规程》的规定，才能有效避免事故的发生。

事故和事故后果是互为因果的两件事情：由于事故的发生产生了某种事故后果。但是在日常生产、生活中，人们往往把事故和事故后果看作一个事件，这是不正确的。之所以产生这种认识，是因为事故的后果，特别是引起严重伤害或损失的事故后果，给人的印象非常深刻，相应地注意了带来某种严重后果的事故；相反地，当事故带来的后果非常轻微，没有引起人们注意的时候，人们也就忽略了事故。因此，人们应从防止事故发生和控制事故的严重后果两方面来预防事故。

另一个值得注意的问题是：事故与刑事案件的区别。事故是非预谋性事件，而刑事案件大多是罪犯有目的、有预谋的行为结果；事故当然也可能有人员伤亡，但是事故责任人主观上并不希望事故及事故后果的出现，其主观上属于过失，而刑事案件中除少数过失犯罪外，绝大多数都是罪犯的故意行为所致。另外，事故调查与处理属于行政程序，而刑事案件的侦查与处理手段、立案依据等属于司法程序。因此，二者存在很大的差异。

2.1.2　事故的基本特征

大量事故的调查、统计、分析表明，事故有其自身特有的属性。掌握和研究这些特性，对于指导人们认识事故、了解事故和预防事故具有重要意义。

(1)普遍性。自然界中充满着各种各样的危险，人类的生产、生活过程中也总是伴随着危险。所以，发生事故的可能性普遍存在。危险是客观存在的，在不同的生产、生活过程中，危险性各不相同，事故发生的可能性也就存在着差异。

(2)随机性。事故发生的时间、地点、形式、规模和事故后果的严重程度都是不确定的。何时、何地、发生何种事故，其后果如何，都很难预测，从而给事故的预防带来一定困难。但是，在一定的范围内，事故的随机性遵循数理统计规律，亦即在大量事故统计数据的基础上，可以找出事故发生的规律，预测事故发生概率的大小。因此，事故统计分析对制定正确的预防措施具有重要作用。

(3)必然性。危险虽然是客观存在的，但不是绝对的。因此，人们在生产、生活过程中必然会发生事故，只不过是事故发生的概率大小、人员伤亡的多少和财产损失的严重程度不同而已。人们采取措施预防事故，只能延长事故发生的时间间隔，降低事故发生的概率，而不能完全杜绝事故发生。

(4)因果相关性。事故是由系统中相互联系、相互制约的多种因素共同作用的结果。导致事故的原因多种多样。从总体上事故原因可分为人的不安全行为、物的不安全状态以及环境的不良影响。从逻辑上又可分为直接原因和间接原因等等。这些原因在系统中相互作用、相互影响，在一定的条件下发生突变，即酿成事故。通过事故调查分析，探求事故发生的因果关系，搞清事故发生的直接原因、间接原因和主要原因，对于预防事故发生具有积极作用。

（5）突变性。系统由安全状态转化为事故状态实际上是一种突变现象。事故一旦发生，往往十分突然，令人措手不及。因此，制定事故预案，加强应急救援训练，提高作业人员的应急救援能力和应急救援水平，对于减少人员伤亡和财产损失尤为重要。

（6）潜伏性。事故的发生具有突变性，但在事故发生之前存在一个量变过程，亦即系统内部相关参数的渐变过程。所以事故都具有潜伏性。一个系统，可能长时间没有发生事故，但这并非就意味着该系统是安全的，因为它可能潜伏着事故隐患。这种系统在事故发生之前所处的状态不稳定，为了达到系统的稳定状态，系统要素在不断发生变化。当某一触发因素出现，即可导致事故。事故的潜伏性往往会引起人们的麻痹思想，从而酿成重大恶性事故。

（7）危害性。事故往往造成一定的财产损失或人员伤亡。严重者会制约企业的发展，给社会稳定带来不良影响。因此，人们面对危险，要能够全力抗争而追求安全。

（8）可预防性。尽管事故的发生是必然的，但我们可以通过采取控制措施来预防事故发生或者延长事故发生的时间间隔。充分认识事故的这一特性，对于防止事故发生有促进作用。通过事故调查，探求事故发生的原因和规律，采取预防事故的措施，可降低事故发生的概率。

2.1.3　事故分类

1. 按行业分类

按行业可将事故分为以下七类：矿山事故；道路交通、铁路交通、水上交通和民用航空事故；建设工程事故；民用爆炸物品和化学危险品事故；火灾事故；锅炉、压力容器和压力管道等特种设备事故；其他事故。

2. 按事故类别分类

按事故类别可将事故分为：物体打击、车辆伤害、机械伤害、起重伤害、触电、淹溺、灼烫、火灾、高处坠落、坍塌、冒顶片帮、透水、放炮、火药爆炸、瓦斯爆炸、锅炉爆炸、容器爆炸、其他爆炸、中毒和窒息、其他伤害等20类。

3. 按事故造成的人员伤亡或者直接经济损失分类

（1）特别重大事故，是指造成30人以上死亡，或者100人以上重伤（包括急性工业中毒，下同），或者1亿元以上直接经济损失的事故；

（2）重大事故，是指造成10人以上30人以下死亡，或者50人以上100人以下重伤，或者5000万元以上1亿元以下直接经济损失的事故；

（3）较大事故，是指造成3人以上10人以下死亡，或者10人以上50人以下重伤，或者1000万元以上5000万元以下直接经济损失的事故；

（4）一般事故，是指造成3人以下死亡，或者10人以下重伤，或者1000万元以下直接经济损失的事故。

（所称"以上"包括本数，所称的"以下"不包括本数）。

4. 按煤炭行业统计口径分类

（1）顶板事故：指冒顶、片帮、顶板掉矸、顶板支护垮倒、冲击地压、露天煤矿边坡滑移垮塌等。底板事故视为顶板事故。

（2）瓦斯事故：指瓦斯（煤尘）爆炸（燃烧），煤（岩）与瓦斯突出，中毒、窒息事故。

（3）机电事故：指机电设备（设施）导致的事故。包括运输设备在安装、检修、调试过程中发生的事故。

（4）运输事故：指运输设备（设施）在运行过程中发生的事故。

（5）放炮事故：指放炮崩人、触响瞎炮造成的事故。

（6）火灾事故：指煤与矸石自燃发火和外因火灾造成的事故（煤层自燃未见明火，逸出有害气体中毒算为瓦斯事故）。

（7）水害事故：指地表水、老空水、地质水、工业用水造成的事故及透黄泥、流沙导致的事故。

（8）其他事故：以上七类以外的事故。

2.2　事故致因理论

事故致因理论是从大量典型事故的本质原因分析中提炼出的事故机理和事故模型。这些机理和模型反映了事故发生的规律性，能够为事故原因的定性、定量分析，为事故的预测预防，为改进安全管理工作，从理论上提供科学的、完整的依据。

随着科学技术和生产方式的发展，事故发生的本质规律在不断变化，人们对事故原因的认识也在不断深入，因此先后出现了十几种具有代表性的事故致因理论和事故模型。

2.2.1　事故致因理论的发展

20世纪前50年，资本主义工业化大生产飞速发展，美国福特公司的大规模流水线生产方式得到广泛应用。这种生产方式利用机械的自动化迫使工人适应机器，包括操作要求和工作节奏，一切以机器为中心，人成为机器的附属和奴隶。与这种情况相对应，人们往往将生产中的事故原因推到操作者的头上。

1919年，格林伍德（M. Greenwood）和伍兹（H. Woods）提出了"事故倾向性格"论，后来又由纽伯尔德（Newboid）在1926年以及法默（Farmer）在1939年分别对其进行了补充。该理论认为，从事同样的工作和在同样的工作环境下，某些人比其他人更易发生事故，这些人是事故倾向者，他们的存在会使生产中的事故增多；如果通过人的性格特点区分出这部分人而不予雇佣，则可以减少工业生产的事故。这种理论把事故致因归咎于人的天性，至今仍有某些人赞成这一理论，但是后来的许多研究结果并没有证实此理论的正确性。

1936年美国人海因里希（W. H. Heinrich）提出事故因果连锁理论。海因里希认为，伤害事故的发生是一连串的事件，按一定因果关系依次发生的结果。他用五块多米诺骨牌来形象地说明这种因果关系，即第一块牌倒下后会引起后面骨牌连锁反应而倒下，最后一块骨牌即为伤害。因此，该理论也被称为"多米诺骨牌"理论。多米诺骨牌理论建立了事故致因的事件链这一重要概念，并为后来者研究事故机理提供了一种有价值的方法。

海因里希曾经调查了75000件工伤事故，发现其中有98%是可以预防的。在可预防的工伤事故中，以人的不安全行为为主要原因的占89.8%，而以设备的、物质的不安全状态为主要原因的只占10.2%。按照这种统计结果，绝大部分工伤事故都是由于工人的不安全行为引起的。海因里希还认为，即使有些事故是由于物的不安全状态引起的，其不安全状态的产生也是由于工人的错误所致。因此，这一理论与事故倾向性格论一样，将事件链中的原因大部分归于操作者的错误，表现出时代的局限性。

第二次世界大战爆发后，高速飞机、雷达、自动火炮等新式军事装备的出现，带来了操作的复杂性和紧张度，使得人们难以适应，常常发生动作失误。于是，产生了专门研究人类的工作能力及其限制的学问——人机工程学，它对战后工业的安全发展也产生了深刻的影响。人机工程学的兴起标志着工业生产中人与机器关系的重大改变。以前是按机械的特性来训练操作者，让操作者满足机械的要求；现在是根据人的特性来设计机械，使机械适合人的操作。

这种在人机系统中以人为主、让机器适合人的观念，促使人们对事故原因进行重新认识。越来越多的人认为，不能把事故的发生简单地说成是操作者的性格缺陷或粗心大意，应该重视机械的、物质的危险性在事故中的作用，强调实现生产条件、机械设备的固有安全，才能切实有效地减少事故的发生。

1949 年，葛登（Gorden）利用流行病传染机理来论述事故的发生机理，提出了"用于事故的流行病学方法"理论。葛登认为，流行病病因与事故致因之间具有相似性，可以参照分析流行病因的方法分析事故。

流行病的病因有三种：①当事者（病者）的特征，如年龄、性别、心理状况、免疫能力等；②环境特征，如温度、湿度、季节、社区卫生状况、防疫措施等；③致病媒介特征，如病毒、细菌、支原体等。这三种因素的相互作用，可以导致人的疾病发生。与此相类似，对于事故，一要考虑人的因素；二要考虑作业环境因素；三要考虑引起事故的媒介。

这种理论比只考虑人失误的早期事故致因理论有了较大的进步，它明确地提出事故因素间的关系特征，事故是三种因素相互作用的结果，并推动了关于这三种因素的研究和调查。但是，这种理论也有明显的不足，主要是关于致因的媒介。作为致病媒介的病毒等在任何时间和场合都是确定的，只是需要分辨并采取措施防治；而作为导致事故的媒介到底是什么，还需要识别和定义，否则该理论无太大用处。

1961 年由吉布森（Gibson）提出并在 1966 年由哈登（Hadden）引申的"能量异常转移"论，是事故致因理论发展过程中的重要一步。该理论认为，事故是一种不正常的，或不希望的能量转移，各种形式的能量构成了伤害的直接原因。因此，应该通过控制能量或者控制能量的载体来预防伤害事故，防止能量异常转移的有效措施是对能量进行屏蔽。

能量异常转移论的出现，为人们认识事故原因提供了新的视野。例如，在利用"用于事故的流行病学方法"理论进行事故原因分析时，就可以将媒介看成是促成事故的能量，即有能量转移至人体才会造成事故。

20 世纪 70 年代后，随着科学技术不断进步，生产设备、工艺及产品越来越复杂，信息论、系统论、控制论相继成熟并在各个领域获得广泛应用。对于复杂系统的安全性问题，采用以往的理论和方法已不能很好地解决，因此出现了许多新的安全理论和方法。

在事故致因理论方面，人们结合信息论、系统论和控制论的观点和方法，提出了一些有代表性的事故理论和模型。相对来说，20 世纪 70 年代以后是事故致因理论比较活跃的时期。

20 世纪 60 年代末（1969 年）由瑟利（J. Surry）提出，20 世纪 70 年代初得到发展的瑟利模型，是以人对信息的处理过程为基础描述事故发生因果关系的一种事故模型。这种理论认为，人在信息处理过程中出现失误从而导致人的行为失误，进而引发事故。与此类似的理论还有 1970 年的海尔（Hale）模型，1972 年威格里·沃思（Wiggles Worth）的"人失误的一般模型"，1974 年劳伦斯（Lawrence）提出的"金矿山人失误模型"，以及 1978 年安德森（Anderson）

等人对瑟利模型的修正等等。

这些理论均从人的特性与机器性能和环境状态之间是否匹配和协调的观点出发，认为机械和环境的信息不断地通过人的感官反映到大脑，人若能正确地认识、理解、判断、作出正确决策并采取行动，就能化险为夷，避免事故和伤亡；反之，如果人未能察觉、认识所面临的危险，或判断不准确而未采取正确的行动，就会发生事故和伤亡。由于这些理论把人、机、环境作为一个整体（系统）看待，研究人、机、环境之间的相互作用、反馈和调整，从中发现事故的致因，揭示出预防事故的途径，所以，也有人将它们统称为系统理论。

动态和变化的观点是近代事故致因理论的又一基础。1972 年，本尼尔（Benner）提出了在处于动态平衡的生产系统中，由于"扰动"（Perturbation）导致事故的理论，即 P 理论。此后，约翰逊（Johnson）于 1975 年发表了"变化—失误"模型，1980 年诺兰茨（W. E. Talanch）在《安全测定》一书中介绍了"变化论"模型，1981 年佐藤音信提出了"作用—变化与作用连锁"模型。

近十几年来，比较流行的事故致因理论是"轨迹交叉"论。该理论认为，事故的发生不外乎是人的不安全行为（或失误）和物的不安全状态（或故障）两大因素综合作用的结果，即人、物两大系列时空运动轨迹的交叉点就是事故发生的所在，预防事故的发生就是设法从时空上避免人、物运动轨迹的交叉。与轨迹交叉论类似的理论是"危险场"理论。危险场是指危险源能够对人体造成危害的时间和空间的范围。这种理论多用于研究存在诸如辐射、冲击波、毒物、粉尘、声波等危害的事故模式。

事故致因理论的发展虽还很不完善，还没有给出对于事故调查分析和预测预防方面的普遍和有效的方法。然而，通过对事故致因理论的深入研究，必将在安全管理工作中产生以下深远影响：①从本质上阐明事故发生的机理，奠定安全管理的理论基础，为安全管理实践指明正确的方向。②有助于指导事故的调查分析，帮助查明事故原因，预防同类事故的再次发生。③为系统安全分析、危险性评价和安全决策提供充分的信息和依据，增强针对性，减少盲目性。④有利于从定性的物理模型向定量的数学模型发展，为事故的定量分析和预测奠定基础，真正实现安全管理的科学化。⑤增加安全管理的理论知识，丰富安全教育的内容，提高安全教育的水平。

2.2.2　几种有代表性的事故致因理论

2.2.2.1　事故因果连锁理论

1. 海因里希因果连锁理论

海因里希是最早提出事故因果连锁理论的，他用该理论阐明导致伤亡事故的各种因素之间，以及这些因素与伤害之间的关系。该理论的核心思想是：伤亡事故的发生不是一个孤立的事件，而是一系列原因事件相继发生的结果，即伤害与各原因相互之间具有连锁关系。

海因里希提出的事故因果连锁过程包括如下五种因素：

第一，遗传及社会环境（M）。遗传及社会环境是造成人的缺点的原因。遗传因素可能使人具有鲁莽、固执、粗心等对于安全来说属于不良的性格；社会环境可能妨碍人的安全素质培养，助长不良性格的发展。这种因素是因果链上最基本的因素。

第二，人的缺点（P）。即由于遗传和社会环境因素所造成的人的缺点。人的缺点是使人产生不安全行为或造成物的不安全状态的原因。这些缺点既包括诸如鲁莽、固执、易过激、神经质、轻率等性格上的先天缺陷，也包括诸如缺少安全生产知识和技能等的后天不足。

第三，人的不安全行为或物的不安全状态（H）。这二者是造成事故的直接原因。海因里希认为，人的不安全行为是由人的缺点而产生的，是造成事故的主要原因。

第四，事故（D）。事故是一种由于物体、物质或放射线等对人体发生作用，使人员受到或可能受到伤害的、出乎意料的、失去控制的事件。

第五，伤害（A）。即直接由事故产生的人身伤害。

上述事故因果连锁关系，可以用5块多米诺骨牌来形象地加以描述。如果第一块骨牌倒下（即第一个原因出现），则发生连锁反应，后面的骨牌相继被碰倒（相继发生）。

该理论积极的意义就在于，如果移去因果连锁中的任意一块骨牌，则连锁被破坏，事故过程被中止。海因里希认为，企业安全工作的中心就是要移去中间的骨牌以防止人的不安全行为或消除物的不安全状态，从而中断事故连锁的进程，避免伤害的发生。

海因里希的理论有明显的不足，如它对事故致因连锁关系的描述过于绝对化、简单化。事实上，各个骨牌（因素）之间的连锁关系是复杂的、随机的。前面的牌倒下，后面的牌可能倒下，也可能不倒下。事故并不是全都造成伤害，不安全行为或不安全状态也并不是必然造成事故等等。尽管如此，海因里希的事故因果连锁理论促进了事故致因理论的发展，成为事故研究科学化的先导，具有重要的历史地位。

2. 博德事故因果连锁理论

博德在海因里希事故因果连锁理论的基础上，提出了与现代安全观点更加吻合的事故因果连锁理论。

博德的事故因果连锁过程同样分为五个因素，但每个因素的含义与海因里希的都有所不同。

第一，管理缺陷。对于大多数企业来说，由于各种原因，完全依靠工程技术措施预防事故既不经济也不现实，只能通过完善安全管理工作，经过较大的努力，才能防止事故的发生。企业管理者必须认识到，只要生产没有实现本质安全化，就有发生事故及伤害的可能性，因此，安全管理是企业管理的重要一环。

安全管理系统要随着生产的发展变化而不断调整完善，十全十美的管理系统不可能存在。安全管理上的缺陷，致使能够造成事故的其他原因出现。

第二，个人及工作条件的原因。这方面的原因是由于管理缺陷造成的。个人原因包括缺乏安全知识或技能，行为动机不正确，生理或心理有问题等；工作条件原因包括安全操作规程不健全，设备、材料不合适，以及存在温度、湿度、粉尘、气体、噪声、照明、工作场地状况（如打滑的地面、障碍物、不可靠支撑物）等有害作业环境因素。只有找出并控制这些原因，才能有效地防止后续原因的发生，从而防止事故的发生。

第三，直接原因。人的不安全行为或物的不安全状态是事故的直接原因。这种原因是安全管理中必须重点加以追究的原因。但是，直接原因只是一种表面现象，是深层次原因的表征。在实际工作中，不能停留在这种表面现象上，而要追究其背后隐藏的管理上的缺陷原因，并采取有效的控制措施，从根本上杜绝事故的发生。

第四，事故。这里的事故被看做是人体或物体与超过其承受阈值的能量接触，或人体与妨碍正常生理活动的物质的接触。因此，防止事故就是防止接触。可以通过对装置、材料、工艺等的改进来防止能量的释放，或者操作者提高识别和回避危险的能力，佩戴个人防护用具等来防止接触。

第五，损失。人员伤害及财物损坏统称为损失。人员伤害包括工伤、职业病、精神创伤等。

在许多情况下，可以采取恰当的措施使事故造成的损失最大限度地减小。例如，对受伤人员迅速正确地抢救，对设备进行抢修以及平时对有关人员进行应急训练等。

3. 亚当斯事故因果连锁理论

亚当斯提出了一种与博德事故因果连锁理论类似的因果连锁模型，该模型可以用表格的形式表达，见表2-1。

表2-1　亚当斯事故因果连锁模型

管理体系	管理失误		现场失误	事故	伤害或损坏
目标 组织 机能	领导者在下述方面决策失误或没作决策： 方针政策 目标 规范 责任 职级 考核 权限授予	安技人员在下述方面管理失误或疏忽： 行为 责任 权限范围 规则 指导 主动性 积极性 业务活动	不安全行为 不安全状态	伤亡事故 损坏事故 无伤害事故	对人 对物

在该理论中，事故和损失因素与博德理论相似。这里把人的不安全行为和物的不安全状态称为现场失误，其目的在于提醒人们注意不安全行为和不安全状态的性质。

亚当斯理论的核心在于对现场失误的背后原因进行深入的研究。操作者的不安全行为及生产作业中的不安全状态等现场失误，是由于企业领导和安技人员的管理失误造成的。管理人员在管理工作中的差错或疏忽，企业领导人的决策失误，对企业经营管理及安全工作具有决定性的影响。管理失误又由企业管理体系中的问题所导致，这些问题包括：如何有组织地进行管理工作，确定怎样的管理目标，如何计划、如何实施等。管理体系反映了作为决策中心的领导人的信念、目标及规范，它决定各级管理人员安排工作的轻重缓急、工作基准及指导方针等重大问题。

4. 北川彻三事故因果连锁理论

前面几种事故因果连锁理论把考察的范围局限在企业内部。实际上，工业伤害事故发生的原因是很复杂的，一个国家或地区的政治、经济、文化、教育、科技水平等诸多社会因素，对伤害事故的发生和预防都有着重要的影响。

日本人北川彻三正是基于这种考虑，对海因里希的理论进行了一定的修正，提出了另一种事故因果连锁理论，见表2-2。

表 2 – 2　北川彻三事故因果连锁理论

基本原因	间接原因	直接原因		
学校教育的原因 社会的原因 历史的原因	技术的原因 教育的原因 身体的原因 精神的原因 管理的原因	不安全行为 不安全状态	事故	伤害

在北川彻三的因果连锁理论中，各个基本原因已经超出了企业安全工作的范围。但是，充分认识这些基本原因，对综合利用可能的科学技术、管理手段来改善间接原因因素，达到预防伤害事故发生的目的，是十分重要的。

2.2.2.2　能量意外转移理论

1. 能量意外转移理论的概念

在生产过程中能量是必不可少的，人类利用能量做功以实现生产目的。人类为了利用能量做功，必须控制能量。在正常生产过程中，能量在各种约束和限制下，按照人们的意志流动、转换和做功。如果由于某种原因能量失去了控制，发生了异常或意外的释放，则称发生了事故。

如果意外释放的能量转移到人体，并且其能量超过了人体的承受能力，则人体将受到伤害。吉布森和哈登从能量的观点出发，曾经指出：人受伤害的原因只能是某种能量向人体的转移，而事故则是一种能量的异常或意外释放。

能量的种类有许多，如动能、势能、电能、热能、化学能、原子能、辐射能、声能和生物能等等。人受到伤害都可以归结为上述一种或若干种能量的异常或意外转移。麦克·法兰特（Mc Farland）认为："所有的伤害事故（或损坏事故）都是因为：①接触了超过机体组织（或结构）抵抗力的某种形式的过量的能量；②有机体与周围环境的正常能量交换受到了干扰（如窒息、淹溺等）。因而，各种形式的能量构成伤害的直接原因。"根据此观点，可以将能量引起的伤害分为两大类：

第一类伤害是由于转移到人体的能量超过了局部或全身性损伤阈值而产生的。人体各部分对每一种能量的作用都有一定的抵抗能力，即有一定的伤害阈值。当人体某部位与某种能量接触时，能否受到伤害及伤害的严重程度如何，主要取决于作用于人体的能量大小。作用于人体的能量超过伤害阈值越多，造成伤害的可能性就越大。例如，球形弹丸以 4.9 N 的冲击力打击人体时，最多轻微地擦伤皮肤，而重物以 68.9 N 的冲击力打击人的头部时，会造成头骨骨折。

第二类伤害则是由于影响局部或全身性能量交换引起的。例如，因物理因素或化学因素引起的窒息（如溺水、一氧化碳中毒等），因体温调节障碍引起的生理损害、局部组织损坏或死亡（如冻伤、冻死等）。

能量转移理论的另一个重要概念是：在一定条件下，某种形式的能量能否产生人员伤害，除了与能量大小有关以外，还与人体接触能量的时间和频率、能量的集中程度、身体接触能量的部位等有关。

用能量转移的观点分析事故致因的基本方法是：首先确认某个系统内的所有能量源；然

后确定可能遭受该能量伤害的人员，以及伤害的严重程度；进而确定控制该类能量异常或意外转移的方法。

能量转移理论与其他事故致因理论相比，具有两个主要优点：一是把各种能量对人体的伤害归结为伤亡事故的直接原因，从而决定了对能量源及能量传送装置加以控制作为防止或减少伤害发生的最佳手段这一原则；二是依照该理论建立的对伤亡事故的统计分类，是一种可以全面概括、阐明伤亡事故类型和性质的统计分类方法。

能量转移理论的不足之处是：由于意外转移的机械能（动能和势能）是造成工业伤害的主要能量形式，这就使得按能量转移观点对伤亡事故进行统计分类的方法尽管具有理论上的优越性，然而在实际应用上却存在困难。它的实际应用尚有待于对机械能的分类作更加深入细致的研究，以便对机械能造成的伤害进行分类。

2.应用能量意外转移理论预防伤亡事故

从能量意外转移的观点出发，预防伤亡事故就是防止能量或危险物质的意外释放，从而防止人体与过量的能量或危险物质接触。在工业生产中，经常采用的防止能量意外释放的措施有以下几种：

①用较安全的能源替代危险大的能源。例如：用水力采煤代替爆破采煤；用液压动力代替电力等。②限制能量。例如：利用安全电压设备；降低设备的运转速度；限制露天爆破装药量等。③防止能量蓄积。例如：通过良好接地消除静电蓄积；采用通风系统控制易燃易爆气体的浓度等。④降低能量释放速度。例如：采用减振装置吸收冲击能量；使用防坠落安全网等。⑤开辟能量异常释放的渠道。例如：给电器安装良好的地线；在压力容器上设置安全阀等。⑥设置屏障。屏障是一些防止人体与能量接触的物体。屏障的设置有三种形式：第一，屏障被设置在能源上，如机械运动部件的防护罩、电器的外绝缘层、消声器、排风罩等；第二，屏障设置在人与能源之间，如安全围栏、防火门、防爆墙等；第三，由人员佩戴的屏障，即个人防护用品，如安全帽、手套、防护服、口罩等。⑦从时间和空间上将人与能量隔离。例如：道路交通的信号灯；冲压设备的防护装置等。⑧设置警告信息。在很多情况下，能量作用于人体之前，并不能被人直接感知到，因此使用各种警告信息是十分必要的，如各种警告标志、声光报警器等。

以上措施往往几种同时使用，以确保安全。此外，这些措施也要尽早使用，做到防患于未然。

2.2.2.3　基于人体信息处理的人失误事故模型

这类事故理论都有一个基本的观点，即：人失误会导致事故，而人失误的发生是由于人对外界刺激（信息）的反应失误造成的。

1.威格里斯·沃思模型

威格里斯·沃思在1972年提出，人失误构成了所有类型事故的基础。他把人失误定义为"（人）错误地或不适当地响应一个外界刺激"。他认为：在生产操作过程中，各种各样的信息不断地作用于操作者的感官，给操作者以"刺激"。若操作者能对刺激作出正确的响应，事故就不会发生；反之，如果错误或不恰当地响应了一个刺激（人失误），就有可能出现危险。危险是否会带来伤害事故，则取决于一些随机因素。

威格里斯·沃思的事故模型可以用图2-1中的流程关系来表示。该模型绘出了人失误导致事故的一般模型。

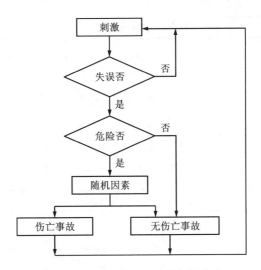

图 2 - 1　威格里斯·沃思事故模型

2. 瑟利模型

瑟利把事故的发生过程分为危险出现和危险释放两个阶段，这两个阶段各自包括一组类似人的信息处理过程，即知觉、认识和行为响应过程。在危险出现阶段，如果人的信息处理的每个环节都正确，危险就能被消除或得到控制；反之，只要任何一个环节出现问题，就会使操作者直接面临危险。在危险释放阶段，如果人的信息处理过程的各个环节都是正确的，则即使面临已经显现出来的危险，仍然可以避免危险释放出来，不会带来伤害或损害；反之，只要任何一个环节出错，危险就会转化成伤害或损害。瑟利模型见图 2 - 2。

由图 2 - 2 可以看出，两个阶段具有相类似的信息处理过程，每个过程均可被分解成 6 个方面的问题。下面以危险出现阶段为例，分别介绍这 6 个方面问题的含义。

第一个问题：对危险的出现有警告吗？这里警告的意思是指工作环境中是否存在安全运行状态和危险状态之间可被感觉到的差异。如果危险没有带来可被感知的差异，则会使人直接面临该危险。在实际生产中，危险即使存在，也并不一定直接显现出来。这一问题给我们的启示，就是要让不明显的危险状态充分显示出来，这往往要采用一定的技术手段和方法来实现。

第二个问题：感觉到了这警告吗？这个问题有两个方面的含义：一是人的感觉能力如何，如果人的感觉能力差，或者注意力在别处，那么即使有足够明显的警告信号，也可能未被察觉；二是环境对警告信号的"干扰"如何，如果干扰严重，则可能妨碍对危险信息的察觉和接受。根据这个问题得到的启示是：感觉能力存在个体差异，提高感觉能力要依靠经验和训练，同时训练也可以提高操作者抗干扰的能力；在干扰严重的场合，要采用能避开干扰的警告方式（如在噪声大的场所使用光信号或与噪声频率差别较大的声信号）或加大警告信号的强度。

第三个问题：认识到了这警告吗？这个问题问的是操作者在感觉到警告之后，是否理解了警告所包含的意义，即操作者将警告信息与自己头脑中已有的知识进行对比，从而识别出危险的存在。

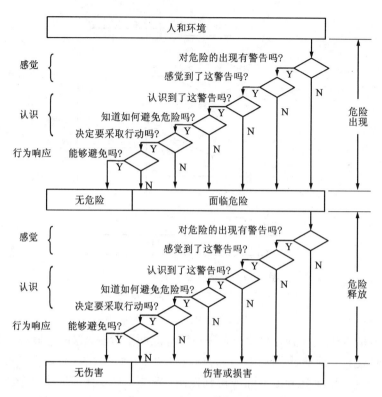

图 2 - 2　瑟利事故模型

第四个问题：知道如何避免危险吗？问的是操作者是否具备避免危险的行为响应的知识和技能。为了使这种知识和技能变得完善和系统，从而更有利于采取正确的行动，操作者应该接受相应的训练。

第五个问题：决定要采取行动吗？表面上看，这个问题毋庸置疑，既然有危险，当然要采取行动。但在实际情况下，人们的行动是受各种动机中的主导动机驱使的，采取行动回避风险的"避险"动机往往与"趋利"动机（如省时、省力、多挣钱、享乐等）交织在一起。当趋利动机成为主导动机时，尽管认识到危险的存在，并且也知道如何避免危险，但操作者仍然会"心存侥幸"而不采取避险行动。

最后一个问题：能够避免危险吗？问的是操作者在作出采取行动的决定后，是否能迅速、敏捷、正确地作出行动上的反应。

上述六个问题中，前两个问题都是与人对信息的感觉有关的，第 3～5 个问题是与人的认识有关的，最后一个问题是与人的行为响应有关的。这 6 个问题涵盖了人的信息处理全过程并且反映了在此过程中有很多发生失误进而导致事故的机会。

瑟利模型适用于描述出现得较慢的危险局面，如不及时改正则有可能发生事故的情况。对于描述发展迅速的事故，也有一定的参考价值。

3. 劳伦斯模型

劳伦斯在威格里斯·沃思和瑟利等人的人失误模型的基础上，通过对南非金矿中发生的事故的研究，于 1974 年提出了针对金矿企业以人失误为主因的事故模型，见图 2 - 3。该模型对一般矿山企业和其他企业中比较复杂的事故情况也普遍适用。

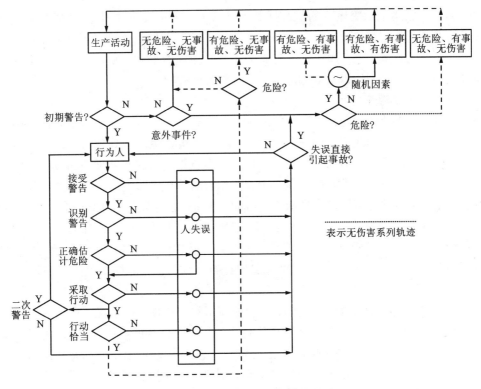

图 2 - 3　劳伦斯事故模型

在生产过程中，当危险出现时，往往会产生某种形式的信息，向人们发出警告，如突然出现或不断扩大的裂缝、异常的声响、刺激性的烟气等。这种警告信息叫做初期警告。初期警告还包括各种安全监测设施发出的报警信号。如果没有初期警告就发生了事故，则往往是由于缺乏有效的监测手段，或者是管理人员事先没有提醒人们存在着危险因素，行为人在不知道危险存在的情况下发生的事故，属于管理失误造成的。

在发出了初期警告的情况下，行为人在接受、识别警告，或对警告作出反应等方面的失误都可能导致事故。

当行为人发生对危险估计不足的失误时，如果他还是采取了相应的行动，则仍然有可能避免事故；反之，如果他麻痹大意，既对危险估计不足，又不采取行动，则会导致事故的发生。行为人如果是管理人员或指挥人员，则低估危险的后果将更加严重。

矿山生产作业往往是多人作业、连续作业。行为人在接受了初期警告、识别了警告并正确地估计了危险性之后，除了自己采取恰当的行动避免伤害事故外，还应该向其他人员发出警告，提醒他们采取防止事故的措施。这种警告叫做二次警告。其他人接到二次警告后，也应该按照正确的程序对警告加以响应。

劳伦斯模型适用于类似矿山生产的多人作业生产方式。在这种生产方式下，危险主要来自于自然环境，而人的控制能力相对有限，在许多情况下，人们唯一的对策是迅速撤离危险区域。因此，为了避免发生伤害事故，人们必须及时发现、正确评估危险，并采取恰当的行动。

2.2.2.4　动态变化理论

世界是在不断运动、变化着的，工业生产过程也在不断变化之中。针对客观世界的变化，我们的安全工作也要随之改进，以适应变化了的情况。如果管理者不能或没有及时地适应变化，则将发生管理失误；操作者不能或没有及时地适应变化，则将发生操作失误。外界条件的变化也会导致机械、设备等的故障，进而导致事故的发生。

1. 扰动起源事故理论

本尼尔认为，事故过程包含着一组相继发生的事件。这里，事件是指生产活动中某种发生了的事情，如一次瞬间或重大的情况变化，一次已经被避免的或导致另一事件发生的偶然事件等。因而，可以将生产活动看做是一个自觉或不自觉地指向某种预期的或意外的结果的事件链，它包含生产系统元素间的相互作用和变化着的外界的影响。由事件链组成的正常生产活动，是在一种自动调节的动态平衡中进行的，在事件的稳定运行中向预期的结果发展。

事件的发生必然是由某人或某物引起的，如果把引起事件的人或物称为"行为者"，而其动作或运动称为"行为"，则可以用行为者及其行为来描述一个事件。在生产活动中，如果行为者的行为得当，则可以维持事件过程稳定地进行；否则，可能中断生产，甚至造成伤害事故。

生产系统的外界影响是经常变化的，可能偏离正常的或预期的情况。这里称外界影响的变化为"扰动"（Perturbation）。扰动将作用于行为者。产生扰动的事件称为起源事件。

当行为者能够适应不超过其承受能力的扰动时，生产活动可以维持动态平衡而不发生事故。如果其中的一个行为者不能适应这种扰动，则自动平衡过程被破坏，开始一个新的事件过程，即事故过程。该事件过程可能使某一行为者承受不了过量的能量而发生伤害或损害，这些伤害或损害事件可能依次引起其他变化或能量释放，作用于下一个行为者并使其承受过量的能量，发生连续的伤害或损害。当然，如果行为者能够承受冲击而不发生伤害或损害，则事件过程将继续进行。

综上所述，可以将事故看做由事件链中的扰动开始，以伤害或损害为结束的过程。这种事故理论也叫做"P 理论"。图 2-4 为这种理论的示意图。

2. 变化—失误理论

约翰逊认为：事故是由意外的能量释放引起的，这种能量释放的发生是由于管理者或操作者没有适应生产过程中物或人的因素的变化，产生了计划错误或人为失误，从而导致不安全行为或不安全状态，破坏了对能量的屏蔽或控制，即发生了事故，由事故造成生产过程中人员伤亡或财产损失。图 2-5 为约翰逊的变化—失误理论示意图。

按照变化的观点，变化可引起人失误和物的故障，因此，变化被看做是一种潜在的事故致因，应该被尽早地发现并采取相应的措施。作为安全管理人员，应该对下述的一些变化给予足够的重视：

（1）企业外部社会环境的变化。企业外部社会环境，特别是国家政治或经济方针、政策的变化，对企业的经营理念、管理体制及员工心理等有较大影响，必然也会对安全管理造成影响。例如，从对新中国成立以后全国工业伤害事故发生状况的分析可以发现，在"大跃进"和"文化大革命"时期，企业内部秩序被打乱，伤害事故均大幅度上升。

（2）企业内部的宏观变化和微观变化。宏观变化是指企业总体上的变化，如领导人的变

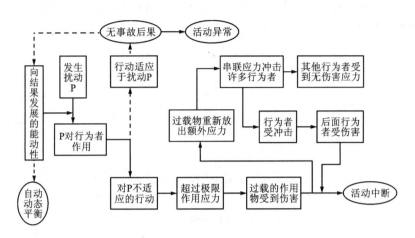

图2-4　扰动理论示意图

更，经营目标的调整，职工大范围的调整、录用，生产计划的较大改变等。微观变化是指一些具体事物的改变，如供应商的变化，机器设备的工艺调整、维护等。

（3）计划内与计划外的变化。对于有计划进行的变化，应事先进行安全分析并采取安全措施；对于不是计划内的变化，一是要及时发现变化，二是要根据发现的变化采取正确的措施。

（4）实际的变化和潜在的变化。通过检查和观测可以发现实际存在着的变化；潜在的变化却不易发现，往往需要靠经验和分析研究才能发现。

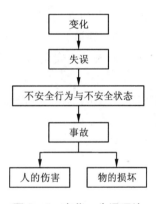

图2-5　变化一失误理论

（5）时间的变化。随着时间的流逝，人员对危险的戒备会逐渐松弛，设备、装置性能会逐渐劣化，这些变化与其他方面的变化相互作用，引起新的变化。

（6）技术上的变化。采用新工艺、新技术或开始新工程、新项目时发生的变化，人们由于不熟悉而易发生失误。

（7）人员的变化。这里主要指员工心理、生理上的变化。人的变化往往不易掌握，因素也较复杂，需要认真观察和分析。

（8）劳动组织的变化。当劳动组织发生变化时，可能引起组织过程的混乱，如项目交接不好，造成工作不衔接或配合不良，进而导致操作失误和不安全行为的发生。

（9）操作规程的变化。新规程替换旧规程以后，往往要有一个逐渐适应和习惯的过程。

需要指出的是，在管理实践中，变化是不可避免的，也并不一定都是有害的，关键在于管理是否能够适应客观情况的变化。要及时发现和预测变化，并采取恰当的对策，做到顺应有利的变化，克服不利的变化。

约翰逊认为，事故的发生一般是多重原因造成的，包含着一系列的变化一失误连锁。从管理层次上看,有企业领导的失误、计划人员的失误、监督者的失误及操作者的失误等。该连锁的模型见图 2 - 6。

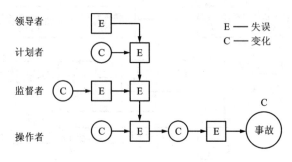

图 2 - 6　变化—失误连锁模型

2.2.2.5　轨迹交叉论

轨迹交叉论的基本思想是:伤害事故是许多相互联系的事件顺序发展的结果。这些事件概括起来不外乎人和物(包括环境)两大发展系列。当人的不安全行为和物的不安全状态在各自发展过程中(轨迹),在一定时间、空间发生了接触(交叉),能量转移于人体时,伤害事故就会发生。而人的不安全行为和物的不安全状态之所以产生和发展,又是多种因素作用的结果。

轨迹交叉理论的示意图见图 2 - 7。图中,起因物与致害物可能是不同的物体,也可能是同一个物体;同样,肇事者和受害者可能是不同的人,也可能是同一个人。

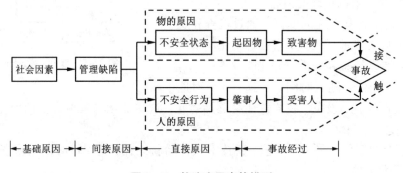

图 2 - 7　轨迹交叉事故模型

轨迹交叉理论反映了绝大多数事故的情况。在实际生产过程中,只有少量的事故仅仅由人的不安全行为或物的不安全状态引起,绝大多数的事故是与二者同时相关的。例如:日本劳动省通过对 50 万起工伤事故调查发现,只有约 4% 的事故与人的不安全行为无关,而只有约 9% 的事故与物的不安全状态无关。

在人和物两大系列的运动中,二者往往是相互关联,互为因果,相互转化的。有时人的不安全行为促进了物的不安全状态的发展,或导致新的不安全状态的出现;而物的不安全状态可以诱发人的不安全行为。因此,事故的发生可能并不是如图 2 - 6 所示的那样简单地按照人、物两条轨迹独立地运行,而是呈现较为复杂的因果关系。

人的不安全行为和物的不安全状态是造成事故的直接原因，如果对它们进行更进一步的考虑，则可以挖掘出二者背后深层次的原因。这些深层次原因的示例见表2-3。

表2-3　事故发生的原因

基础原因（社会原因）	间接原因（管理缺陷）	直接原因
遗传、经济、文化、教育培训、民族习惯、社会历史、法律	生理和心理状态、知识技能情况、工作态度、规章制度、人际关系、领导水平	人的不安全状态
设计、制造缺陷、标准缺乏	维护保养不当、保管不良、故障、使用错误	物的不安全状态

轨迹交叉理论作为一种事故致因理论，强调人的因素和物的因素在事故致因中占有同样重要的地位。按照该理论，可以通过避免人与物两种因素运动轨迹交叉，来预防事故的发生。同时，该理论对于调查事故发生的原因，也是一种较好的工具。

2.3　事故树分析方法

事故树分析法（FTA）是一种逻辑演绎的图形分析方法。它以特定的、待分析的某事故作为出发点层层深入进行逻辑分析，直观、明了地揭示事故和原因之间的因果、逻辑关系。自20世纪六七十年代被开发运用以来，它已经成为安全系统工程的最重要、最具代表性的分析方法之一。

2.3.1　事故树分析法的基本图形符号

事故树图形由符号和线条组成。符号有两种类型，分别是事件符号和逻辑门符号。下面主要介绍几种常用的事件和逻辑门符号。

2.3.1.1　事件符号

（1）矩形符号：矩形符号代表顶上事件或中间事件，见图2-9（a）。顶上事件是待分析的结果事件，它也是事故树中唯一一个的纯输出事件，位于图形最上方；中间事件位于顶上事件和基本事件之间，它既是上层事件的原因事件，也是下层事件的结果事件。

（2）圆形符号：圆形符号代表基本原因事件，见图2-9（b）。基本原因事件表示不需要进一步往下分析的原因事件。它位于事故树的最底层，因此也称为底事件，是纯输入（原因）事件。

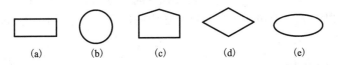

(a)　　　(b)　　　(c)　　　(d)　　　(e)

图2-9　事件符号

例如，电线短路形成电气点火源最终导致工厂某车间发生燃气爆炸事故。从逻辑上看，

"××车间燃气爆炸事故"是"电气点火源"引发燃气爆炸的结果,"电气点火源"是"××车间燃气爆炸事故"的原因,同时"电气点火源"又是"电线短路"这个基本原因所导致的结果。显然,用事件符号表示时,"××车间燃气爆炸事故"是事件中唯一的纯输出事件,属于顶上事件;"电气点火源"既是原因又是结果,为中间事件;而"电线短路"是纯输入事件,属于基本原因事件。

(3)其他符号:图2-9中(c)、(d)、(e)分别是房型符号(代表系统在正常情况下会发生的事件)、菱形符号(代表省略事件)和椭圆形符号(代表条件事件)。

2.3.1.2 逻辑门符号

逻辑门是用来表示事故树中事件与事件之间存在某种逻辑关系的一种符号。下文仅介绍两个最常用的逻辑门符号的含义及用法。

①或门:或门表示的是多个输入事件中只要有一个发生,就能导致输出事件发生的逻辑关系,表现为逻辑加的关系。或门符号见图2-10(a),或门示意图见图2-11。

②与门:与门表示的是仅当所有全部输入事件同时发生时,输出事件才能发生的逻辑关系,表现为逻辑积的关系。与门符号见图2-10(b),与门示意图见图2-12。

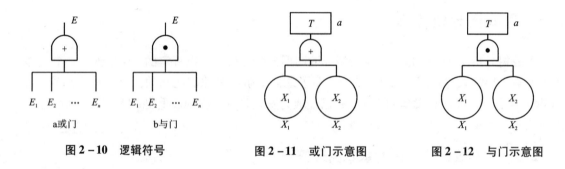

图2-10 逻辑符号　　　图2-11 或门示意图　　　图2-12 与门示意图

2.3.2 事故树的编制

事故树的编制过程是一个严密的逻辑推理过程。分析时,首先将事故树的顶上事件用简短的文字描述,置于事故树顶层;然后分析出直接导致顶上事故发生的事件,置于其下方;同时分析出原因事件和顶上事件之间的逻辑关系,并用相应的逻辑门符号进行连接;如果分析出来的第一层原因事件需要进一步分析,则它属于中间事件,按照顶上事件分析的方法,找出它的下一层原因事件及事件之间的逻辑关系,用逻辑门进行连接。以此类推,直到分析出事故树的所有最基本的原因事件为止。

必须说明的是,事故树的编制是一个非常复杂、繁琐的分析过程。编制者不仅要有一定的系统安全理论知识,熟练掌握事故树分析方法,同时还必须对分析的系统本身非常熟悉。因此,有必要时可以组成一个包括各方面专家在内的团队,由成员们相互配合来完成事故树的编制工作。

2.3.3 事故树分析方法

2.3.3.1 事故树的数学描述

事故树的数学描述指的是利用布尔代数的知识列出顶上事件的数学表达式。事故树的布尔代数式具有函数的一般特点,因此称之为事故树的结构函数。所以,通俗地讲,事故树的数学描述就是将事故树的顶上事件(T)和基本原因事件(X)表达出来的一种数学行为。其规则是:顶上事件作为因变量,基本原因事件为自变量;当事件之间的逻辑关系是或门时,可以用逻辑加表示,如,图 2 – 11 的事故树可以写作 $T = X_1 + X_2$;当事件之间的逻辑关系是与门时,可以用逻辑积表示,如,图 2 – 12 的事故树可以写作 $T = X_1 \cdot X_2$。

结构函数的数学意义是:T、X 有且仅有两个取值,1 或 0,当 X(或 T)=1 时,表示 X(或 T)发生,X(或 T)=0 时,表示 X(或 T)不发生。显然,图 2 – 11 或门示意图中的 $T = X_1 + X_2$ 表示 X_1、X_2 两个基本事件中只要有一个发生(也即 $X_1 = 1$ 或 $X_2 = 1$)时,T 就会发生($T = 1$),若要 T 不发生则要求 X_1、X_2 必须同时不发生;图 2 – 12 与门示意图中的 $T = X_1 \cdot X_2$ 表示 T 要发生必须 X_1、X_2 同时发生,只要有一个事件不发生($X_1 = 0$ 或 $X_2 = 0$),则 T 必定不会发生($T = 0$)。

2.3.3.2 事故树的化简

求出某事故树的结构函数式后,可以尝试利用布尔代数运算规则进行化简。其运算规则如下(X、Y 代表基本原因事件,X'、Y' 代表 X、Y 的补事件):

①交换律 $X \cdot Y = Y \cdot X$

  $X + Y = Y + X$

②结合律 $X \cdot (Y \cdot Z) = (X \cdot Y) \cdot Z$

  $X + (Y + Z) = (X + Y) + Z$

③分配律 $X \cdot (Y + Z) = X \cdot Y + X \cdot Z$

  $X + (Y \cdot Z) = (X + Y) \cdot (X + Z)$

④吸收律 $X \cdot (X + Y) = X$

  $X + (X \cdot Y) = M$

⑤互补律 $X + X' = 1$

  $X \cdot X' = 0$(0 表示相交为空集)

⑥幂等律 $X \cdot X = X$

  $X + X = X$

⑦狄·摩根定律 $(X \cdot Y)' = X' + Y'$

  $(X + Y)' = X' \cdot Y'$

⑧对合律 $(X')' = X$

⑨重叠律 $X + X'Y = X + Y = Y + Y'X$

2.3.3.3 事故树的定性分析

1. 割集及最小割集

割集表示的是,那些同时发生必定能导致顶上事件发生的基本原因事件所组成的集合。最小割集就是引起顶上事件发生必须的最低限度的割集。最小割集的计算方法一般有布尔代数法和行列式法。下面简要介绍利用布尔代数化简法求事故树的最小割集。例如求图 2 – 13 所示事故树的最小割集。

先写出该事故树的结构函数:

$$T = M_1 + M_2$$
$$= X_1 X_2 M_3 + X_4 M_4$$

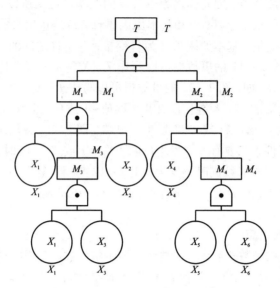

图 2 – 13　事故树示例

$$= X_1 X_2 (X_1 + X_3) + X_4 (X_5 + X_6)$$

再利用布尔代数运算规则进行化简：

$$T = X_1 X_2 X_1 + X_1 X_2 X_3 + X_4 X_5 + X_4 X_6$$
$$= X_1 X_2 + X_1 X_2 X_3 + X_4 X_5 + X_4 X_6$$
$$= X_1 X_2 (1 + X_3) + X_4 X_5 + X_4 X_6$$
$$= X_1 X_2 + X_4 X_5 + X_4 X_6$$

结果得到 3 个交集的并集，这 3 个交集就是三个最小割集 $M_1 = \{X_1 , X_2\}$，$M_2 = \{X_4 , X_5\}$，$M_3 = \{X_4 , X_6\}$。用最小割集表示事故树的等效树如图 2 – 14。

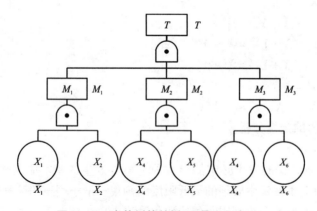

图 2 – 14　事故树等效树(用最小割表示)

2. 径集及最小径集

如果事故树中的某些基本事件不发生，则顶上事件就不发生，这些基本事件所组成的集合称为径集。最小径集就是顶上事件不发生所需的最低限度的径集。

最小径集的求算方法是利用它与最小割集的对偶性。首先作出与事故树对偶的成功树（对偶树），即把原事故树的"与门"改为"或门"，而"或门"改为"与门"，各类事件换成其对偶事件（如 X 改为 X'）。再利用上述布尔代数化简法求出成功树的最小割集，成功树的最小割集经对偶变换即可得原事故树的最小径集。

例如，画图 2-15 所示事故树的成功树：

用 T'、M'_1、M'_2、M'_3、M'_4、X'_1、X'_2、X'_3、X'_4、X'_5、X'_6 表示事件 T、M_1、M_2、M_3、M_4、X_1、X_2、X_3、X_4、X_5、X_6 的补事件，即成功事件；逻辑门均作相应转换，得图 2-15 所示成功树。

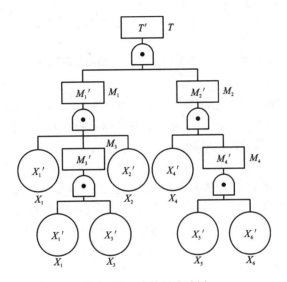

图 2-15　事故树成功树

用布尔代数化简法求成功树的最小割集：

$$T' = M'_1 \cdot M'_2$$
$$= (X'_1 + M'_3 + X'_2) \cdot (X'_4 + M'_4)$$
$$= (X'_1 + X'_2 + X'_1 X'_3) \cdot (X'_4 + X'_5 X'_6)$$
$$= (X'_1 + X'_2) \cdot (X'_4 + X'_5 X'_6)$$
$$= X'_1 X'_4 + X'_1 X'_5 X'_6 + X'_2 X'_4 + X'_2 X'_5 X'_6$$

再次对偶 $(T')' = T = (X_1 + X_4)(X_1 + X_5 + X_6)(X_2 + X_4)(X_2 + X_5 + X_6)$，可以看出等式右边有一项为零（如，$X_1 + X_4 = 0$）时 T 必为零（不发生），符合最小径集的定义。也即该事故树的最小径集为：$M_1 = \{X_1, X_4\}$，$M_2 = \{X_1, X_5, X_6\}$，$M_3 = \{X_2, X_4\}$，$M_4 = \{X_2, X_5, X_6\}$。

与用最小割集可以画出原事故树的最小割集等效树，用最小径集同样可以画出原事故树的最小径集等效树。用最小径集表示事故树如图 2-16 所示。

3. 最小割集和最小径集在事故树分析中的应用

（1）最小割集表示系统的危险性

每个最小割集都是顶上事件发生的一种可能，有几个最小割集，顶上事件的发生就有几种可能，最小割集越多，系统越危险。

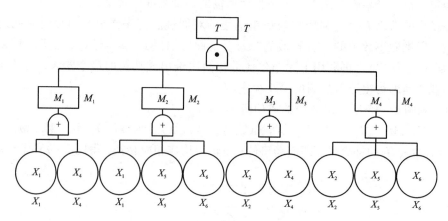

图 2 - 16　事故树等效树(用最小径集表示)

　　同时，根据各最小割集中所包含的基本原因事件的个数的多少，可以初步判断出哪些基本事件发生更危险，哪些事件无论发生与否基本可以忽略不计。这样，在采取安全措施的时候，可以更加有效地选择前者加以针对。

　　例如，某事故树有三个最小割集$\{X_1\}$、$\{X_2, X_3\}$、$\{X_4, X_5, X_6, X_7, X_8\}$，如果不考虑各个基本事件发生的概率的话(或者认为各个事件发生的概率基本相近)，只包含一个事件的最小割集$\{X_1\}$一定比包含两个事件的最小割集$\{X_2, X_3\}$更容易发生，包含五个事件的最小割集发生的概率更小，基本上可以忽略不计。这样，为了有效提高系统的安全性，应该把人力物力、技术和资金等各方面优先考虑针对含基本事件少的最小割集$\{X_1\}$来采取安全措施。

　　(2)最小径集表示系统的安全性

　　根据最小径集的定义可知，只要保证事故树的某一个最小径集中的所有基本事件都不发生，就可使得顶上事件不会发生。显然，事故树的最小径集个数越多，防止事故发生的途径也越多，系统也就相对越安全。

　　假设用最小径集表示的某事故为 $T = (X_1)(X_2 + X_3)$，可知只要 X_1 不发生，T 一定不会发生($X_1 = 0$，T 必定等于 0)；或者保证 X_2、X_3 都不发生，也可以使 T 不发生($X_2 = X_3 = 0$，T 也必定等于 0)。如果控制这三个基本事件不发生所需要花费的时间金钱和技术上的难易程度基本上差不多，显然，控制最小径集$\{X_1\}$是解决事故的最佳方案，也就是说，依据事故树的最小径集，我们可以选择一个确保系统安全的最佳方案。

　　(3)利用最小割集、最小径集进行基本事件重要度分析。

　　(4)利用最小割集、最小径集可以计算顶上事件发生的概率。

　　4. 事故树基本事件的结构重要度分析

　　一个基本事件对顶上事件的影响大小称为该基本事件的重要度。如果不考虑基本事件本身发生概率的大小对顶上事件发生概率大小的影响，而仅仅从事故树的结构上考虑它对顶上事件的影响，这样的重要度分析称为基本事件的结构重要度分析。

　　结构重要度分析方法有很多种，下面仅介绍利用最小割集重要度系数来进行结构重要度分析。

　　设某事故树有 k 个最小割集，每个最小割集记为 $E_r (r = 1, 2, 3, \cdots, k)$，设基本事件的

最小割集重要度系数为 $I_\varphi(i)$, 则有

$$I_\varphi(I) = \frac{1}{k}\sum_{r=1}^{k}\frac{1}{m_r(X_i \in E_r)} \quad (i = 1, 2, 3, \cdots, n) \qquad (3-1)$$

式中: k ——最小割集总数;

m_r ——第 E_r 个最小割集中所包含的基本事件的个数(例如包含 X_2 的第 r 个最小割集为 $\{X_2, X_3\}$, 则 $m_r = 2$)。

例如, 对图 2 - 15 所示事故树进行基本事件结构重要度分析(已知, 其最小割集为: $T = X_1X_2 + X_4X_5 + X_4X_6$)。利用上式可得:

$$I_\varphi(1) = 1/3(1/2) = 1/6$$
$$I_\varphi(2) = 1/3(1/2) = 1/6$$
$$I_\varphi(3) = 0$$
$$I_\varphi(4) = 1/3(1/2 + 1/2) = 1/3$$
$$I_\varphi(5) = 1/3(1/2) = 1/6$$
$$I_\varphi(6) = 1/3(1/2) = 1/6$$

以 $I_\varphi(1) = 1/3(1/2) = 1/6$ 式为例, 式中的 1/2 是因为包含 X_1 的最小割集只有一个 $\{X_1, X_2\}$, 这个最小割集中的基本事件个数为 2; $I_\varphi(4) = 1/3(1/2 + 1/2) = 1/3$ 中的两个 1/2 是因为包含 X_4 的最小割集 $\{X_4, X_5\}\{X_4, X_6\}$ 的基本事件的个数均为 2。

即基本事件结构重要性为: $I_\varphi(4) > I_\varphi(1) = I_\varphi(2) = I_\varphi(5) = I_\varphi(6) > I_\varphi(3)$ 。也就是说, 对 T 事故发生难易程度影响最大的原因事件是 X_4 事件。

2.3.3.4 事故树的定量分析

1. 求事故树顶上事件发生的概率

当事故树中所有基本事件均为独立事件且已知其发生的概率时, 可以利用基本公式求出事故树顶上事件发生的概率(本书中, 各个基本事件 X_1 , X_2 , X_3 , …发生的概率记作 q_1 , q_2 , q_3 , …, 顶上事件发生的概率记作 $P(T)$)。

$$P(T) = q_1 \cdot q_2 \cdot q_3 \cdots q_n \qquad (3-2)$$
$$P(T) = 1 - (1-q_1)(1-q_2)(1-q_3)\cdots(1-q_n) \qquad (3-3)$$

式 3 - 2 适用事故树中各基本事件的关系为逻辑与的情况, 如 $T = X_1X_2\cdots X_n$; 式 3 - 3 适用事故树中各基本事件的关系为逻辑或的情况, 如 $T = X_1 + X_2 + \cdots + X_n$ 。

事故树顶上事件发生概率的计算比较复杂:

当事故树规模不大, 且事故树中没有任何重复的基本事件时, 可以从事故树最底层的逻辑门开始利用式 3 - 2 或式 3 - 3 进行计算, 逐次向上推移, 一直算到最上层的那个逻辑门为止。

需要指出的是, 如果用最小割集或最小径集表示的等效事故树中没有重复基本事件, 同样适用此种算法。

如果事故树的最小割集和最小径集均有重复事件时, 需要利用式 3 - 2 和 3 - 3 进行展开, 并消除重复因子再进行计算。

例如, 某事故树 $T = K_1 + K_2 = X_1X_2 + X_2X_3$ 。则利用式 3 - 2 和 3 - 3 可得

$$P(T) = 1 - (1 - q_{K_1})(1 - q_{K_2})$$
$$= q_{K_1} + q_{K_2} - q_{K_1K_2} \quad (其中, q_{K_1K_2} 中有重复因子 X_2, 消除后得 q_{K_1K_2} = q_1q_2q_3)$$

$$= q_1 q_2 + q_2 q_3 - q_1 q_2 q_3$$

同理，假如某事故树 $T = P_1 P_2 = (X_1 + X_2)(X_2 + X_3)$，则利用式 3-2 和 3-3 可得

$$P(T) = q_{P1} q_{P2}$$
$$= (1 - (1 - q_1)(1 - q_2))(1 - (1 - q_2)(1 - q_3))$$

展开得

$$P(T) = 1 - (1 - q_2)(1 - q_3) - (1 - q_1)(1 - q_2) + (1 - q_1)(1 - q_2)(1 - q_2)(1 - q_3)$$
$$= 1 - (1 - q_2)(1 - q_3) - (1 - q_1)(1 - q_2) + (1 - q_1)(1 - q_2)(1 - q_3)$$

对于同一个事故树，利用最小割集法或最小径集法计算的结果应一致。在计算时，究竟是用最小割集法还是用最小径集法来求 $P(T)$，主要取决于事故树的最小割集的个数多还是最小径集的个数多。一般来说，如果事故树中的或门很多，表示事故树的最小割集个数往往多于最小径集个数。此时，用最小径集法往往能减少很多计算工作量。反之，如果事故树中与门很多，往往表示事故树的最小径集个数要多于最小割集个数，此时可以考虑用最小割集法来进行计算。

必须指出，在实际运用中，事故树无论用哪种方法来计算，都很复杂和繁琐，可以利用计算机编程来进行精确计算。当对计算结果的精度要求不太高时，也可以采用近似方法来进行估算。

近似计算法中，最常用的是采用最小割集首项近似法进行计算。

$$P(T) \approx q_{k1} + q_{k2} + q_{k3} + \cdots + q_{kn}$$

即，顶上事件发生的概率近似等于各最小割集发生的概率之和。

2. 求事故树基本事件的概率重要度和关键重要度

（1）概率重要度系数

前面我们介绍过，若忽略各基本事件本身发生概率，可利用最小割集重要度系数来计算事故树中各基本事件重要性。实际工作中，我们往往既要考虑基本事件概率本身（q_i）对顶上事件发生概率所产生的影响，又要考虑其发生变化（Δq_i）时对顶上事件发生概率所产生的影响。

只考虑 q_i 产生变化时，对 $P(T)$ 所造成的影响我们称之为基本事件的概率重要度，反映的是基本事件概率发生变化对顶上事件发生概率影响的敏感性。

概率重要度计算公式为：

$$I_q(i) = \frac{\partial P(T)}{\partial q_i} \qquad (3-4)$$

如果既要考虑基本事件本身大小对 $P(T)$ 的影响，又要考虑 q_i 产生变化时对 $P(T)$ 的影响，我们称之为基本事件的关键重要度（也可称作临界重要度），关键重要度的计算公式为：

$$I_c(i) = \frac{q_i}{P(T)} I_q(i) \qquad (3-5)$$

例如，设某事故树 $T = X_1 X_2 + X_2 X_3$，且 $q_1 = 0.4$；$q_2 = 0.2$；$q_3 = 0.3$，则 $P(T) = 0.116$，利用式 3-4 计算可得：

$$I_q(1) = q_2 - q_2 q_3 = 0.16$$
$$I_q(2) = q_1 + q_3 - q_1 q_3 = 0.49$$
$$I_q(3) = q_2 - q_1 q_2 = 0.12$$

可知，该事故树各基本事件的概率重要度排序为：$I_q(2) > I_q(1) > I_q(3)$。

同理，利用式 3 - 4 计算可得：

$$I_c(1) = (0.4/0.116) \times 0.16 = 0.552$$
$$I_c(2) = (0.2/0.116) \times 0.49 = 0.845$$
$$I_c(3) = (0.3/0.116) \times 0.12 = 0.310$$

可知，该事故各基本事件的关键重要度排序为：$I_c(2) > I_c(1) > I_c(3)$。

从定义可知，三种重要度系数中，关键重要度比另外两种重要度系数都更能反映基本事件对顶上事件的影响。因此，在实际应用中，可以根据关键重要度系数的排序来针对某个事件采取相应措施，从而更有效地提高系统的安全性。

第二篇

事故调查处理的工作程序

第三章　事故信息接报与处置

3.1　接报主体和接报时间

在各类生产经营活动中，主客观方面的原因，往往导致生产安全事故的发生。发生事故后及时向单位负责人和有关主管部门报告，对于及时采取应急救援措施，防止事故扩大，减少人员伤亡和财产损失起着至关重要的作用，也是开展事故调查处理工作的第一个环节。《安全生产法》《生产安全事故报告和调查处理条例》和《生产安全事故信息和处置办法》等法律法规对生产经营单位发生生产安全事故后信息的处置都做了明确规定。

3.1.1　事故接报的总体要求

事故报告应当及时、准确、完整，任何单位和个人对事故不得迟报、漏报、谎报或者瞒报，这是《生产安全事故报告和调查处理条例》（以下简称《条例》）对事故报告提出的总体要求。

事故报告是事故调查处理的前提。事故发生后，及时、准确、完整地报告事故，对于及时、有效地组织事故救援、减少事故损失、顺利开展事故调查具有非常重要的意义。因此，及时、准确、完整是事故报告的客观要求。实践中，总有一些单位和个人，出于不同原因迟报、漏报、谎报和瞒报事故。所谓迟报事故，是指各相关人员未按照规定的时间要求接报事故，事故报告不及时的情况。所谓漏报事故，是指对应当上报的事故而遗漏未报的情形，漏报是事故发生单位主要负责人非主观故意实施的行为，主要是不负责任所致。瞒报事故是指不如实报告事故，比如，谎报事故死亡人数、将重大事故报告为一般事故等。瞒报事故是在获知事故后，对事故情况隐瞒不报。谎报或者瞒报是相关人员故意做出的非法行为，而迟报和漏报是相关人员的过失导致的，因此谎报或瞒报比迟报、漏报事故性质更恶劣，后果更严重，直接导致相关机关得到错误的事故信息或者根本不知道发生事故，也就谈不上有效组织事故抢救和开展事故调查。

3.1.2　接报主体

接报主体是指法律法规规定的接收和报送事故相关信息的单位和个人。《条例》规定，生产安全事故从发生的那一刻起，事故现场有关人员、事故单位负责人以及负有安全生产监督管理职责的有关部门就应当对事故的相关信息进行接报。

1.事故现场有关人员

《条例》规定，事故发生后，事故现场有关人员应当立即向本单位负责人报告，情况紧急时，也可以直接向事故发生地县级以上人民政府安全生产监督管理部门（即安全生产综合监管部门）和负有安全生产监督管理职责的有关部门（即安全生产行业监管部门）报告。

这里的"事故现场"是指事故具体发生地点及事故能够影响和波及的区域。"有关人员"指事故发生单位在事故现场的有关工作人员,既可以是事故的负伤者,也可以是在事故现场的其他工作人员。"立即报告"是指在事故发生后的第一时间用最快捷的方式进行接报,立即报告是现场有关人员的义务。"单位负责人"可以是事故发生单位的主要负责人,也可以是其他负责人。根据单位的组织形式,主要负责人可以是企业的法定代表人、董事长、经理等,也可以是其他组织形式的负责人。当然,由于事故接报的紧迫性,现场有关人员报告事故不可能也没有必要完全按照正常情况下单位的层级管理模式来进行。只要报告到事故单位的指挥中心即可。在一般情况下,事故现场有关人员应当向本单位负责人报告事故,这符合单位内部管理的规章制度,也有利于单位应急救援工作的快速启动。但是,事故是人命关天的大事,在情况紧急时,允许事故现场有关人员直接向安全生产综合监督管理部门和安全生产行业监督管理部门报告。关于"情况紧急",应当作比较灵活的理解,比如单位负责人联系不上、事故重大需要政府部门迅速调集救援力量等情形。对于安全生产监督管理职责的部门和具体工作人员来说,只要接到事故现场有关人员的报告后,不论情况是否属于"情况紧急",都应当立即赶赴现场,并积极组织事故救援。

2. 生产经营单位主要负责人

《安全生产法》规定,生产安全事故发生后,单位负责人在组织抢救的同时,并要按照国家有关规定,立即、如实报告当地负有安全生产监督管理职责的部门,不得隐瞒不报、谎报和拖延不报。《条例》规定,事故发生后,单位负责人接到报告后,应当于1小时内向事故发生地县级以上人民政府安全生产监督管理部门和负有安全生产监督管理职责的有关部门(新的《安全生产法》统称为负有安全生产监督管理职责的有关部门)报告。因此,生产安全事故发生后,生产经营单位负责人有以下三条法定职责:①迅速采取有效措施组织抢救;②及时、如实、完整报告事故;③保护事故现场,协助调查处理。

事故单位负责人既有向县级以上人民政府安全生产综合监督管理部门报告的义务,又有向安全生产行业监督管理职责的有关部门报告的义务,即事故报告是两条线,实行双报告制度。这是由我国现行安全生产综合监管与行业监管相结合的安全生产管理体制决定的。《安全生产法》第九条规定:"国务院安全生产监督管理部门依照本法,对全国安全生产工作实施综合监督管理;县级以上地方各级人民政府安全生产监督管理部门依照本法,对本行政区域内安全生产工作实施综合监督管理。国务院有关部门依照本法和其他有关法律、行政法规的规定,在各自的职责范围内对有关行业、领域的安全生产工作实施监督管理;县级以上地方各级人民政府有关部门依照本法和其他有关法律、法规的规定,在各自的职责范围内对有关行业、领域的安全生产工作实施监督管理。安全生产综合监督管理部门和对有关行业、领域的安全生产工作实施监督管理的部门,统称负有安全生产监督管理职责的部门。"

3. 负有安全生产监督管理职责的部门

根据我国现行的行政机构设置机制,负有安全生产监督管理部门,即《条例》中所称的安全生产监督管理部门和负有安全生产监督管理职责的有关部门,包括各级人民政府、各级人民政府安全生产委员会和各级安全生产委员会办公室;而《条例》中所指负有安全生产监督管理职责的有关部门包括各级安全生产监督管理部门、公安部门、交通运输部门、住房和城乡建设部门、国土资源部门、水利部门、农业部门、教育部门、卫生部门、科学技术管理部门、发展和改革部门、经济与信息化管理部门、国有资产监督管理部门、人力资源和社会保障部门、商务部门、文化部门、监察部门、财政部门、林业部门、省国防科学技术工业部门、质量技术监督部门、煤炭管理部门、中央驻省煤矿安全监察机构、环境保护部门、工商行政管理部门、旅游部门、广播电视部门、监狱管理部门、统计部门、铁路安全部门等等。

根据《条例》规定，安全生产监督管理部门和负有安全生产监督管理职责的有关部门在接到事故后应当立即赶到现场，组织事故抢救，同时立即逐级上报事故，并且在事故调查组成立后参加事故调查处理，定期统计分析并向社会公布事故的调查进展。

《安全生产法》规定，负有安全生产监督管理职责的有关部门在接到事故报告后，应当按国家规定向上级安全生产监督管理部门报告事故情况。负有安全生产监督管理职责的部门负责人在接到事故报告后，应当按照生产安全事故应急救援预案的要求立即赶到事故现场，组织事故抢救。

因此，《条例》在事故报告环节上作出相应规定，特别重大事故、重大事故逐级上报至国务院安全生产监督管理部门和负有安全生产监督管理职责的有关部门；较大事故逐级上报至省、自治区、直辖市人民政府安全生产监督管理部门和负有安全生产监督管理职责的有关部门；一般事故上报至市级人民政府安全生产监督管理部门和负有安全生产监督管理职责的有关部门。

另外，基于事故调查处理的需要，负有安全生产监督管理职责的有关部门上报事故时，应当通知以下有关部门和单位：

第一，应当通知公安机关。从近年发生事故的调查处理情况来看，一些事故单位的直接责任人和主要责任人的行为已经触犯刑律。为加大对安全生产违法犯罪行为的打击力度，全国人大常委会于2006年6月29日通过了《刑法修正案（六）》，对安全生产有关犯罪行为作出了相应规定，并且提高了量刑的幅度。公安机关作为刑事案件的侦察机关，主要负责生产安全事故中涉嫌犯罪行为的调查。为及时有效地打击安全生产犯罪行为，安全生产监督管理部门和负有安全生产监督管理职责的有关部门上报事故时，应当通知同级的公安机关。《条例》第十七条规定："事故发生地公安机关根据事故的情况，对涉嫌犯罪的，应当依法立案侦查，采取强制措施和侦查措施。犯罪嫌疑人逃匿的，公安机关应当迅速追捕归案。"

第二，应当通知人力资源与社会保障行政部门。《工伤保险条例》第五条规定："国务院社会保险行政部门负责全国的工伤保险工作。县级以上地方各级人民政府社会保险行政部门负责本行政区域内的工伤保险工作。社会保险行政部门按照国务院有关规定设立的社会保险经办机构（以下称经办机构）具体承办工伤保险事务。"工伤事故的认定主要由人力资源与社会保障行政部门负责。从实际情况来看，生产安全事故大多属于工伤事故，且往往直接涉及工伤认定和工伤保险理赔等一系列具体问题。因此，劳动保障行政部门有必要及时获知事故及人员伤亡情况的信息。

第三，应当通知工会。《条例》第六条规定："工会依法参加事故调查处理"，同时，《条例》第二十二条规定："工会派人参加事故调查。"另外，《工会法》第二条规定："工会是职工自愿结合的工人阶级的群众组织。中华全国总工会及其各工会组织代表职工的利益，依法维护职工的合法权益。"第六条第一款规定："维护职工合法权益是工会的基本职责。工会在维护全国人民总体利益的同时，代表和维护职工的合法权益。"在各类生产安全事故中最先受到伤害的是工人。一些生产经营单位平时不进行安全投入、不对工人进行安全教育与培训，甚至强迫工人在不安全环境下作业，这些侵犯工人权益的行为为生产安全事故埋下了隐患。工会作为工人权益的代表，不仅在平时要主动维护工人权益，还要在事故发生后掌握情况，积极参与事故调查，充分发挥工人权益维护者的作用。

第四，应当通知人民检察院。人民检察院是我国的司法机关，代表国家行使公诉权。人民检察院参与事故调查，不仅是因为生产安全事故本身及事故调查处理过程中可能存在刑事犯罪案件，检察机关提前介入有利于对案件进行侦查，更重要的是，人民检察院参加事故调查是我国司法权对行政机关在行使事故调查处理权力时的监督，是行政权与司法权相互配合、相互监督的一种体现。

一般而言，负有安全生产监督管理职责的有关部门逐级上报事故情况是安全生产分级管理制度的具体体现。但是，一部应对特别事件的行政法规必须充分考虑到各种可能性，应当在必要时突破一般情况下行政管理的层级限制，允许越级上报事故。这样才能体现原则性与灵活性的结合，符合实际需要。例如，事故现场条件特别复杂，难以准确判定事故等级，情况十分危急，上一级部门没有足够能力开展应急救援工作，或者事故性质特殊、社会影响特别重大时，就应当允许越级上报事故。

3.1.3 接报时间

《条例》规定，安全生产监督管理部门和负有安全生产监督管理职责的有关部门逐级上报事故情况，每级上报的时间不得超过 2 小时。

上报事故的首要原则是及时。关于事故上报时间的要求，核心词语是"2 小时"。作出"2 小时"的规定，既增加了及时原则的可操作性，又给下级安全生产监督管理部门和负有安全生产监督管理职责的有关部门核实情况和开展应急救援工作留出了足够的时间，是比较切合实际的。所谓"2 小时"起点是指接到下级部门报告的时间以特别重大事故的报告为例，取报告时限要求的最大值计算，从单位负责人报告县级管理部门，再由县级管理部门报告市级管理部门、市级管理部门报告省级管理部门、省级管理部门报告国务院管理部门，直到最后报至国务院，总共所需时间为 7 小时。之所以对上报事故作出这样限制性的时间规定，主要是基于以下原因：

第一，快速上报事故，有利于上级部门及时掌握情况，迅速开展应急救援工作。经验表明，煤矿和非煤矿山事故、建筑施工事故中的坍塌事故以及危险化学品、烟花爆竹爆炸事故除在当场造成一定伤亡外，往往还导致部分作业人员被困井下或者被埋在瓦砾之中。抢救险情，挽救生命，刻不容缓。上级安全管理部门可以及时调集应急救援力量，发挥更多的人力、物力等资源优势，协调各方面的关系，尽快组织实施有效救援。

第二，快速上报事故，有利于快速、妥善安排事故的善后工作。事故的发生，不仅给受害者本人造成了伤痛，甚至使其失去生命，同时也给受害者的家属带来了巨大的感情伤害。特别是在群死群伤的事故中，受害者家属的悲伤情绪互相感染、扩大，容易导致群情激愤，如果处理不当，易造成社会的不稳定。还有一些事故，例如油气田井喷事故、危险化学品泄漏事故等不仅造成当事者的伤亡，而且直接影响事故发生地点周边群众的生命安全，需要在极短时间内安排群众安全转移。这些情况的处理，都需要上级管理部门迅速掌握事故有关情况，做好思想上、经济上以及物资调度上的各项准备。

第三，快速上报事故，有利于随时向社会公布事故的有关情况，正确引导社会舆论。随着安全生产工作的深入开展，人民群众对生命、对安全的关注程度越来越深，对安全的呼声也越来越高。各类生产安全事故的有关情况也频频见诸媒体。特别是随着网络这一新兴传媒的不断发展演变，信息的传播速度、波及范围以及造成的影响已经发生了前所未有的变化。由于事故往往涉及行政违法行为、侵犯工人合法权益的行为、安全生产犯罪行为，有时甚至涉及监管部门的渎职失职等行为，再加上有些媒体为了吸引眼球，不负责任地追求轰动效应，有些报道不可避免地失之于真、失之于准，以致于误导广大群众。只有快速上报事故，才能让上级管理部门全面准确地了解事故情况，适时地向社会进行公布，从而掌握新闻宣传的主动权，正确引导社会舆论。

与快速报告事故相对应的是对事故的瞒报。近年来随着安全生产法制的逐步健全和安全生产专项整治、联合执法等工作的不断深入，我国对安全生产违法行为的打击力度越来越大。一些不法业主为逃避责任，无视法律、无视监管、无视生命，胆大妄为、铤而走险，不惜采取各种手段隐瞒真相。个别公务人员不履行职责、失职失察，甚至丧失立场、参与瞒报。为了使人民群众积极参与到事故调查处理过程中，监督事故的相关情况，安全生产法设立了群众举报制度。《条例》第十八条规定："安全生产监督管理部门和负有安全生产监督管理职责的有关部门应当建立值班制度，并向社会公布值班电话，受理事故报告和举报。"每年，全国都会有多起瞒报事故发生，瞒报延误了事故抢救的最佳时机，给人民生命财产造成了巨大损失，性质极其恶劣，社会影响极坏。从现实看，在实行群众监督举报以及加大对瞒报行为惩处力度的同时，各级监管部门还必须严格按照法律规定的时限要求上报事故。

3.2 接报内容

3.2.1 报告事故的内容

及时、精准地掌握事故发生的相关情况是为了采取相应的应急救援措施及开展后续的调查处理工作，各接报主体在接报事故时应当按照《条例》和《生产安全事故信息和处置办法》规定接报以下内容：

1. 事故发生单位概况

事故发生单位概况应当包括单位的全称、所处地理位置、所有制形式和隶属关系、生产经营范围和规模、持有各类证照的情况、单位负责人的基本情况以及近期的生产经营状况等。当然，这些只是一般性要求，对于不同行业的企业，报告的内容应该根据实际情况来确定，但是应当以全面、简洁为原则。

2. 事故发生的时间、地点以及事故现场情况

报告事故发生的时间应当具体、并尽量精确到分钟。报告事故发生的地点要准确，除事故发生的中心地点外，还应当报告事故所波及的区域。报告事故现场的情况应当全面，不仅应当报告现场的总体情况，还应当报告现场的人员伤亡情况、设备设施的毁损情况；不仅应当报告事故发生后的现场情况，还应当尽量报告事故发生前的现场情况，便于前后比较，分析事故原因。

3. 事故简要经过

事故的简要经过是对事故全过程的简要叙述。核心要求在于"全"和"简"。"全"就是要对全过程描述，"简"就是要简单明了。但是，描述要前后衔接、脉络清晰、因果相连。需要

强调的是，由于事故的发生往往是在一瞬间，对事故经过的描述应当特别注意事故发生前作业场所有关人员和设备设施的一些细节，因为这些细节可能就是引发事故的重要原因。

4. 人员伤亡和经济损失情况

对于人员伤亡情况的报告，应当遵守实事求是的原则，不作无根据的猜测，更不能隐瞒实际伤亡人数。在矿山事故中，往往出现多人被困井下的情况，对可能造成的伤亡人数，要根据事故单位当班记录，尽可能准确地报告。对直接经济损失的初步估算，主要指事故所导致的建筑物的毁损、生产设备设施和仪器仪表的损坏等。由于人员伤亡情况和经济损失情况直接影响事故等级的划分，并因此决定事故的调查处理等后续重大问题，在报告这方面情况时应当谨慎细致，力求准确。

5. 已经采取的措施

已经采取的措施主要是指事故现场有关人员、事故单位负责人、已经接到事故报告的安全生产管理部门，为减少损失、防止事故扩大和便于事故调查所采取的应急救援和现场保护等具体措施。

6. 其他应当报告的情况

对于其他应当报告的情况，需要根据实际情况来确定。如较大以上事故还应当报告事故所造成的社会影响、政府有关领导和部门现场指挥等有关情况。另外，特别需要指出的是，事故发生原因的初步判断在原《特别重大事故调查程序暂行规定》中属于应当报告的内容，在制定《生产安全事故报告和调查处理条例》时，考虑到实际工作中很多时候事故原因需要进一步调查之后才能确定，为谨慎起见，没有将其列入应当报告的事项。但是，对于能够初步判定事故原因的，还是应当进行报告。

从上述情况来看，应当报告的内容涵盖的范围比较广泛。因此，要求事故现场有关人员、事故单位负责人和负有安全生产监督管理职责的有关部门这三个不同层次的事故报告主体依照同样的标准来报告事故，是不切实际的，也是没有必要的。对于事故现场有关人员，只需要准确报告事故的时间、地点、人员伤亡的大体情况就可以了；对于事故单位负责人则需要进一步报告事故的简要经过、人员伤亡和损失情况以及已经采取的措施等；对于负有安全生产监督管理职责的有关部门向上级部门报告事故情况的时候，则需要其严格按照条例规定内容进行。

实践工作中，对事故进行报告多采用电话报告，使用电话快报时应当包括下列内容：事故发生单位的名称、地址、性质；事故发生的时间、地点；事故已经造成或者可能造成的伤亡人数（包括下落不明、涉险的人数）。当事故具体情况暂时不清楚时，可以先报事故概况，随后补报。

3.2.2 事故补报

《条例》规定："自事故发生之日起30日内，事故造成的伤亡人数发生变化的，应当及时补报。道路交通事故、火灾事故自发生之日起7日内，事故造成的伤亡人数发生变化的，应当及时补报。"

《条例》要求对出现的新情况及时补报，是因为有些不确定的状态需要经过一段时间才能转为确定状态。比如，由于危险因素没有彻底排除，事故没有得到有效的控制，导致发生次生事故，引了新的人员伤亡，有时甚至是救援人员的伤亡和新的财产损毁，增加了直接经济损失。又如，对失踪人员的搜救和对被困人员的营救能否取得积极的进展，重伤者经过抢救能否脱离生命危险，损坏的设备设施能否进行修复等等，都需要经过一段时间以后才能确定。这些都直接影响到伤亡人数的确定和直接经济损失的认定，而伤亡人数和直接经济损失情况直接关系到事故等级的划分和事故的调查处理权限等具体问题。

根据规定，事故伤亡人数自事故发生之日起 30 日内发生变化的应当及时补报。实际工作中，有些矿山事故和水上交通事故有时被困人员和失踪人员持续的时间较长，在对重伤者进行救治时，也要较长的时间来判断伤者的生命状态。作出 30 日的规定，能够使安全生产监督管理部门更加合理地安排救援和善后等相关工作，同时也有利于事故受害者及其家属权益的保护。

对道路交通事故、火灾事故伤亡人数发生变化的补报时间作出"自发生之日起 7 日内"的规定，主要是为了与行业现有规定相衔接。例如，公安部 1991 年发生的《关于修订道路交通事故等级划分标准的通知》（公通字〔1991〕113 号）规定，在事故统计中，死亡仍以事故发生后 7 天内死亡的为限。公安部、劳动部、国家统计局 1996 年重新印发的《火灾统计管理规定》（公通字〔1996〕82 号）第七条规定："凡在火灾和火灾扑救过程中因烧、摔、砸、炸、窒息、中毒、触电、高温、辐射等原因所致的人身伤亡列入火灾伤亡统计范围。其中死亡以火灾发生后 7 天内死亡为限，伤残统计标准按劳动部的有关规定认定。"

3.2.3　事故信息报告质量

为加强重大事故、特别重大事故信息报告工作，国家安全生产监督管理总局于 2007 年 5 月 30 日下发了《关于加强重特大事故信息报告工作的通知》，要求提高事故信息的质量。各级安全生产监督管理局、煤矿安全监督机构是重特大事故信息的责任主体，主要负责人是事故信息报告工作的第一责任者。

3.3　事故信息处置

3.3.1　事故抢救

在接到事故信息后，各主体应该严格按照《安全生产法》和《条例》以及《生产安全事故信息和处置办法》的规定履行相关职责，主要表现如下：

1. 事故单位负责人组织应急抢救工作

事故发生单位负责人接到事故报告后，应当立即启动事故应急预案，或者采取有效措施，组织抢救，防止事故扩大，减少人员伤亡和财产损失。

生产经营单位在生产经营过程中发生事故，往往会造成人员伤亡、财产损失、环境污染，或者造成生产经营活动的中断。为减少事故造成的人员伤亡和经济损失，必须加强应急管理，制定应急预案。应急管理主要是对生产经营中的各种生产安全事故和可能带来人员伤亡、财产损失的各种外部突发公共事件，以及可能给社会带来损害的各类突发公共事件的预防、处置和恢复重建等工作，是生产经营单位安全生产管理的重要组织部分。加强应急管理，是生产经营单位自身发展的内在要求和必须履行的社会责任。

加强应急管理的一个重要方面就是制定并组织实施生产安全事故应急预案，即生产经营单位根据本单位的实际情况，针对可能发生的事故的类别、性质、特点和范围等情况制定的事故发生时进行紧急救援的组织、程序、措施、责任以及协调等方面的方案与计划。应急预案主要包括：应急救援的指挥与协调机构；有关部门和组织在应急救援组织及其人员、装备；紧急处置、人员疏散、工程抢险、医疗救护等紧急方案；社会支持援助方案；应急救援组织的训练与演习；应急救援物资的储备和经费保障等。

事故发生后，生产经营单位应当立即启动相关应急预案，采取有效处置措施，组织开展先期应急工作，控制事态发展，并按照有关规定向有关部门报告。对危险化学品泄漏等可能对周边群众和环境产生危害的事故，生产经营单位应当在向地方政府及有关部门进行报告的同时，及时向可能受到影响的单位、职工、群众发出预警信息，标明危险区域，组织、协助应急救援队伍和工作人员救助受害人员，疏散、撤离、安置受到威胁的人员，并采取必要措施防止发生次生、衍生事故。应急处置工作结束后，各企业应尽快组织恢复生产、生活秩序，配合事故调查组织进行调查。

2. 事故发生地有关人民政府及其有关部门组织应急救援工作

事故发生地负有安全生产监督管理职责的有关部门接到事故报告后，其负责人应当立即赶赴事故现场，组织事故救援。作出这样的规定是基于：

第一，这是由人民政府的性质决定的。我国是人民民主专政的社会主义国家，人民是国家的主人，政府的一切权力属于人民，权力的运行一切为了人民。当人民的利益遭受侵害时，政府及其有关部门必须义不容辞、挺身而出，采取尽可能的手段，调动尽可能的资源，挽救人民群众的生命财产安全，用实际行动表明党和国家以人为本、安全发展的理念和对安全生产工作的重视，进一步融洽与人民群众血肉相连的亲情关系。

第二，这是由安全生产工作的特点决定的。安全生产关系人民群众的生命财产安全，关系改革发展和社会稳定大局。安全生产工作总体来看，主要包括市场准入、事前监管、应急救援和调查处理四个环节。我国安全生产状况总体上趋于稳定好转，但目前安全生产形势依然严峻，煤矿、道路交通运输、建筑等领域伤亡事故多发的状况尚未根本扭转。事故的发生具有突然性和紧迫性，要求安全生产监督管理部门必须作出快速反应，迅速赶赴事故现场，组织事故救援。

第三，政府及其有关部门组织救援能够取得更加积极的效果。我国目前安全生产工作总体上来说是属于政府主导型，这一点在应急救援方面尤其明显，当然，这也是世界上大多数国家的现行做法。前文提到，一般来说，首先组织事故应急救援的是事故发生单位本身，但是，一方面事故发生单位的应急救援力量比较有限，可能没有足够的能力开展有效的救援；另一方面，事故导致的混乱状态对事故发生单位负责人会造成一定的心理压力，从而影响救援工作的开展。政府及其安全生产监管部门，运用法律赋予的职权，能够在短时间内调动各种资源，并协调好各方面的关系，保证救援工作的顺利开展。从近几年的实际情况来看，事故发生后当地政府及有关部门负责人都能够迅速赶赴事故现场，组织事故救援，促进了现场救援工作的开展，减少了人民群众生命财产的损失。

第四，这也是有关法律法规的规定。例如：《安全生产法》第八十二条规定"有关地方人民政府和负有安全生产监督管理职责的部门的负责人接到生产安全事故报告后，应当按照生产安全事故应急救援预案的要求立即赶到事故现场，组织事故抢救。"再如，《国务院关于特大安全事故行政责任追究的规定》第四条："地方各级人民政府及政府有关部门应当依照有关法律、法规和规章的规定，采取行政措施，对本地区实施安全监督管理，保障本地区人民群众生命、财产安全，对本地区或者职责范围内防范特大安全事故的发生、特大安全事故发生后的迅速和妥善处理负责。"第十七条规定："特大安全事故发生后，有关地方人民政府应当迅速组织救助，有关部门应当服从指挥、调度，参加或者配合救助，将事故损失降到最低程度。"

3.3.2　加强事故现场保护

《条例》第十六条规定："事故发生后，有关单位和人员妥善保护事故现场以及相关证据，任何单位和个人不得破坏事故现场、毁灭相关证据。因抢救人员、防止事故扩大以及疏通交通等原因，需要移动事故现场物件的，应当做出标志，绘制现场简图并做出书面记录，妥善保存现场重要痕迹、物证。"

事故现场是追溯判断发生事故原因和事故责任人责任的客观物质基础。从事故发生到事故调查组赶赴现场，往往需要一段时间。而在这段时间里，许多外界因素，如对伤员的救援、对险情的控制，周围群众等都会给事故现场造成不同程度的破坏，有时甚至还有故意破坏事故现场的情况。间隔时间越长，影响事故现场失真的外界因素就越多，现场遭到破坏的可能性就越大。事故现场保护的好坏，将直接决定和影响事故现场勘查，事故现场保护不好，一些与事故有关的证据就难以找到，不便于查明事故的原因，从而影响事故调查处理进度和质量。总之，保护现场是取得客观准确证据的前提，有利于准确查找事故原因和认定事故责任，保护事故调查工作的顺利进行。

事故现场保护的主要任务就是要在现场勘查之前，维持现场的原始状态，既不使它减少任何痕迹、物品，也不使它增加任何痕迹、物品。本条规定的事故现场保护主体是有关单位和人员，主要是指事故发生单位和接到事故报告并赶赴事故现场的负有安全生产监督管理职责的有关部门及其工作人员。此外，任何不特定的主体，即任何单位和个人，都不得破坏事故现场、毁灭相关证据。

保护事故现场，必须根据事故现场的具体情况和周围环境，划定保护区的范围，布置警戒。必要时，将事故现场封锁起来，禁止一切人进入保护区，即使是保护现场的人员，也不要无故进入，更不能擅自进行勘查，禁止随意触摸或者移动事故现场上的任何物品。特殊情况需要移动事故现场物件的，必须同时满足以下条件：第一，移动物件的目的是出于抢救人员、防止事故扩大以及疏通交通的需要；第二，移动物件必须经过事故单位负责人或者组织事故调查的负有安全生产监督管理职责的有关部门同意；第三，移动物件应当做出标志，绘制现场简图，拍摄现场照片，对被移动物件应当贴上标签，并作出书面记录；第四，移动物件应当尽量使现场少受破坏。

在对事故现场实施妥善的保护措施之后，安全管理部门即应抓紧一切时机，采取各种不同形式，向事故单位负责人、职工以及其他有关知情人了解事故情况。此外，负有安全生产监督管理职责的部门工作人员进入事故现场后，还应进行一系列的工作，比如：指导和监督事故抢救，以减少人员伤亡和财产损失，防止事故扩大；及时收集并封存与事故现场有关的资料、图纸和物件，协助搞好事故现场的保护；初步勘察事故地点，提取容易灭失的证据；询问事故现场有关人员，做好笔录；进一步了解事故经过、初步判断事故发生原因；编写事故快报等等。

第四章 事故调查

4.1 事故调查权

组织生产安全事故调查的根本问题主要有事故调查权、事故调查组的组成、事故调查组成员具备的资格条件、事故调查组的职责、事故调查组的权利义务、事故调查的时限和事故调查报告的内容等等。

4.1.1 事故调查权限

《条例》规定，生产安全事故由县级以上人民政府按照《条例》规定，严格履行职责，及时、准确地完成事故调查处理工作。因此，事故调查的组织单位是县级以上人民政府。

事故调查要遵守"政府领导、分级负责"的原则，也可以理解为事故调查遵守"政府负责、分级实施"的原则。也就是说，不论哪级事故，其事故调查工作都是由政府负责调查；不管是政府直接组织事故调查还是授权或者委托有关部门组织事故调查都是在政府的领导下，调查都是以政府的名义进行的，都是政府的行为，不能理解为部门的行为。

另外，事故调查工作是通过事故调查组来完成的(一般事故除外)，政府直接组织事故调查还是授权或者委托有关部门组织事故调查都要按照《条例》的规定组织事故调查组进行，未按照规定组织事故调查组进行调查属于行政违法，其调查结果没有法律效力。

1. 特别重大事故的调查权

《条例》规定"特别重大事故由国务院或者国务院授权有关部门组织事故调查组进行调查"。从这一规定可以看出，特别重大事故因其死亡人数多、财产损失多、影响范围广、后果特别严重等原因，应由我国最高行政机关即国务院组织事故调查组负责调查。另外，由于事故调查的技术性、专业性以及国务院工作性质等原因，对特别重大事故，国务院可以授权有关部门组织事故调查组进行调查。这里所说的"授权"既可以是国务院或国务院办公厅以规范性文件的形式一揽子授权，也可以是国务院领导同志根据事故的具体情况用批示的形式个别授权。这里所说的有关部门，一般是指国家安全生产监督管理总局或国家煤矿安全监察局，也可以是国务院其他有关部门，如火灾可以授权给公安局负责调查；船舶碰撞沉没事故可以授权给交通部负责调查；飞机碰撞事故可以授权给民航总局负责调查。

2. 其他事故的调查权

《条例》规定："重大事故、较大事故、一般事故分别由事故发生地省级人民政府、设区的市级人民政府、县级人民政府负责调查。省级人民政府、设区的市级人民政府、县级人民政府可以直接组织事故调查组进行调查，也可以授权或者委托有关部门组织事故调查组进行调查。"由这条规定可以看出：①规定充分体现了"分级负责"的原则。这是根据当前我国安全生产工作的现状作出的，便于操作和落实。②规定明确了事故调查的"属地"原则。也就说，事故调查权在事故发生地的有关人民政府。③规定的"有关部门"一般是指负责安全生产监督管理职责的部门，即安全生产的行业监管部门和综合监管部门。④对重大事故，省级人民政府可以直接组织事故调查组进行调查，也可以授权或者委托有关部门组织事故调查组进行调查。这里的省级人民政府仅仅是指各省、自治区、直辖市人民政府，不包括副省级管理的设区的市级人民政府。⑤对较大事故，设区的市级人民政府可以直接组织事故调查组进行调查，也可以授权或者委托有关部门组织事故调查组进行调查。这里所说的设区的市级人民政府，包括地区行署、州、盟人民政府和按副省级管理的设区的市级人民政府。⑥对一般事故县级人民政府可以直接组织事故调查组进行调查，也可以授权或者委托有关部门组织事故调查组进行调查。这里所说的县级人民政府不仅包括各县人民政府，也包括县级市人民政府和旗人民政府，同时还包括按县级管理的设区的市级人民政府。一般事故的调查以明确授权或者委托安全生产监督管理部门或有关部门组织事故调查组进行调查为妥。

3. 对一般事故的特别规定

由于一般事故数量很大，而且后果严重程度不一，为了减轻政府负担，提高工作效率，根据《条例》规定"对于未造成人身伤亡的一般事故，县级人民政府也可以委托事故发生单位组织事故调查组进行调查"。对于只造成了轻伤或直接经济损失在1000万元以下的事故，县级人民政府可以委托事故发生单位进行调查，事故单位要按要求组织事故调查组，调查结果要向人民政府报告。

4. 提级调查和变更调查权

第一，对于提级调查的问题。为落实各级政府的事故调查权，一般情况下不应进行提级调查。但有的事故等级虽不高，但情况复杂，影响较大，需要由上级人民政府调查。因此，建立一种灵活机制，规定上级人民政府必要时可以调查由下级人民政府调查的事故，是非常必要的。上级人民政府在提级调查时，应注意以下几个方面的问题：

(1)这里的上级人民政府既可以是上一级人民政府，也可以是再上一级人民政府，甚至可以是国务院。

(2)"认为必要时"一般指：事故性质恶劣、社会影响较大的；同一地区连续频繁发生同类事故的；事故发生地不重视安全生产工作、不能真正吸取事故教训的；社会和群众对下级人民政府调查的事故反响强烈的；事故调查难以做到客观、公正的等等。

(3)上级人民政府何时开始调查由以下情况决定：事故发生后上级人民政府直接组织调查由下级人民政府负责调查的事故；根据下级人民政府请求提级调查；发现下级人民政府负责调查的事故存在重大疏漏后的提级调查。

第二，关于变更调查权。《条例》规定："自事故发生之日起30日内(道路交通事故、火灾事故自发生之日起7日内)，因事故伤亡人数变化导致事故等级发生变化，依照本条例规定应当由上级民政府负责调查的，上级人民政府可以另行组织事故调查组进行调查。"这主要是考虑到，在实践中有的事故已经由有关人民政府组成了事故调查组开始调查，但由于伤亡人数发生变化，导致事故等级提高，应当由上级人民政府负责调查，因此，应当有一种机制，使上级人民政府另行组织事故调查组，以保证事故调查的严肃性和客观、公正性。当然，上级人民政府可以根据实际情况，终止原事故调查组进行的调查工作，另行组织事故调查组进行调查，也可以由原来的事故调查组继续调查。

　　5.跨行政区域发生的事故调查

　　特别重大事故以下等级的事故,若事故发生地与事故发生单位不在同一个县级以上行政区域的,由事故发生地人民政府负责调查,事故发生单位所在地人民政府应当派人参加。

　　由于生产经营活动具有流动性特征,实践中,事故发生地和事故单位不在同一个县级以上行政区域的情况时有发生,在事故调查中往往产生一些纠纷,影响事故调查的正常进行。如,事故发生地人民政府与事故单位所在地人民政府要么争抢事故调查权,要么互相推诿,不组织、不参与事故调查。针对这些问题,对跨行政区域的事故调查作出了明确规定,目的在于明确这类事故的调查责任,保证事故得到及时调查。对于这一规定,应当明确以下几点:

　　(1)本规定只适用于特别重大事故以下等级的事故。因为这类事故由国家或者国务院的部门负责组织调查,而国务院或者国务院授权的部门管辖全国范围不存在跨区域出现争议的问题。

　　(2)对跨区域事故原则上仍实行《条例》第十九条规定的"事故发生地人民政府调查",即明确由事故发生地有关人民政府按照事故等级,相应组成事故调查组进行调查,而不是由事故发生单位所在地人民政府组织调查。

　　(3)事故发生单位所在地人民政府应当派人参加。这既是权利,也是义务,体现了互相配合的指导思想,有利于更好地调查事故。事故发生单位所在地人民政府不得以任何理由拒绝派人参加由事故发生地人民政府组织的事故调查工作。

4.2　事故调查组

4.2.1　事故调查组的组成原则

　　事故调查是由事故调查组进行的,要提高事故调查工作的效率,首先事故调查组的组成要精简、效能。这是缩短事故处理时限,降低事故调查处理成本,尽最大可能提高工作效率的前提。但现实情况是事故调查成本一直较高,如不采取相应措施,事故调查处理成本有继续上升的趋势。因此,为防止事故调查人员和组成部门过多,提高事故调查的效率,尽量避免和减少事故调查的相互推诿扯皮,《条例》第一款规定了事故调查组的组成原则,即"精简和效能"。

4.2.2　事故调查组的组成

　　《条例》第二十二条对事故调查组的组成作了明确规定,根据这一规定,可以明确:第一,根据事故的具体情况,确定事故调查组的组成,即根据事故所属行业和领域,决定由哪些部门参与调查。比如煤矿事故,应由煤矿安全监察局派人参加事故调查;建筑工程事故,应由建筑行政部门派人参加事故调查。第二,事故调查组由以下部门、单位派人参加:有关人民政府,包括组织事故调查的有关人民政府和事故发生地有关人民政府;安全生产监督管理部门(综合监管部门);负有安全生产监督管理职责的有关部门(行业监管部门);监察机关;公安机关;工会;并邀请人民检察院参加。第三,事故调查组可以聘请有关专家参与调查。

从上述规定可以看出，有关人民政府、安全生产监督管理部门、监察机关、公安机关、工会和人民检察院属于必须参加的常设部门和单位。负有安全生产监督管理职责的有关部门则要根据事故的具体情况来决定。比如乡镇煤矿发生一般事故，事故调查组由监察分局、事故所在地县级人民政府、县安监局、县煤矿安全监管部门、县监察局、县公安局和县总工会派员组成，并邀请县人民检察院派人参加。而山东省青岛市"11·22"中国石油化工股份有限公司管道储运分公司东黄输油管道泄漏爆炸特别重大事故的调查组由国家安全生产监督管理总局、监察部、公安部、环境保护部、国务院国资委、全国总工会、山东省人民政府组成，并邀请最高人民检察院派人参加。

关于事故调查组应当明确以下几个问题：第一，事故调查组的组成必须依照《条例》规定执行；第二，事故调查组的成员履行事故调查的行为是职务行为，代表其所属部门、单位进行事故调查工作；第三，事故调查组成员都要接受事故调查组的领导；第四，事故调查组聘请的专家参与事故调查，也是事故调查组的成员。第五，事故调查组正式成立之前，应由负有安全生产监督管理职责的有关部门向人民政府提交《关于成立××事故调查组的请示》(见附件)。成立调查组的请示文件经人民政府批准(或领导签字同意)后，负有安全生产监督管理职责的有关部门向事故调查组各成员单位和邀请单位发出《关于成立××事故调查组的函》(见附件)，函告有关调查事项。

4.2.3　事故调查组成员条件

首先，事故调查是一项技术性、专业性很强的工作，一般需要经过深入事故现场、事故现场勘查、进行对比分析、检验检测、直接原因确定、间接原因认定等过程；其次，事故调查也是一项政策性很强的工作，要求事故调查组成员要全面了解事故经过、查找有关文件和资料、询问与事故有关的人员等调查取证过程，最后就是应当调查情况和原因分析，要提出事故防范与整改措施，并对事故责任者提出处理建议。因此，事故调查组成员责任重大，任务艰巨。作为事故调查组成员应当具备一定的条件，否则就很难客观、公证、高效地完成事故调查工作。因此，事故调查组成员一是要具有事故调查所需要的知识和专长，包括专业技术知识、法律知识等。专业技术知识和专长，应当根据不同行业和领域不同类型的事故具体掌握；二是与所调查的事故没有利害关系，这主要是为了保证事故调查的公正性，防止徇私。

这里所说的"事故调查组成员与所调查的事故没有直接利害关系"有两层意思：一是事故调查组成员与事故发生单位没有直接利害关系；二是事故调查组成员与事故单位的主要负责人、主管人员及有关人员没有直接利害关系。

实践中需要强调几个问题：①事故调查组组成时，有关部门、单位中与所调查的事故有直接利害关系的人员应当主动回避，不应参加事故调查工作。②事故调查组组成时，发现被推荐为事故调查组成员的人选与所调查的事故有直接利害关系的，组织事故调查的人民政府或者有关部门应当将该成员予以调整。③事故调查组组成后，有关部门、单位发现其成员与所调查的事故有直接利害关系的，事故调查组应当将该成员予以更换或者停止其事故调查工作。

4.2.4　事故调查组组长及其职权

设立事故调查组组长的目的是及时协调事故调查工作中的重大问题，对分歧意见作出决策，体现事故调查的时效性和权威性，提高事故调查的效率。设立事故调查组组长是事故调查的必经程序，不设置事故调查组组长所进行的事故调查工作没有法律效力，其调查结果无效。

1. 事故调查组组长的产生

事故调查组组长由负责事故调查的人民政府指定。这是一种简单明了、操作性强的规定。由政府直接组织事故调查组进行调查的，事故调查组组长由负责事故调查的人民政府指定；由政府委托有关部门组织事故调查组进行调查的，其调查组组长也由负责事故调查的人民政府指定。由政府授权有关部门组织事故调查组进行调查的，其事故调查组组长确定可以在授权时一并进行，也就是说事故调查组组长可以由有关人民政府指定，也可以由授权组织事故调查组的有关部门指定。

参照当前事故调查的一些成熟做法，事故调查组的内部机构一般为：①设事故调查组组长1人，事故调查组组长由负责事故调查的人民政府指定。②事故调查组应当根据事故的具体情况和事故等级，设事故调查组副组长1~3人，副组长一般情况下应当是有关地方政府或者有关部门的负责人，副组长在事故调查成员中产生，协助组长开展事故调查工作。对一般等级的事故可设组长1人，不再设置副组长。③对重大、特别重大事故，在事故调查组下还可设置具体工作小组，负责某一方面的具体调查工作。目前一般分为综合组、技术组、管理组等。其他等级的事故调查组内部分工由事故调查组组长确定。

2. 事故调查组组长的职权

事故调查组组长主持事故调查组的工作。具体职责是：全过程领导事故调查工作；主持事故调查会议，确定事故调查组各小组的职责和事故调查组成员的分工；协调事故调查工作中的重大问题，对事故调查中的分歧意见作出决策等等。

4.2.5 事故调查组成员行为规范

事故调查不是一项普通的工作，为保证事故调查的客观、公正、高效，事故调查组成员必须遵循一定的行为规范。

(1) 事故调查组成员要有品德操守。事故调查组的成员不管来自哪个部门和单位，均是事故调查组的一员，事故调查组成员要讲诚信，要公正地参与事故调查工作，要全面了解事故调查中的有关情况，不得偏听偏信，影响事故调查。

(2) 事故调查组成员要有工作操守。事故调查组成员要恪尽职守，兢兢业业，严格履行职责，发挥专业特长和技术特长，按期完成事故调查组交办的事故调查任务。

(3) 事故调查组成员要守纪、保密。事故调查组成员要遵守事故调查组的纪律，服从事故调查组的领导，廉洁自律，认真负责，协调行动，听从指挥，同时，要严格保守事故调查中的秘密。

(4) 事故信息发布工作应当由事故调查组统一安排，未经事故调查组组长允许，事故调查组成员不得擅自发布有关事故的信息。

4.2.6 事故调查组职责

事故调查组履行各项职责是事故调查工作的核心。事故调查工作能否做到"实事求是、尊重科学"，事故调查处理能否做到"四不放过"，通过事故调查处理能否真正防止和减少事故、避免事故重复发生，关键是看事故调查组的职责能否正确履行。事故调查组的主要职责有：

（1）查明事故发生的经过。事故发生经过包括事故发生前事故发生单位生产作业状况；事故发生的具体时间、地点；事故现场状况及事故现场保护情况；事故发生后采取的应急处置措施情况；事故报告经过；事故抢救及事故救援情况；事故的善后处理情况及其他与事故发生经过有关的情况。

（2）查明事故发生的原因。事故发生的原因包括事故发生的直接原因、间接原因及其他原因，这些都是调查组应当查明的内容。

（3）人员伤亡情况。事故调查组应查明事故发生前，事故发生单位生产作业人员分布情况；事故发生时人员涉险情况；事故当场人员伤亡情况及人员失踪情况；事故抢救过程中人员伤亡情况；最终伤亡情况及其他与事故有关的人员伤亡情况。

（4）事故的直接经济损失。事故直接经济损失包括人员伤亡所支出的费用，如医疗费用、丧葬及抚恤费用、补助及救济费用、歇工工资等；事故善后处理费用，如处理事故的事务性费用、现场抢救费用、现场清理费用、事故罚款和赔偿费用；事故造成的财产损失费用，如固定资产损失价值、流动资产损失价值等。

（5）认定事故性质和事故责任分析。通过事故调查分析，对事故的性质要有明确结论。其中对认定为自然事故（非责任事故或者不可抗拒的事故）的可不再认定或者追究事故责任人；对认定为责任事故的，要按照责任大小和承担责任的不同分别认定事故责任者：①直接责任者：是指行为与事故发生有直接因果关系的人员，如违章作业人员；②主要责任者：是指对事故发生负有主要责任的人员，如违章指挥人员；③领导责任者：是指对事故发生负有领导责任的人员。主要是政府及其有关部门的领导人员。

（6）对事故责任者的处理建议。通过事故调查分析，在认定事故的性质和事故责任的基础上，对事故责任者的处理建议主要包括下列内容：①对责任者的行政处分、纪律处分建议；②对责任者的行政处罚建议；③对责任者追究刑事责任的建议；④对责任者追究民事责任的建议。

（7）总结事故教训。通过事故调查分析，在认定事故的性质和事故责任者的基础上，要认真总结事故教训，主要是在安全生产管理、安全生产投入、安全生产条件等方面存在哪些薄弱环节、漏洞和隐患，要认真对照问题查找根源：①事故发生单位应该吸取的教训；②事故单位主要负责人应该吸取的教训；③事故单位有关主管人员和有关职能部门应该吸取的教训；④从业人员应该吸取的教训；⑤政府及其有关部门应该吸取的教训；⑥相关生产经营单位应该吸取的教训；⑦社会公众应该吸取的教训等。

（8）提出防范和整改措施。防范和整改措施是在事故调查分析的基础上针对事故发生单位在安全生产方面的薄弱环节、漏洞、隐患等提出的，措施要具备以下性质：①针对性；②可操作性；③普遍适用性；④时效性。

（9）提交事故调查报告。事故调查报告在事故调查组全面履行职责的前提下由事故调查组作出。这是事故调查最核心的任务，是其工作成果的集中体现。事故调查报告在事故调查组组长的主持下完成，事故调查报告的内容应当符合《条例》的规定，并在规定的时限内提交。

4.3　事故调查方案的制订

事故调查组应根据事故的具体情况制定事故调查工作方案,明确调查组工作职责、调查组织分工、各调查小组工作任务、调查工作要求和日程安排。事故调查工作方案包括以下内容:

(1)事故调查组组长职责。主持事故调查组开展工作;明确事故调查组各小组的职责,确定事故调查组成员的分工;协调决定事故调查工作中的重要问题;批准发布事故有关信息;审核事故涉嫌犯罪事实证据材料,批准将有关材料或者复印件移交司法机关处理。

(2)事故调查组主要职责。查明事故单位的基本情况;查明事故发生的经过、原因、类别、人员伤亡情况及直接经济损失;隐瞒事故的,应当查明隐瞒过程和事故真相;认定事故的性质和事故责任;提出对事故责任人员和责任单位的处理建议;总结事故教训,提出防范和整改措施;在规定时限内提交事故调查报告。

(3)调查组织分工。成立调查领导小组(一般事故可不成立)。调查领导小组成员由调查组组长和副组长组成。事故调查组下设技术小组、管理小组和综合小组三个工作小组。技术组和综合组组长由行业安全监督管理职责的有关部门派员担任,管理组组长由监察机关派员担任。

(4)技术组。①技术组的主要职责包括:勘察事故现场;分析认定事故地点、事故类别、直接原因;划分事故发生单位及其有关人员的责任;提交技术鉴定报告和技术组调查报告。②技术组的调查范围包括事故发生单位及其有关人员。③调查主要内容包括:调查事故单位生产经营及安全管理情况;事故单位生产能力;有关技术参数;自然环境和条件;各生产环节、工序及工艺流程情况;各有关工程图纸;事故单位主要负责人和其他管理人员的任命、分工、履行职责情况;事故单位安全管理情况;事故单位劳动组织、事故当班人数、分布作业地点、工作安排、作业程序、完成的工作量、事故发生经过、遇难人数、脱险人数等;直接经济损失;勘察现场;调查认定事故发生的准确时间、地点、事故类别及性质;分析认定事故发生的直接原因,技术方面的间接原因和事故发生单位及其有关人员的责任,并提出处理初步建议;其他有必要调查的内容。④技术组应提交的资料包括:技术鉴定报告并附件。附件包括抢险救护报告(由抢救单位提交并签字盖章)、现场勘察报告(由现场勘探人员提供)、尸体检验报告(由公安部门出具)、受伤人员伤情证明(由医院出具)、以及设备、安全仪器、仪表和现场提取物技术检测或鉴定报告;技术调查报告(内容包括:事故单位生产安全基本情况、事故发生经过、事故直接原因、事故直接责任人员的责任认定及初步处理建议、技术方面防范措施);事故现场示意图及有关工程图纸;直接经济损失表(格式见附录);有关取证资料。

(5)管理组。①主要职责包括:对安全监管方面的间接原因进行分析、认定;提出对监管单位有关责任人的责任划分及处理建议;提出安全监管方面的防范措施。②调查范围有:调查事故发生单位负有监管职责的政府和有关部门。原则上一般事故调查到乡镇一级政府、较大事故调查到县一级政府。③调查主要内容包括:政府和有关部门监管人员对事故矿井应承担的监管职责;监管人员职责履行情况(包括行政审批职责履行情况、上级监管监察指令落实情况和日常监管职责履行情况等);事故背后是否存在腐败问题。④管理组应提交的资料:《××事故管理报告》(格式见附录)

(6)综合组。综合组的主要职责包括:对事故调查工作进行组织协调,参加各种会议并做好会议记录;参与其他工作小组的调查并掌握工作进度;负责事故有关情况的续报;收集、整理和保管所有取证材料;分析、研究调查取证资料,起草有关汇报材料;撰写事故调查报告。

(7)调查工作基本要求。①事故调查组组长主持事故调查组的工作,事故调查工作由事故调查组统一领导、组织协调。②事故调查必须实事求是、尊重科学、依法依规、注重实效,及时、准确地查清事故发生经过、事故原因和事故直接经济损失,查明事故性质,认定事故责任,总结事故教训,提出整改措施。③各调查小组要按调查组的统一安排和部署,拟定小组调查工作方案,明确各人的职责分工。由各调查小组组长确定调查对象,审定问话提纲(注意不同的问话对象,要事先列出问话提纲)。要特别注意问清被问话人的基本情况、工作职责及职责履行情况等。④调查期间,收集的资料、问话笔录要当天交综合小组登记,由综合小组统一管理,实行集中查阅。⑤各调查小组组长每天要组织召开碰头会,及时掌握、分析调查情况,通报工作进度,研究第二天的工作。⑥调查组实行三种会议制度,一是调查组会议,调查组全体成员参加,由组长主持召开;二是调查组长办公会议,由组长或组长指定主持工作的副组长定期召开,主要是听取各调查小组组长的调查情况汇报,及时研究各调查小组在调查中遇到的困难、问题;三是分管副组长业务办公会议,由分管副组长决定召开会议的时间、议题。⑦所有会议都要有会议记录,要有专门的会议记录本。调查组组长、副组长主持召开的会议,由综合小组负责记录。研究确定的重大事项,可以发会议纪要,由组长(或主持工作的副组长)负责签发。⑧对重大问题的处理决定必须坚持民主集中制原则。⑨调查组纪律要求:调查工作期间,调查组成员自觉服从领导,服从工作安排;在调查工作中,必须诚信公正、恪尽职守,遵守调查组的纪律,保守事故调查的秘密。未经调查组组长允许,不得擅自发布有关事故的信息;事故调查期间,必须自觉遵守廉洁自律的各项规定;调查组人员不得中途变更,特殊情况需要换人的,应由所在单位向调查组组长提出申请,经调查组领导集体研究同意后方可变更;调查工作严格执行回避制度。⑩事故调查工作进度要求:一般情况下,一次死亡1~2人的事故,2~3日内调查完毕;一次死亡3~9人的事故,5~7日内调查完毕;一次死亡10~29人的事故,8~10日内调查完毕。调查组根据工作职责和时间要求,制定好工作计划和日程安排。三个小组有分工,有合作,不能截然分开。应根据具体事故的不同要求,灵活掌握,科学安排和调度。

(8)召开事故调查组第一次会议。第一次会议时间是在调查组各成员单位赶赴事故发生地后的第一天,由调查组组长主持召开事故调查组第一次会议。参加会议人员包括调查组所有成员,县乡政府及其有关监管部门负责人。其中较大事故还应包括市一级政府及其有关监管部门负责人。会议主要内容包括:宣布调查组成员名单;事故单位或事故发生地政府负责人汇报事故相关情况(内容包括事故单位基本情况、事故抢险救援经过、事故应吸取的教训和已采取的措施等);介绍前期事故调查和现场勘察(技术鉴定)情况;宣布调查工作方案,明确各调查组成员分工和任务;调查组领导讲话,明确调查工作要求和纪律。

4.4　事故的调查取证

4.4.1　事故现场勘察与处理

（1）现场勘察目的。事故现场勘察是事故现场调查的中心环节。其主要目的是查明事故之前和事发之时的情节、过程以及造成的后果。通过对事故现场痕迹、物证的收集和检验分析，可以初步判断事故发生的直接、间接原因，为正确处理事故提供客观依据。

（2）现场勘察的任务。收集事故现场存留的证据，客观记录并核实事故造成的结果，初步判定事故发生的直接、间接原因。

（3）现场勘察的原则。及时：负有安全生产监督管理职责的有关部门人员一旦接到事故报告后，要及时赶到事故现场，进行初步勘察，以防现场遭到不应有的破坏。全面：负有安全生产监督管理职责的有关部门人员对现场所有物证（致害物、残留物、破损部件、危险物品、有害气体等）都要进行全面勘察和收集，防止遗漏。细致：对现场各种物体发生的变化，都要进行认真仔细地勘察，反复地研究，彻底弄清现场变动发生的原因。客观：负有安全生产监督管理职责的有关部门人员在实施现场勘察时，应邀请社会中介机构的专家和熟悉事故地点的当事人或职工共同勘察。详细记录现场勘察过程中的每一细节情况，切忌主观臆造，凭空猜想。

（4）现场勘察的方法与处理。①首先向当事人或目击者了解事故发生的经过情况。询问现场物件是否有变动，如有变动，应先弄清变动的原因和过程，必要时可根据当事人和证人提供的事故发生时的情景，恢复现场原状以利实地勘察。②勘察前，应先巡视一遍整个现场，对现场全貌有所了解后，确定现场勘察的范围和勘察顺序。现场勘察根据具体情况要求，按照环境勘察、初步勘察、细项勘察和专项勘察步骤进行。③提取事故现场存留的有关痕迹和物证。提取前、后都应当采用录像、照相、文字等多种形式记录。物证应贴标签，注明地点、时间、管理者。物件应保持原样，不准随意冲洗擦拭和拆卸，以利技术检测或鉴定。④绘制有关事故图。事故图应能涵盖事故情况所必须的全部信息，包括事故现场示意图、剖面图、工序（工艺）流程图、受害者位置图等。⑤现场勘察完毕，提交《事故现场勘察报告》。勘察报告应当载明事故现场勘察人员、勘察时间、勘察路线，真实描述事故地点基本情况和与事故相关的情况，认定事故类别，附有相应的事故图纸、照片等。参与现场勘察的人员在勘察报告上签字认可。

4.4.2　基本证据材料收集

事故调查必须全面取证。基本证据资料包括物证、事实材料、证人证言材料、影像电子资料、技术鉴定、直接经济损失计算资料等六个方面的证据。

（1）物证。包括与事故有关的物件和可提取的事故现场物体痕迹。事故发生后，现场勘察人员应当及时提取事故现场物体及相关痕迹，封存与事故有关的物件，并用摄影、照相等方法予以固定。收集提取的物件应保持原样，不准随意冲洗擦拭和拆卸，贴上标签，注明提取收集地点、时间。要指定专人保管，防止丢失。

（2）事实材料。是指证明事故等级、类别和事故发生的相关事实与材料。收集事故单位的基本情况及生产经营、安全管理方面有关资料：包括有关合同、规章制度、各种设计、作业规程、安全技术措施及执行情况，直接经济损失、遇难人员名单及其个人基本情况、安全培训情况等资料。收集事故单位、地方政府及其部门在安全管理方面的会议记录、文件、领导分工、安全生产目标管理责任制、应急处理预案、安全检查、隐患整改以及相关部门行政审批(包括批准、审核、核准、许可、注册、认证、颁发证照、竣工验收)等资料。

资料和记录力求做到以原件为主。复印件必须加盖提供资料单位的公章。现场收集的资料、物品应当会同在场见证人，当场开具清单，一式二份，由监察人员、见证人和持有人签名或盖章。一份交给持有人，另一份附卷备查。提供复印件的，应当由提供单位签署"复印属实"并加盖公章，同时注明原件存放的单位(部门)。

(3)证人证言材料。包括调查询问笔录和有关人员提供的情况说明、举报信件等。事故发生后，调查人员应当第一时间对事故现场目击者、受害者、当事人进行调查询问，制作调查询问笔录。事故调查组成立后，应当制订事故调查计划，明确调查询问对象，制作调查询问提纲。询问证人应依法履行相关程序，制作笔录，形成证据。对事故发生负有责任的人员必须调查询问。认定责任者的违法违规事实应当有2个以上的证人证言或其他有效证据。制作调查询问笔录时，应注意以下事项：①调查人员不少于2人，向被询问人出示证件，履行告知手续，告知被调查人员的权利和义务。②记录齐全被询问人的身份信息，包括姓名、政治面貌、住址、职业、行政职务、党内外职务、工作经历等。③全面问清被询问人的工作职责及履职情况。④调查询问结尾时，要主动向被询问人提出是否有补充情况。⑤调查询问笔录采用电子文档制作。制作笔录时不得空行，注明共几页和第几页。制作完毕，应交被询问人核对。确认后，被询问人在笔录上签"以上记录我看了，与我讲的一样"并签好姓名和日期。⑥笔录每一页都必须有询问人和被询问人的签名。笔录中每一处涂改的地方和被询问人的签名必须由被询问人按指印(右手大母指)。

(4)影像电子资料。包括显示受害者残骸和受害者原始存息地的所有照片、摄影。能反映事故现场全貌及现场痕迹等情况的录象、照片。以及事故发生前后与事故相关的其他录像、录音、照片、电子文档等。

4.4.3 事故技术鉴定

(1)技术鉴定释义和要求。生产安全事故发生后，事故调查组或牵头组织调查单位认为必要时，应聘请专家组成技术鉴定组，对事故发生的时间、地点、类别、直接原因等进行科学和实事求是的分析、认定，从技术角度对事故做出客观、公正的科学评价。所有参加技术鉴定人员，要本着对国家、对人民高度负责的精神，以客观、公正科学态度，严谨、务实的工作作风，做出经得起历史检验的结论来。事故调查组对技术鉴定应全程跟踪指导。

(2)技术鉴定范围。发生较大及以上事故或原因复杂的一般事故。事故调查组应聘请有关专家或委托国家规定相关资质的单位对事故的直接原因进行技术分析和性质鉴定；对现场提取的有些物证需要进行检测或鉴定的，要委托有资质的技术检测鉴定机构进行技术检测或鉴定，受托机构在检测和鉴定完成后，要向调查组提交检测和鉴定报告；事故调查组根据需要，可以聘请有关专家成立财产损失评估小组。财产损失评估小组对事故造成的财产损失进行评估。

(3)技术鉴定目的。确定事故要素；认定事故直接原因；评估事故直接经济损失。

（4）技术鉴定组织。需要进行技术鉴定的，事故调查组或牵头调查单位应当委托有国家规定相关资质的单位进行。技术鉴定工作在事故调查组的指导下进行。负责技术鉴定的单位和技术人员对技术鉴定结果负责。

（5）技术鉴定费用。技术鉴定费用由中介机构与事故单位按照有关规定商定，由事故单位承担。

（6）技术鉴定时间。根据事故调查的需要，合理安排鉴定时间，原则是"早、快"。为了不使现场证据受到损坏和尽快得到现场人员真实可靠证言，一般安排在与事故抢救同时进行。鉴定报告原则上应当自委托或决定之日起 20 日内作出。

（7）技术鉴定报告制作。技术鉴定报告只能由参加鉴定人亲自制作，其他人不能代劳。技术鉴定报告做到内容完整、证据充分、逻辑缜密、文字通顺、附件齐全。报告完成后，所有参加鉴定的人员签名并附上有关技术职称证件。签名内容包括：姓名、工作单位及职务（或原职务）、专业技术职称。其内容及格式内容及格式参照"技术鉴定报告"格式（格式见附录）撰写。

（8）技术鉴定报告的审查。技术鉴定报告完成后，调查组按以下要求组织审查：参加技术鉴定人员是否具有技术鉴定的专业能力和经验，使用的设备是否完善，分析方法是否科学；鉴定组所掌握的证据材料是否真实可靠和充分，得出的鉴定结论与依据的证据是否一致，证据同结论是否矛盾，鉴定结论是否合乎逻辑，鉴定组是否受到外界因素的影响，鉴定人有无循私情、受贿或故意作虚伪鉴定的情况。对鉴定结论错误的，应要求鉴定人重新鉴定。也可以另行指定或聘请其他鉴定人员重新鉴定。

4.4.4　事故经济损失计算

（1）基本定义。伤亡事故经济损失是指企业职工在劳动生产过程中发生伤亡事故所引起的一切经济损失，包括直接经济损失和间接经济损失。直接经济损失是指因事故造成人身伤亡及善后处理支出的费用和毁坏财产的价值。间接经济损失是指因事故导致产值减少、资源破坏和受事故影响而造成其他损失的价值。

（2）直接经济损失的统计范围。包括三部分，人身伤亡后所支出费用：包括医疗费用（含护理费）、丧葬及抚恤费用、补助及救济费用、歇工工资。善后处理费用：包括抢救费用、清理现场费用、处理事故的事务性费用、事故赔偿费用。财产损失价值：包括固定资产损失价值、流动资产损失价值。

（3）计算方法。职工伤亡损失计算详见《企业企业职工伤亡事故经济损失统计标准》（GB 6721—86），非企业职工伤亡损失详见《最高人民法院关于审理人身损害赔偿案件适用法律若干问题的司法解释》。但根据《侵权责任法》第十七条规定："因同一侵权行为造成多人死亡的，可以以相同数额确定死亡赔偿金。"因此，在同一起事故中，如果有不同年龄、不同地域、不同身份的人死亡，其死亡赔偿金标准可以相同数额确定。

4.5　事故调查中容易出现的问题

实践中，事故调查处理由于工作任务多而重，调查工作专业性、技术性强，参与调查人员多等原因，容易出现以下问题：

（1）没有成立调查组的请示文件，或政府领导未签批，或请求文件未明确牵头单位、调查组组长和调查组全部成员单位。（一般事故除外）

（2）没有将调查组成立事项书面函告调查组成员单位，或函告单位不全，或没有函告监察、公安、纪检部门参加。

（3）没有事故调查方案，没有明确调查组织分工、调查组工作职责、各调查小组工作任务和调查工作要求。

（4）事实材料收集不齐、未按规定进行现场勘察或技术鉴定、物证收集不全或没有收集。

（5）证人资料不规范、不完整。存在无事故调查计划和调查询问提纲；被处分对象未调查询问；认定的违法违规事实没有2个以上的证人证言；取证笔录询问内容不全面，甚至没有弄清被询问人的个人身份等情况。

（6）没有及时组织召开事故调查通报会。

（7）现场调查完毕，没有及时向事故发生单位或事故发生地县级人民政府书面提出事故防范与整改措施。

第五章　事故分析

5.1　事故原因分析

事故分析包括事故原因分析、事故性质认定和责任划分。其中,事故原因分析是事故调查分析中最重要的环节和难点,也是其他后续工作的基础。只有找准、找全事故原因,才能深刻吸取事故教训,采取有效防范措施;也才能给事故准确定性,划分事故责任,进行事故责任处理。可是,绝大多数事故都在是事先没有预料到的偶然情况下发生的意外事件。因此,事故原因不能在直接观察下进行,而是要在事故发生以后,通过调查分析和采取一系列技术手段找出。

5.1.1　事故原因分析理念

我国现行事故调查原因分析的主要依据是《企业职工伤亡事故调查分析规则》(GB 6442—86)。

事故致因理论为我们提供了事故发生原因和针对这些原因如何进行事故控制的研究思路。海因里希首先提出的事故因果连锁论,用以阐明导致事故的各种原因因素之间及与事故、伤害之间的关系。该理论认为,伤害事故的发生不是一个孤立的事件,而是一系列互为因果的原因事件相继发生的结果。它以事故为中心,将事故因果连锁过程分为5个因素,事故原因概括为3个层次:直接原因、间接原因和基本原因。

目前国内外针对一些复杂的事故,常采用现代的技术方法进行调查分析。如事件树分析法(ETA)、事故树分析法(FTA)等。这些方法对事故原因分析更为科学和精确,但对分析评价人员的主观素质和对各种事件发生概率的数据收集有较高的要求。

5.1.2　事故原因分析思路

分析事故原因包括以下思路:①事故发生前存在什么样的不正常;①不正常的状态是在哪儿发生的;③在什么时候最先注意到不正常状态;④不正常状态是如何发生的;⑤事故为什么会发生;⑥事件发生的可能顺序以及可能的原因(排除不可能的原因);⑦分析可选择的事件发生顺序。

5.1.3　事故原因分析步骤

要整理和阅读调查材料,判断事故类型,掌握事故发生过程(顺序)。需按以下内容和步骤进行分析:受伤部位—受伤性质—伤害方式—致害物(直接引起伤害及中毒的物体或物质)—起因物(导致事故发生的物体或物质)—不安全状态—不安全行为。

通过分析,确定事故的直接原因—间接原因—事故性质—责任划分—责任者。

5.1.4　事故原因分析

5.1.4.1　事故直接原因分析

直接原因是指直接导致事故发生和人员伤害的原因，与事故发生和人员伤害有直接因果关系，包括机械、物质或环境的不安全状态和人的不安全行为两个方面。

(1)机械、物质或环境的不安全状态包括4类：防护、保险、信号等装置缺乏或有缺陷。如无防护、保险装置，绝缘不良，无安全标志，危房内作业和防护不当等；设备、设施、工具、附件有缺陷。如设计不当、结构不合安全要求、安全间距不够，强度不够，设备在非正常状态下运转、设备带"病"运转、超负荷运转，维修、调整不良、设备保养不当、失修、失灵等；安全防护用品(安全带、帽、鞋等)缺少或有缺陷；生产施工场地环境不良。如通风不良、风流短路、瓦斯超限、照度不足、烟雾尘弥漫视线不清、作业场所狭窄、作业场地杂乱，安全出口不合要求，交通线路配置不安全，操作工序设计或配置不安全，储存方法不安全，地面滑，环境温度、湿度不当等。

(2)人的不安全行为包括13类：操作错误、忽视安全、忽视警告；造成安全装置失效，如拆除了安全装置，调整错误造成安全装置实效；使用不安全设备；物体(指成品、半成品、材料、工具和生产用品等)存放不当；冒险进入危险场所，如未经允许进入油罐或井中，私自搭乘矿车、在绞车道上行走、在空顶区作业等；攀、坐不安全位置，如汽车挡板、吊车吊钩、平台护栏等；在起吊物下作业、停留；机器运转时加油、修理、检查、调整、清扫、焊接等；不安全装束；作业中忽视使用必须的个人防护用品用具，如未穿安全鞋、未戴安全帽、未戴防护手套、未佩戴安全带、未佩戴呼吸器具、未戴护目镜或面罩等；用手代替工具操作，如用手清除切削屑，不用夹具固定而用手拿工件进行机加工等；有分散注意力行为；对易燃、易爆等危险物品处理错误。

直接原因分析中常见的错误：直接原因与事故发生的条件辨认不清；直接原因与间接原因相互混淆；事故直接原因表述不准确；原因分析不全面，只分析物的不安全状态或人的不安全行为。比如：瓦斯爆炸事故原因分析，发生瓦斯爆炸的必备条件是：瓦斯浓度必须为5% ~ 16%；温度为650 ~ 750℃的火源；氧的浓度不低于12%，煤矿生产过程中，氧气条件一般具备，因此，造成瓦斯积聚和产生火源，是引起瓦斯爆炸的直接原因。造成瓦斯积聚的原因主要有：局部通风机停转、风筒脱节、采掘工作面风量不足、串联通风、局部通风机打循环风、盲巷积聚瓦斯、采空区积聚瓦斯等等。产生引爆火源的原因主要有：放炮火源(包括放爆器失爆、炮眼封泥不足、放糊炮、炸药变质等)、电气火源(包括矿灯失爆、带电检修、电煤钻失爆、照明失爆、电机车火花等)、其他火源(包括摩擦撞击火花、自燃火灾、吸烟明火)等等。如发生火灾事故的原因主要有：易燃物品管理不严；出现了失控的高温热源；机械电器设备达不到要求，出现电火花、电弧、机械摩擦等高温火源；不合理地使用了可燃材料；没有消防器材和灭火设备、消防供水系统不可靠等。

5.1.4.2　事故间接原因分析

间接原因是导致事故直接原因产生的原因以及促成事故发生的非直接方面的原因。间接原因一般与事故直接原因为因果关系。间接原因有下列4种情况。

(1)技术的原因：技术和设计上有缺陷，包括工业构件、建筑物、机械设备、仪器、仪表、工艺过程、操作方法、维修检验等的设计、施工和材料存在问题。

（2）教育的原因：教育培训不够或未经培训、缺乏或不懂安全操作技术知识。

（3）管理原因：劳动组织不合理；对现场工作缺乏检查或指导错误；没有安全操作规程或不健全；没有或不认真实施事故防范措施，对事故隐患整改不力；安全评价走过场或弄虚作假；未依法取得证照或资质；政府有关部门监管不力，执法不严等。

（4）身体和精神方面的原因：包括身体有缺陷或由于睡眠不足而疲劳，醉酒等；安全意识不强，怠慢、反抗、不满等不良态度，焦躁、紧张、不安等精神状况，偏狭、固执等性格缺陷。

间接原因分析中常见的问题：分析不全面，没有从间接原因的4个方面全面分析；避重就轻，不分析非法违法生产和"三假一超"等重大问题；分析层次乱，抓不到重点和主次。

5.2　事故性质分析

事故性质的认定是指在对事故调查所确认的事实、事故发生原因和责任属性进行科学分析的基础上，对事故严重程度以及是属于责任事故或非责任事故作出认定。

（1）责任事故。是指在生产中不执行有关安全规程、规章制度，安全管理中存在失职、渎职行为等问题而导致的事故。

（2）非责任事故。包括自然事故和技术事故。自然事故是指自然界的因素而造成不可抗拒的事故。如地震、山洪、泥石流、风暴等造成的伤亡事故属于自然事故。但不包括在接到灾害预报后，不采取措施，贻误防范时机，或采取明知属于不安全的措施却一意孤行所造成的事故。技术事故是指受到当代科学水平的限制，或人们尚未认识到，或技术条件尚不能达到而造成的无法预料的事故。

5.3　事故责任分析

对于责任事故，必须根据事故调查所确认的事实和直接原因、间接原因，结合有关单位、有关人员（岗位）的职责和行为，对事故责任加以认真分析判断，寻找出真正的事故责任人。在事故责任者中，要确定事故的直接责任者（指其行为与事故的发生有直接关系的人员）和领导责任者（指对事故的发生负有领导责任的人员）。继而要根据他们在事故发生过程中的作用，确定主要责任者（指对事故的发生起主导作用的人员）、重要责任者。然后根据事故的后果，事故责任者应负的责任、是否履行职责及认识态度等情况，对事故责任者提出处理建议。

5.3.1　事故责任划分类型

事故责任按照责任主体的不同一般划分为直接责任和领导责任，领导责任又分为直接领导责任、主要领导责任、重要领导责任和领导责任。在事故发生中起关键作用的是主要责任，主要责任可以是直接责任，也可以是领导责任。另外，事故责任按承担依据可分为行政法律责任、刑事法律责任、民事法律责任和党纪政纪责任（见第六章）。

（1）直接责任：是指与事故直接原因对应，与事故发生有直接联系的责任。

（2）主要责任和重要责任：主要责任是指对事故发生起主导作用的责任。重要责任是指对事故发生起重要作用的责任。

(3)领导责任：是指企业或政府及部门中的领导，由于不履行或不正确履行职责，对事故发生应负的责任。

5.3.2 事故责任分析的步骤

调查确认了事故的事实和原因后，还要进一步对事故责任进行分析：

1.按照有关组织管理（如劳动组织、规程标准、规章制度、教育培训、操作方法）及生产技术因素（如规划设计、施工、安装、维护检修、生产指标），追究最初造成不安全状态（事故隐患）的责任。

2.按照有关技术规定的性质、明确程度、技术难度，追究属于明显违反技术规定的责任，不追究属于未知领域的责任。

3.根据事故后果（性质轻重，损失大小）和责任者应负的责任以及认识态度（抢救和防止事故扩大的态度、对调查事故的态度和表现）提出处理意见。

4.有下列情况之一的，应由肇事者或有关人员负直接责任或主要责任：

(1)违章指挥或违章作业、冒险作业造成事故的；

(2)违反安全生产责任制和操作规程造成事故的；

(3)违反劳动纪律、擅自开动机械设备或擅自更改、拆除、毁坏、挪用安全装置和设备造成事故的。

5.有下列情况之一的，有关领导应负主要领导责任：

(1)由于安全生产责任制、安全生产规章制度和操作规程不健全，职工无章可循，造成伤亡事故的；

(2)未按规定对职工进行安全教育和技术培训，或职工未经考试合格同意上岗操作，造成伤亡事故的；

(3)机械设备超过检修期限或超负荷运行，或因设备有缺陷又不采取措施，造成伤亡事故的；

(4)作业环境不安全，又未采取措施，造成伤亡事故的；

(5)新建、改建、扩建工程项目的安全设施和尘毒治理没有实施"三同时"，造成伤亡事故的；

(6)由于挪用安全技术措施费用造成伤亡事故的。

生产安全事故一般是物的不安全状态存在，在其发展过程中，受到人的不安全行为（失误或违章）的激发而产生。但是这两种直接原因产生的深层次原因则是管理人员的失职。后者既是间接原因，又往往是事故发生的主要原因。由于管理的失职，造成了物的不安全状态的存在，且放任其发展和恶化；由于管理的失职，人的不安全行为得不到有效控制，以致发展到不安全行为习惯，最终导致事故发生。因此，在这种情况下，违章或失误的劳动者对事故负直接责任，失职的管理者应负主要责任。

第六章　事故责任追究

事故责任追究包括行政责任、刑事责任、民事责任及党纪政纪四个方面。事故责任追究要坚持以下原则：

（1）体现"谁主办、谁主管、谁受益、谁负安全责任"的原则。

（2）体现"企业负责、行业管理、国家监察、群众监督"的原则。

（3）体现"错责相符与责处相当"的原则。事故责任者所负责任与所受处分种类、档次要相当。要避免"大责任、小处分""小责任、大处分"。

（4）体现"依法量惩"的原则。惩处种类、档次均应依据有关法律、法规及规章的规定。

（5）体现"处分与处罚相结合"的原则。处分是指给事故责任者政纪、党纪处分。处罚是指对事故单位或责任者给予警告、罚款等行政处罚。两者应同时采用。

（6）体现"教育与惩处相结合"的原则。坚持教育与惩处相结合，是国家安全监察工作方针的重要内容，也是事故调查处理必须遵循的重要原则。因此，要在事故调查处理过程中，特别是追究责任者的责任时，突出法制宣传教育，提高责任者的法律意识和法制观念，使更多的人受到教育。

（7）体现"惩处配套"的原则。一是事故责任者是党员或者在党内任职的，在给予行政记大过以上处分的，应同时建议给予相应党纪处分。二是建议移送司法机关追究刑事责任的事故责任者，是人大代表或担任人大职务的，应同时建议取消或罢免其人大代表资格或职务；是党员的，应同时建议给予开除党籍处分；是企业职工或国家公务员、机关工作人员的，应同时给予行政开除处分；是村委会主任的，应同时建议村委会依法罢免其职务。

6.1　行政责任追究

6.1.1　行政责任

行政责任是行政法律责任的简称，指违反有关行政法律、法规的规定，但尚未构成犯罪的行为所依法应当承担的法律后果。行政责任分为行政处分和行政处罚。

1.行政处分。

行政处分是对国家工作人员及由国家机关委派到企业事业单位任职人员的行政违法行为，给予的一种制裁性处理。行政处分的对象只能是自然人（国家机关工作人员、社会团体工作人员和企业单位职工），行政处分只能由其所属的单位（所在单位或主管部门）给予。

根据不同责任者适用行政法律法规有所不同。行政处分有以下分类：①根据企业职工适用的《安全生产法》《企业职工奖惩条例》，行政处分分为七档，即警告、记过、记大过、降级、撤职、留用察看（1年或2年）、开除。②根据国家公务员和行政机关工作人员适用的《安全生产法》《行政监察法》《中华人民共和国公务员法》《国务院关于特大安全事故行政责任追究的规定》等，行政处分分为六档，即警告、记过、记大过、降级、撤职、开除。

2.行政处罚。

行政处罚，是指行政机关为达到对违法者予以惩戒，促使其以后不再犯，有效实施行政管理，维护公共利益和社会秩序，为保护公民、法人或其他组织的合法权益，依法对行政相对人违反行政法律规范尚未构成犯罪的行为(违反行政管理秩序的行为)，给予人身的、财产的、名誉的及其他形式的法律制裁的行政行为。行政处罚的对象可以是自然人，也可以是法人或者其他组织。

行政处罚包括以下种类：①申戒罚：批评、训诫、警告、通报等；②财产罚：罚款、没收违法所得、没收非法财物；③行为罚：责令停产停业、暂扣或者吊销许可证、暂停或者取消从业资格等，属于剥夺某种行为能力的处罚；④人身罚：主要包括行政拘留。当事人对行政处分或行政处罚不服的，可以依法提起行政复议或者提起行政诉讼。

3.行政处罚中容易出现的问题包括：

(1)以财产罚代替行为罚，没有依法并处。

(2)只对单位进行行政处罚，没有对事故责任人员进行行政处罚。

(3)随意降低行政处罚标准。

6.1.2　违反《条例》规定的法律责任

6.1.2.1　事故发生单位主要负责人在事故发生后的有关违法行为应当承担的法律责任

1.违法行为及其责任主体。

《条例》规定的违法行为及其责任主体是事故发生单位主要负责人。主要负责人是指对生产经营单位的生产经营活动负有领导责任，对单位的生产经营活动有决策权、指挥权的人。事故发生单位主要负责人须根据事故发生单位不同的组织形式而有所不同：对于公司制的事故发生单位，根据《公司法》规定，公司法定代表人依照公司章程规定，由董事长、执行董事或者经理担任，并依法登记，因此，公司制生产经营单位的主要负责人一般应当是担任法定代表人的董事长、执行董事、经理等。对于非公有制的企业，主要负责人一般是企业的厂长、经理、矿长等负责企业经营管理的人。如《全民所有制工业企业法》规定，企业实行厂长(经理)负责制，厂长是企业的法定代表人，对企业负全面责任。总之，事故发生单位主要负责人需要根据该单位的实际情况确定，对于一个特定的生产经营单位，其主要负责人是特定的。特别要注意的是，对于有些虽然名义上不在生产经营单位任职，但实际上控制生产经营单位的管理和经营活动的实际控制人，也将作为生产经营单位的主要负责人承担责任。对此，《国务院关于预防煤矿生产安全事故的特别规定》作了明确规定。

2.违法行为的种类。

(1)不立即组织事故抢救。事故发生后立即组织事故抢救是生产经营单位主要负责人的法定义务。《安全生产法》第五条规定，生产经营单位的主要负责人对本单位的安全生产工作全面负责。该法第八十条规定，单位负责人接到事故报告后，应当迅速采取有效措施，组织抢救，防止事故扩大，减少人员伤亡和财产损失。本条例第十四条也明确规定："事故发生单位负责人接到事故报告后，应当立即启动事故相应应急救援预案，或者采取有效措施，组织抢救，防止事故扩大，减少人员伤亡和财产损失。"实践证明，抢救的效果与组织抢救是否及时密切相关。在一般情况下，事故发生单位主要负责人是最先接到事故报告的，事故发生单位主要负责人能否在第一时间组织抢救，直接关系到能否挽救更多的生命，尽量减少财产损失。实践中，一些事故发生单位的主要负责人接到事故报告后，第一反应不是立即组织事故抢救，而是如何逃避事故责任，或者麻木不仁，贻误时机，导致事故扩大、人员伤亡增加或财产损失增加等后果。这是一种严重不负责任的行为，必须给予严厉的法律制裁。这里所讲的不立即组织抢救，是指事故发生单位主要负责人客观上能够组织抢救而不立即组织抢救的情形，不包括事故发生单位主要负责人客观上不能立即组织抢救的情形。

（2）迟报或者漏报事故。及时、准确、如实、完整地报告生产安全事故是《安全生产法》第十八条规定的生产经营单位主要负责人的一项重要职责。《条例》第四条也明确规定了事故报告应当及时、准确、完整，任何单位和个人对事故不得迟报、漏报、谎报或者瞒报的总体要求；第九条更是确定要求单位负责人接到事故报告后，应当于1小时内向有关部门报告。事故报告是一个自下而上的连锁式系统，事故发生单位主要负责人及时、准确报告事故是这个连锁系统中极为重要的一环，如果事故发生单位主要负责人迟报和漏报事故，必然会引起连锁反应，导致以后环节中事故报告难以及时、准确，并影响到事故救援的组织实施和事故调查的开展。因此，对事故发生单位主要负责人迟报、漏报事故的行为应当追究其法律责任。

（3）在事故调查处理期间擅离职守。《条例》第二十六条明确规定，事故发生单位负责人和有关人员在事故调查期间不得擅离职守，并应当随时接受事故调查组的询问，单位负责人应如实提供有关情况。在事故调查处理过程中，事故发生单位主要负责人应当坚守岗位。一方面，事故调查组要查清事故经过和事故原因等，需要向事故发生单位的有关人员了解情况，事故发生单位的主要负责人负责单位的经营管理，对企业的情况最清楚，要求其坚守岗位有利于事故调查组随时向其了解情况。另一方面，事故发生单位的主要负责人往往是事故责任人，要求其坚守岗位，防止其逃匿，这有利于对其追究责任。因此，对于事故调查期间撤离职守的主要负责人，应当追究其法律责任。

3.法律责任的种类和幅度。

（1）罚款。事故发生单位主要负责人构成本条规定的三种违法行为之一的，首先要给予罚款的行政处罚，罚款的数额为事故发生单位主要负责人上一年年收入的40%～80%。这里没有规定固定的罚款数额，主要是考虑到随着市场经济的发展，市场主体多元化趋势明显，生产经营单位已经由国有企业、集体企业为主，逐步演变为目前的国有企业、股份制企业、私营企业、外商投资企业、个体工商户等多种形式共存，不同组织形式的企业，其主要负责人的收入存在较大甚至是很大差别。如果规定固定数额的罚款，对于一些高收入的单位负责人根本就是"无关痛痒"，起不到罚款所应当具有的威慑和处罚作用，而有些收入低的单位主要负责人则可能无法承受。因此，条例规定按照上一年年收入的一定比例罚款更为科学、合理。同时，罚款的比例较高，最高可处其上一年年收入80%的罚款，体现了加大处罚力度的指导思想。

（2）处分。如果事故发生单位主要负责人属于国家工作人员，除对其处上一年年收入40%～80%的罚款外，还应当根据《公务员法》等有关法律、行政法规的规定，给予处分。具体处分种类包括警告、记过、记大过、降级、撤职、开除等。这里的国家工作人员是指国家机关委派到企业事业单位的人员。

（3）刑事责任。上述三种违法行为构成犯罪的，依法追究刑事责任。具体来说，不立即组织事故抢救或者在事故调查处理中撤离职守可能构成《刑法》中第一百六十八条规定的国有公司、企业单位人员失职犯罪。构成该犯罪的条件：一是主体是国有公司、企业的工作人员。事故发生单位属于国有企业的，其主要负责人符合该条件。二是实施了严重不负责任或者滥用职权的行为。发生事故后，不立即组织抢救，是一种严重不负责任的行为。三是在客观上造成了严重损失。事故发生后，不立即组织抢救，可能导致事故扩大，造成严重损失。根据《刑法》第一百六十八条的规定："构成本罪的，处3年以下有期徒刑或者拘役；致使国家利益遭受特别重大损失的，处3年以上7年以下有期徒刑。"

迟报或者漏报事故，如果情节严重，可能构成《刑法修正案(六)》所规定的不报或者谎报事故罪。《刑法修正案(六)》第四项规定在刑法第一百三十九条后增加一条，作为第一百三十九条之一："在安全事故发生后，负有报告职责的人员不报或者谎报事故情况，贻误事故抢救，情节严重的，处三年以下有期徒刑或者拘役；情节特别严重的，处三年以下七年以下有期徒刑。"

6.1.2.2 事故发生单位及其有关人员法律责任

1.违法行为及其责任主体。

《条例》规定的违法行为及其责任主体是事故发生单位及其有关人员，包括事故发生单位主要负责人、直接负责的主管人员和其他直接责任人员。"直接负责的主管人员"是指对事故发生单位的安全生产管理、安全生产设施或者安全生产条件不符合国家规定并导致事故发生负有直接责任的单位负责人(不包括主要负责人)、管理人员等；"其他直接责任人员"则是指事故发生单位除主要负责人和直接负责的主管人员以外的其他对事故发生直接负有责任的任何人员。

2.违法行为种类。

(1)谎报或者瞒报事故。谎报事故是指不如实报告事故，比如，谎报事故死亡人数，将重大事故报告为一般事故等。瞒报事故是获知发生事故后，对事故情况隐瞒不报。谎报或者瞒报事故比迟报、漏报事故性质更恶劣，后果更严重，直接导致有关机关得到错误的事故信息或者根本不知道发生了事故，也就谈不到有效组织事故抢救和开展事故调查。实践中，事故发生后，事故发生单位及其有关人员为了减轻或者逃避事故责任，谎报或者瞒报事故的现象屡有发生，法律的尊严被践踏，社会影响十分恶劣，对此种违法行为应当给予严厉的法律制裁。

(2)伪造或者故意破坏事故现场。事故现场是查找事故发生原因、判定事故性质最主要的信息来源，真实、完整的事故现场是事故调查组开展事故调查工作的必要条件。因此，保护事故现场是发生事故后的一项重要工作。《安全生产法》第八十条明确规定单位负责人不得破坏事故现场。《条例》第十六条第一款也明确规定："事故发生后，有关单位和人员应当妥善保护事故现场以及相关证据，任何单位和个人不得破坏事故现场、毁灭相关证据。"对伪造事故现场或者破坏事故现场的行为，必须依法追究。

(3)转移、隐匿资金、财产或者销毁有关证据、资料。事故发生单位及其有关人员为了逃避罚款的处罚和应承担的经济补偿责任，在事故发生后以及事故调查处理期间，往往将资金或者财产转移、隐匿，导致在事故责任追究中，对其实施罚款的行政处罚难以落实，对事故受害者或者其家属的经济补偿不能实现，最后政府不得不为企业事故"埋单"，这种事例在现实中已屡见不鲜。因此，《条例》对转移、隐匿资金、财产的行为规定了相应的法律责任。

同时,《条例》第十六条明确规定,有关单位和个人应当妥善保护事故现场以及相关证据,任何单位和个人不得破坏事故现场、毁灭相关证据。对销毁有关证据、资料的行为,也必须追究法律责任。

(4)拒绝接受调查或者拒绝提供有关情况和资料。事故发生后,事故发生单位及有关人员应当配合事故调查组进行事故调查,包括接受询问,提供有关情况和资料等。《条例》第二十六条第一款和第二款对此作了明确规定:"事故调查组有权向有关单位和个人了解与事故有关的情况,并要求其提供相关文件、资料,有关单位和个人不得拒绝。事故发生单位的负责人和有关人员在事故调查期间不得擅离职守,并应当随时接受事故调查组的询问,如实提供有关情况。"事故发生单位主要负责人和其他有关人员不履行上述配合义务的,要追究其法律责任。

(5)在事故调查中作伪证或者指使他人作伪证。实践中,事故发生单位及其有关人员为了开脱责任,故意作伪证或者指使他人作伪证,严重干扰、阻碍事故调查的正常开展,甚至使事故调查误入歧途。因此,条例对作伪证或者指使他人实施作伪证的行为规定了明确的法律责任。

(6)事故发生后逃匿。一旦发生责任事故,事故责任人往往要受到行政处罚甚至刑事追究,事故发生单位的主要负责人、直接负责的主管人员和其他直接责任人是事故责任追究的主要对象,也是事故发生后最可能逃匿的人员。为了顺利调查事故,追究事故责任,必须防止上述人员在事故发生后逃匿。《条例》第十七条规定了犯罪嫌疑人逃匿的,公安机关应当迅速追捕归案。因此,对于逃匿的有关人员,都应追究其相应的法律责任。

3. 法律责任的种类和幅度。

(1)罚款。构成本条规定的六种违法行为之一的,首先要接受罚款的行政处罚。其中,对事故发生单位处100万元以上500万元以下的罚款,具体数额的确定由执法机关考虑情节轻重以及造成后果的程度等因素确定。对主要负责人、直接负责的主管人员和其他直接责任人员,处以上一年年收入60%~100%的罚款,具体比例由执法机关考虑上述人员实施违法行为的主观恶性、情节轻重、造成的后果等因素进行裁量。可以看出,本条规定的罚款力度是比较大的,对生产经营单位最低罚款起点是100万元,最高可达500万元,对有关人员最高可处其上一年年收入100%的罚款。这主要是因为,本条规定的几项违法行为,性质都比较严重,影响很恶劣,必须加大处罚力度。

(2)处分。如果事故发生单位的主要负责人、直接负责的主管人员和其他直接责任人员属于国家工作人员,除对其进行上述罚款的行政处罚外,还应当依照有关法律、行政法规规定的处分种类及程序对其进行处分。

(3)治安处罚。《治安管理处罚法》第六十条规定了伪造、隐匿、毁灭证据或者提供虚假证言、谎报案情,影响行政执法机关依法办案的行为可以构成违反治安管理的行为。本条规定的六种违法行为中,伪造或者破坏事故现场可能构成伪造或者毁灭证据的行为;作伪造或者指使他人作伪证可能构成提供虚假证言的行为;销毁证据、材料属于毁灭证据的行为。根据《治安管理处罚法》第六十条规定,构成该违反治安管理行为的,处5日以上10日以下拘留。

(4)刑事责任。违法行为人有本条规定的违法行为,构成犯罪的,依法追究刑事责任。比如,2006年6月29日全国人民代表大会常务委员会通过的《刑法修正案(六)》,专门增加了不报或者谎报事故罪。谎报、瞒报事故的行为可能构成不报或者谎报事故的犯罪。该犯罪的主体是负有报告责任的人员，事故发生单位主要负责人、直接负责的主管人员和其他直接责任人员属于负有事故报告责任的人员；主观方面是故意实施的行为；客观上实施了不报或者谎报事故情况的行为，造成了贻误事故抢救的后果。瞒报或者谎报事故的行为符合该犯罪的构成要件。构成该犯罪的，处三年以下有期徒刑或者拘役；情节特别严重的，处三年以上七年以下有期徒刑。

对于伪造或者故意破坏事故现场，转移、隐匿资金、拒绝接受调查或者拒绝提供有关资料的行为，还有可能构成《刑法》第二百七十七条规定的妨碍公务罪。

6.1.2.3　对事故发生负有责任的事故发生单位法律责任

生产经营单位是安全生产的责任主体，《安全生产法》及有关法律、行政法规对生产经营单位的安全生产责任作了明确规定。《安全生产法》第四条规定："生产经营单位必须遵守本法和其他有关安全生产的法律、法规，加强安全生产管理，建立、健全安全生产责任制和安全生产规章制度，改善安全生产条件，推进安全生产标准化建设，提高安全生产水平，确保安全生产。"其安全生产职责主要包括：①保证生产条件符合法律、行政法规和国家标准或者行为标准的规定；②设立安全生产管理机构或者配备安全生产管理人员；③对从业人员进行安全生产教育或培训，保证从业人员具备必要的安全生产知识，熟知有关的安全生产规章制度和安全操作规程；④对安全设备进行维护、保养，并定期检测，保证正常运转；⑤安全设备的安装、使用、检测、改造和报废符合国家标准或行为标准；⑥为从业人员提供符合国家标准或者行业标准的劳动防护用品等等。

所谓事故发生单位对事故发生负有责任，是指事故发生单位没有履行相应的安全生产职责，导致事故发生的情形。作为安全生产责任主体的生产经营单位不落实安全生产责任，是我国目前事故多发的重要原因之一。生产经营单位的安全生产意识不高，"重生产、轻安全"的现象还较为普遍地存在，有些生产经营单位从减少生产成本考虑，不注重改善安全生产条件；有些生产经营单位由于利益驱动，违法、违规从事生产。为了加大事故成本，促使生产经营单位切实落实安全生产责任，促进安全生产形势的进一步好转，预防和减少事故，应当对负有责任的事故发生单位施以重罚。

按照规定，事故发生单位对事故发生负有责任的，根据所发生事故的等级，处以较大数额的罚款。事故等级越高，处罚也就越严厉。具体是：发生一般事故的，处10万元以上20万元以下的罚款；发生较大事故的，处20万元以上50万元以下的罚款；发生重大事故的，处50万元以上200万元以下的罚款；发生特别重大事故的，处200万元以上500万元以下的罚款。对发生不同等级事故负有责任的单位的罚款数额相互衔接，每一等级事故的罚款数额都有一定的幅度，罚款的具体数额由执法机关根据发生事故严重程度、事故发生的原因、事故责任单位应负责任等情况裁量确定。

需要说明的是，虽然规定对事故发生单位根据事故等级处以罚款，但并不属于单位的"事故罚"，即一出事故就罚款，而是在事故发生单位对事故发生负有责任的情况下才处以罚款，目的是加大事故成本，促使生产经营单位加强安全生产工作。

6.1.2.4　事故发生单位主要负责人未依法履行安全生产管理职责的法律责任规定

1.违法行为及其责任主体。

本条规定的违法行为及其责任主体是事故发生单位的主要负责人。主要负责人的具体含义前面已经讲过，这里不再重复。

2.违法行为种类。

本条规定的违法行为是事故发生单位的主要负责人未履行安全生产管理职责，导致事故发生的行为。《安全生产法》第五条明确规定，生产经营单位的主要负责人对本单位的安全生产工作全面负责；第十八条具体列举了生产经营单位的主要负责人对本单位安全生产工作负有的职责，包括：①建立、健全本单位安全生产责任制；②组织制定本单位安全生产规章制度和操作规程；③保证本单位安全生产投入的有效实施；④督促、检查本单位的安全生产工作，及时消除生产安全事故隐患；⑤组织制定并实施本单位的生产安全事故应急救援预案；⑥及时、如实报告生产安全事故。⑦组织制定并实施本单位安全生产教育和培训计划。

此外，其他有关安全生产的法律、行政法规对生产经营单位主要负责人的具体安全生产管理职责也有规定。生产经营单位的主要负责人应当严格履行法定的安全生产管理职责。如果生产经营单位的主要负责人未依法履行安全生产管理职责，并且导致事故发生的，要依照本条的规定追究其法律责任。

3.法律责任的种类和幅度。

（1）罚款。生产经营单位的主要负责人未依法履行安全管理职责，导致事故发生的，首先要处以罚款的行政处罚。罚款以上一年年收入为基数，并根据发生事故的等级确定具体的比例。事故等级越高，罚款的幅度越大。具体是：发生一般事故的，处上一年年收入30%的罚款；发生较大事故的，处上一年年收入40%的罚款；发生重大事故的，处上一年年收入60%的罚款；发生特别重大事故的，处上一年年收入80%的罚款。罚款的数额是上一年年收入的特定比例，没有自由裁量幅度。

本条关于罚款的规定，将事故等级与罚款数额直接挂钩，具有一定的创新性，体现了后果与责任相适应的理念，根本目的是促使生产经营单位主要负责人依法严格履行安全生产管理职责，防止和减少生产安全事故的发生。

（2）处分。如果事故发生单位的主要负责人属于国家工作人员，除对其进行上述罚款的行政处罚外，还应当依照有关法律、行政法规的规定，对其给予处分。

（3）刑事责任。事故发生单位主要负责人未依法履行安全生产管理职责，导致事故发生，构成犯罪的，依法追究其刑事责任。具体来讲，其可能构成的犯罪主要是《刑法》第一百三十四条、第一百三十五条、第一百三十六条、第一百三十七条、第一百三十九条规定的安全事故犯罪。需要注意的是，《刑法修正案（六）》对《刑法》第一百三十四条、第一百三十五条作了修改，应按照修改后的《刑法修正案（六）》执行。

实践中执行本条要注意两个问题：一是本条规定并不是对单位的"事故罚"。只有事故发生单位的主要负责人未履行安全生产管理职责，导致事故发生的，才依照本条规定处罚。如果主要负责人已经依法履行了安全生产监管职责，事故仍然发生的，则不应当追究其责任。二是生产经营单位主要负责人未履行安全生产管理职责，但未导致事故发生的，应依照其他有关安全生产的法律、行政法规的规定处罚，不能依照本条规定处罚。

6.1.2.5　有关地方人民政府、有关部门及其人员的法律责任

1.违法行为及其责任主体。

本条规定的违法行为主体是有关地方人民政府、安全生产监督管理部门和负有安全生产监督管理职责的有关部门，责任主体则是有关地方人民政府、安全生产监督管理部门和负有

安全生产监督管理职责的有关部门直接负责的主管人员和其他直接责任人员。有关地方人民政府既包括乡镇人民政府，也包括县、市和省级人民政府。上述单位如果有本条规定的四种违法行为之一，对该单位的直接主管人员和其他直接责任人员应进行相应的处罚。

2.违法行为的种类。

（1）不立即组织事故抢救。《条例》第十五条明确规定："事故发生地有关地方人民政府、安全生产监督管理部门和负有安全生产监督管理职责的有关部门接到事故报告后，其负责人应当立即赶赴事故现场，组织事故救援。"组织事故抢救是负有安全生产监督管理职责的有关部门的法定职责。事故发生后，事故发生单位应当在第一时间组织事故救援，当事故报告到负有安全生产监督管理职责的有关部门后，相关部门的负责人应当立即赶赴事故现场，组织事故救援。不立即组织事故抢救是指上述单位在接到事故报告后，出于种种原因，没有在第一时间组织进行事故救援的情形。

（2）迟报、漏报、谎报或者瞒报事故。事故报告由事故发生单位或者事故现场有关人员报告有关政府部门，接到事故报告的政府部门应当根据《条例》的规定及时、准确地逐级上报事故。特别重大事故、重大事故逐级上报至国务院安全生产综合监督管理部门和安全生产行业监督管理部门；一般事故上报至设区的市级人民政府安全生产综合监督管理部门和安全生产行业监督管理部门。每级上报时间不得超过2小时。不管是最初接到事故报告的部门还是接到上报事故的部门，如果需要上报事故，都应当按照规定的时间及时、准确地上报事故。不能拖延不报，更不能漏报、谎报或者瞒报。

（3）阻碍、干涉事故调查工作。事故调查工作是依法组成的事故调查组查明事故原因、分清事故责任的活动。要保证事故调查工作顺利进行以及事故调查结果客观、公正，就需要事故调查组能够独立开展事故调查工作。因此，《条例》第七条明确规定了任何单位和个人不得阻挠和干涉对事故的报告和调查处理。实践中，安全生产综合监督管理部门和安全生产行业监督管理部门有时可能与发生的事故具有利害关系，为了保护地方利益或者部门利益，以各种方式阻碍、干涉事故调查工作，其性质恶劣、后果严重、社会影响很恶劣的，应当追究有关人员的法律责任。

（4）在事故调查中作伪证或者指使他人作伪证。事故调查中，各负有安全生产监督管理职责的有关部门应当密切配合事故调查组做好事故调查工作。事故发生地负有安全监督管理职责的有关部门往往与事故发生单位具有监督管理关系，在一定程度上掌握和了解事故发生单位的有关情况，在事故调查中应当如实提供有关材料、情况。实践中，各负有安全生产监督管理职责的有关部门出于隐瞒事故真相、逃避事故责任，大事化小、小事化了等意图，在事故调查中作伪证或者指使他人作伪证，这种行为严重干扰、影响事故调查的顺利进行，使事故调查难以客观、公正，影响事故性质的认定以及事故责任人的责任追究等，必须依法予以严惩。

3.法律责任的种类和幅度。

（1）处分。负有安全生产监督管理职责的有关部门构成上述违法行为之一的，对该单位直接负责的主管人员和其他直接责任人员根据《行政监察法》和《公务员法》等有关法律、行政法规的规定给予处分。

（2）有上述违法行为，构成犯罪的，依法追究刑事责任。其中，不立即组织事故抢救和阻碍、干涉事故调查工作及作伪证或者指使他人作伪证三种行为可能构成《刑法》第三百九十七条规定的国家机关工作人员滥用职权、玩忽职守的犯罪。构成本条犯罪的条件是：一是主体为国家机关工作人员；二是客观上实施了滥用职权、玩忽职守的行为；三是客观上造成了公共财产、国家和人民利益遭受重大损失。根据《刑法》的规定，构成本罪的，处三年以下有期徒刑或者拘役；情节特别严重的，处三年以上七年以下有期徒刑。

迟报、漏报、谎报或者瞒报事故可能构成《刑法修正案（六）》规定的不报或者谎报事故的犯罪。构成该罪的条件：一是主体为负有报告职责的人员；二是客观上实施了不报或者谎报事故的行为；三是客观上造成了贻误事故抢救的后果。有关地方人民政府、安全生产监督管理部门和负有安全生产监督管理职责有关部门的责任人员迟报、漏报、谎报或者瞒报事故符合上述条件，构成该罪，情节严重的，处三年以下有期徒刑或者拘役；情节特别严重的，处三年以上七年以下有期徒刑。

需要说明的是，由于本条规定的违法行为责任主体是负有安全生产监督管理职责的有关部门直接负责的主管人员和其他直接责任人员，这些人都属于国家公务员，因此，《条例》没有对其规定罚款的处罚。在处罚方式上规定的给予处分、构成犯罪的追究刑事责任，比较适合其特点。

6.1.2.6　对事故发生单位及其有关责任人员的资格罚以及提供虚假证明的中介机构法律责任

资格罚，又称行为罚或者能力罚，是行政处罚的一种形式，是限制或者剥夺违反行政法规规范的行政相对人特定的资格（能力）的一种行政处罚。因为在特定行政管理领域，行政相对人的特定行为须经行政许可才能获取相应资格。因此，这种限制或者剥夺特定资格、资质的处罚往往被视为仅次于人身罚的一种严厉的行政处罚，主要包括责令停产停业、暂扣或者吊销许可证、暂扣或者吊销执照等种类。

1. 对事故发生单位的资格罚。

为了加强对事故发生单位的惩处力度，从源头上遏制事故发生，根据各有关方面的建议，《条例》在对生产经营单位给予数额较大的罚款处罚的同时，还从严格市场准入的角度，对负有责任的事故发生单位规定了相应的资格罚，即：事故发生单位对事故发生负有责任的，由有关部门依法暂扣或者吊销其有关证照。

事故发生单位的有关证照，是指其依法取得的各类许可、审批证件以及营业执照，具体种类根据其所从事的生产经营活动的不同而有所不同。比如，矿山企业、建筑施工企业和危险化学品、烟花爆竹、民用爆破器材生产企业需要取得安全生产许可证，其中煤矿企业还要有采矿许可证和煤炭生产许可证。暂扣或者吊销有关证照，必须依法由颁发许可证或执照的行政机关实施，其他任何机关和个人都无权吊扣不属于自己颁发的证照。这就是本条中所称的"由有关部门依法暂扣或者吊销"的含义。依照《安全生产许可证条例》的有关规定，安全生产监督管理部门负责非煤矿山企业和危险化学品、烟花爆竹生产企业安全生产许可证的颁发和管理；煤矿安全监察机构负责煤矿企业安全生产许可证的颁发和管理。吊销上述单位的安全生产许可证，应当分别由有关机关依法实施。吊销采矿许可证，应当由地质矿产主管部门实施。事故发生单位营业执照的吊扣，只能由工商行政管理部门实施。

由于暂扣或者吊销有关证照构成对行政相对人权利的限制甚至剥夺，这一行政处罚必须有明确的适用对象。本条规定的资格罚适用于对事故发生单位，即只有在事故发生单位负有事故责任的情况下，有关部门才可以暂扣或者吊销事故发生单位的有关证照。由事故调查组提交的、经组织事故调查的有关人民政府批复的事故调查报告对于事故责任的认定，是判断事故发生单位是否负有事故责任的依据，也是有关部门对事故发生单位适用资格罚的依据。

2. 对事故发生单位负有事故责任的有关人员的资格罚。

对事故发生单位负有事故责任的有关人员，依法暂停或者撤销其与安全生产有关的执业资格、岗位证书。与安全生产有关的执业资格、岗位证书，是指生产经营单位有关人员从事与安全生产有关的活动，按照法律、行政法规或者国家有关规定必须取得的资格、证书等。如矿长资格证和矿长安全资格证、特种作业人员的特种作业操作资格证书等。实施暂停或者撤销有关安全生产的执业资格、岗位证书的主体同样是有权颁发或授予该执业资格和岗位证书的部门，这里不再赘述。

3. 对事故发生单位主要负责人的资格罚。

事故发生单位主要负责人受到刑事处罚或者撤职处分的，自刑罚执行完毕或者受处分之日起，5年内不得担任任何生产经营单位的主要负责人。作为《安全生产法》的配套行政法规，条例的这项规定是对《安全生产法》第九十一条规定的具体化、特定化。目前，这种关于主要负责人等高级管理人员资格"消减"或"限制"条件的规定越来越多地被现代立法所采用，如公司法、证券法以及企业破产法都有类似的规定。本项规定具体包括以下内容：

（1）本项规定的适用对象仅限于事故发生单位主要负责人。

（2）只有在主要负责人被判处刑罚或者属于国家工作人员的主要负责人受到撤职的行政处分的情况下，才能被处以上述资格限制。其中，主要负责人受过的刑事处罚一般应当限于因安全生产事故责任而受到的刑事处罚，既包括受到管制、拘役、有期徒刑、无期徒刑等主刑的处罚，也包括受到罚金、剥夺政治权利、没收财产等附加刑的刑事处罚。依据《公务员法》和《行政监察法》的有关规定，行政处分从轻到重依次分为警告、记过、记大过、降级、撤职和开除。本项规定的主要负责人受到的行政处分仅限于撤职，不包括警告、记过、记大过、降级的处分。当然，对于受到开除处分的主要负责人同样适用。

（3）这项资格罚的时间限制为5年。即自刑罚执行完毕或者受撤职处分之日起计算，5年内不得担任任何生产经营单位的主要负责人，5年后则不再受到上述处罚的限制。

4. 提供虚假证明的中介机构及其相关人员的法律责任。

《条例》第四十条所称中介机构是指接受有关生产经营单位或者安全生产监管部门以及事故调查组委托，进行安全评价、认证、检测检验、鉴定等技术服务的中介机构。安全评价、认证、检测检验、鉴定是安全生产工作的重要环节。安全生产技术服务的结果已经成为生产经营单位安全管理以及安全生产监管部门执法检查的重要参考，甚至成为对有关安全生产特殊行业市场准入的审批、决策依据。因此，为安全生产提供技术服务的机构，应当遵守相关法律法规的规定，遵循职业道德、执业准则的要求，恪守其社会责任，客观、公正、中立地出具安全评价报告以及认证、检测检验、鉴定的结论、证明。同时，也需要依法加强对中介机构执业行为的监管，明确其违法行为的法律责任。

《安全生产法》对为安全生产提供技术服务的中介机构作出了两项基本规定：一是承担安全评价、认证、检测、检验的机构应当具备国家规定的资质条件，并对其作出的安全评价、认证、检测、检验的结果负责；二是明确规定了出具虚假证明的中介机构承担连带赔偿的民事法律责任以及罚款、没收违法所得、撤销其相应资格的处罚等行政法律责任，构成犯罪的依法追究刑事责任。在《安全生产法》的基础上，《条例》进一步规定，为发生事故单位提供虚假证明的中介机构，由有关部门依法暂扣或者吊销其有关证照及其相关人员的执业资格；构成犯罪的，依法追究刑事责任。

（1）资格罚。为发生事故的单位提供虚假证明的中介机构，由有关部门依法暂扣或者吊销其有关证照及其相关人员的执业资格。这里所称"提供虚假证明"是指提供技术服务的中介机构虚构事实、隐瞒真相，提供与实际情况严重不符的安全评价报告，认证、鉴定结论或者有关检测检验数据的证明文件等。这里所称"有关部门"是指颁发或授予中介机构及其相关人员证照或资格的有关部门和组织。依据国家有关规定，安全生产领域的技术服务资质和相关人员的执业资格主要包括安全评价机构甲级资质证书和乙级资质证书等相关资质以及安全评价人员资格、注册安全工程师资格等等。

（2）刑事责任。按照《条例》第四十条规定，为发生事故的单位提供虚假证明的中介机构及其相关人员，构成犯罪的，依法追究刑事责任。这里主要是与《刑法》作了衔接性的规定。《刑法》第二百二十九条规定，承担资产评估、验资、验证、会计、审计、法律服务等职责的中介组织的人员故意提供虚假证明文件，情节严重的，处五年以下有期徒刑或者拘役，并处罚金。据此，提供虚假证明文件罪的构成要件确定为以下四个方面：第一，该罪侵犯的客体是安全生产监督管理制度和社会主义市场经济秩序。第二，客观方面有提供虚假证明文件的行为并且情节严重。"情节严重"主要是指提供虚假证明文件手段恶劣或者虚假的内容严重失实并造成重大安全事故等严重后果。第三，主体是从事资产评估、验资、验证、会计、审计、法律等服务的中介组织的个人；第四，主观方面故意提供虚假证明文件。同时，《刑法》第二百三十一条规定："单位犯本节第二百二十一条至第二百三十条规定之罪的，对单位判处罚金，并对其直接负责的主管人员和其他直接责任人员，依照本节各该条的规定处罚。"据此，提供虚假证明文件罪，既包括个人犯罪形态，也包括单位犯罪形态。

6.1.2.7　参与事故调查的人员有关违法行为应当承担的法律责任

1. 违法行为及其责任主体。

本规定的违法行为及其责任主体是参与事故调查的人员。依据《条例》第二十二条的规定，事故调查组由有关人民政府、安全生产监督管理部门、负有安全生产监督管理职责的其他部门、监察机关、公安机关以及工会的人员组成，并应当邀请人民检察院派人参加。事故调查组可以聘请有关专家参与调查。此外，对于一般事故，事故发生地县级人民政府可以委托事故发生单位自行调查。因此，参与事故调查的人员包括有关人民政府、有关部门、工会以及发生事故的企业的人员以及专家等。

2. 参与事故调查的人员的违法行为。

（1）对事故调查工作不负责任，致使事故调查工作有重大疏漏。事故调查是一项非常重要、非常严肃的工作，需要参与事故调查的人员具有高度的责任心，认真、负责地完成。《条例》第二十八条规定，事故调查组成员在事故调查工作中应当诚信公正、恪尽职守，遵守事故调查组的纪律，保守事故调查组的秘密。这是对事故调查组成员行为规范的基本要求。对于在事故调查中不负责任，致使事故调查工作有重大疏漏的行为，必须追究其法律责任。

对事故调查工作不负责任，既有主观上的态度，如思想上不重视、责任心不强；又表现在具体行为上，如行为懈怠、拖拉，不履行或者不适当履行工作职责等。致使事故调查工作有重大疏漏，是指对事故调查工作不负责任的后果。"事故调查工作有重大疏漏"是指因参与事故调查的人员对事故调查工作不负责任，导致事故原因、经过没有查明或者难以查明，事故责任无法认定，对事故责任人的处理建议依据不足等情形。如果只是一般的不负责任，没有造成严重后果的，不按照此条追究法律责任，可以作其他处理。同时，对工作不负责任与事故调查工作有重大疏漏之间须有直接因果关系。

（2）包庇、袒护负有事故责任的人员或者借机打击报复。《条例》第四十一条第二项规定的违法行为的主观过错属于故意。所谓"包庇""袒护"，是指在事故调查过程中，参与事故调查的人员为负有事故责任的人员提供隐藏处所或财物资助以帮助其逃匿，或者通过隐瞒事实、掩盖真相的做法，意图使应当承担事故责任的人员逃避追究责任或者只追究较轻责任等。"借机打击报复"则指参与事故调查的人员利用参与事故调查的工作之便，对有关人员打击、报复，公报私仇的行为。

3. 参与事故调查人员的法律责任。

（1）处分。参与事故调查的人员在事故调查中有上述行为之一的，首先是依法给予处分。其中，行政处分适用于参加事故调查的国家工作人员，主要包括在国家机关中从事公务的国家机关工作人员，国有公司、企业、事业单位、人民团体中从事公务的人员，国家机关以及其他国有单位委派到非国有单位从事公务的人员以及其他依照法律从事公务的人员，不适用于参与事故调查的有关专家以及负责组织调查的事故发生单位的非国家工作人员。对其他人员，可以依法给予相应的纪律处分等。

（2）刑事责任。参与事故调查的人员在事故调查中有上述违法行为之一且构成犯罪的，依法追究刑事责任。需要特别说明的是，这里构成犯罪、承担刑事责任的主体不限于国家工作人员，而是包括前述所有参与事故调查的人员。这里讲的构成犯罪，依法追究刑事责任，主要是指可能构成《刑法》规定的以下犯罪：

①《刑法》第三百九十七条规定的滥用职权罪、玩忽职守罪，即"国家机关工作人员滥用职权或者玩忽职守，致使公共财产、国家和人民利益遭受重大损失的，处三年以下有期徒刑或者拘役；情节特别严重的，处三年以上七年以下有期徒刑。本法另有规定的，依照规定。国家机关工作人员徇私舞弊，犯前款罪的，处五年以下有期徒刑或者拘役；情节特别严重的，处五年以上十年以下有期徒刑。本法另有规定的，依照规定。"

②《刑法》第三百一十条规定的窝藏、包庇罪，即"明知是犯罪人而为其提供隐藏处所、财物，帮助其逃匿或者作假包庇的，处三年以下有期徒刑、拘役或者管制；情节严重的，处三年上十年以下有期徒刑。犯前款罪的，事前通谋的，以共同犯罪论处"。

③《刑法》第二百五十四条规定的报复陷害罪，即"国家机关工作人员滥用职权、假公济私，对控告人、申诉人、批评人、举报人实行报复陷害的，处二年以下有期徒刑或者拘役；情节严重的，处二年以上七年以下有期徒刑"。

④《刑法》第二百五十五条规定的打击报复会计、统计人员罪，即"公司、企业、事业单位、机关、团体的领导人，对依法履行职责、抵制违反会计法、统计法行为的会计、统计人员实行打击报复，情节恶劣的，处三年以下有期徒刑或者拘役"。

6.1.2.8 有关地方人民政府或者有关部门不依法落实对事故责任人的处理意见的法律责任

对事故责任人依法追究责任，是事故报告和调查处理工作的重要内容，也是贯彻落实"四不放过"原则的要求。这就要求在事故调查报告中要根据调查结论对事故责任人提出客观、公正的处理建议，有关人民政府要依法作出批复。依法作出的批复具有法律效力，有关地方人民政府和有关部门必须及时、认真落实，不得拒绝或者拖延。否则，有关责任人员就应当承担相应的法律责任。《条例》第四十二条规定："违反本条例规定，有关地方人民政府或者有关部门故意拖延或者拒绝落实经批复的对事故责任人的处理意见的，由监察机关对有关责任人员依法给予处分。"

（1）这里所说的"违反本条例规定"，主要是指违反《条例》第三十二条第二款的规定。按照该款的规定，有关机关应当按照人民政府的批复，依照法律、行政法规规定的权限和程序，对事故发生单位和有关人员进行行政处罚，对负有事故责任的国家工作人员进行处分。

（2）本条规定的违法行为的主体是有关地方人民政府或者有关政府部门。

（3）本条规定的违法行为是故意拖延或者拒绝落实经批复的对事故责任人的处理意见。这一违法行为由主观要件和客观要件共同构成。首先，主观上必须是故意的。因不可抗力、客观不能或者其他合理原因无法落实对事故责任人的处理意见的，不符合这一违法行为的构成要件，因而也不需要承担相应的法律责任。其次，客观上必须有拖延不办或者阳奉阴违的行为，使事故责任人迟迟得不到处理。拒绝落实，既包括有关人民政府或者有关部门以明示的方式表示拒绝落实，也包括其通过外在的行为拒不落实的情况。

（4）本条规定的承担责任主体是地方人民政府或者有关部门的有关责任人员。有关地方人民政府或者有关部门故意拖延或者拒绝落实经批复的对事故责任人的处理意见的，应当追究其有关责任人员的责任。这实际上是对个人责任的追究，这样规定是比较有针对性的。有关责任人员，包括直接负责的主管人员和其他直接责任人员，可能是政府或者有关部门的领导人员或者一般工作人员。实践中要根据具体情况准确确定责任人员。

（5）本条规定实施处分的主体是监察机关。即由监察机关对地方人民政府或者有关部门的有关责任人员给予处分。根据《行政监察法》规定，国务院各部门及其国家公务员、国务院及国务院各部门任命的其他人员；省、自治区、直辖市人民政府及其领导人员由国务院监察机关实施监察。县级以上地方各级人民政府监察机关对下列机关和人员实施监察：本级人民政府各部门及其国家公务员；本级人民政府及本级人民政府各部门任命的其他人员；下一级人民政府及其领导人员。由监察机关对有关人员依法给予处分，是监察机关依法对国家行政机关、国家公务员和国家行政机关任命的其他人员实施行政监察的具体体现。同时，依照《行政监察法》的规定，监察机关履行下列职责：检查国家行政机关在遵守和执行法律、法规和人民政府的决定、命令中的问题；受理对国家行政机关、国家公务员和国家行政机关任命的其他人员违反行政纪律行为的控告、检举；受理国家行政机关、国家公务员和国家行政机关任命的其他人员违反行政纪律的案件；受理国家公务员和国家行政机关任命的其他人员不服主管行政机关给予行政处分决定的申诉，以及法律、行政法规规定的其他由监察机关受理的申诉。《条例》的规定与《行政监察法》的相关规定是衔接的。

（6）《条例》规定的法律责任是依法给予处分。监察机关依法给予处分，主要是指依据《行政监察法》《行政监察法实施条例》《公务员法》等有关法律法规的规定，对有关地方人民政府或者部门的责任人员给予处分。2007年4月22日公布了自2007年6月1日起施行的《行政机关公务员处分条例》，为处分不同类型的公务员的违法违纪行为提供了明确的法律依据。《行政机关公务员处分条例》第二十二条规定："对于发生重大事故、灾害、事件或者重大刑事案件、治安案件，不按规定报告、处理的，给予记过、记大过处分，情节较重的，给予降级或者撤职处分；情节严重的，给予开除处分。"此外，2006年11月22日，监察部、国家安全生产监督管理总局公布的《安全生产领域违法违纪行为政纪处分暂行规定》（以下简称《暂行规定》），也为监察机关对负有事故处理责任的有关责任人员给予处分提供了法律依据。《暂行规定》第九条规定："国家行政机关及其公务员有下列行为之一的，对有关责任人员，给予警告、记过或者记大过处分；情节较重的，给予降级或者撤职处分；情节严重的，给予开除处分：阻挠、干涉生产安全事故调查工作的；阻挠、干涉对事故责任人员进行责任追究的；不执行对事故责任人员的处理决定，或者擅自改变上级机关批复的对事故责任人员的处理意见的。"据此，监察机关可以依据《行政监察法》《公务员法》《行政机关公务员处分条例》《安全生产领域违法违纪行为政纪处分暂行规定》的相关规定，对不依法落实通过批复的对事故责任人处理意见的有关责任人员给予处分。

6.1.2.9　行政处罚的决定机关、种类和幅度

1. 《条例》规定的罚款处罚由安全生产监督管理部门决定。

《条例》规定的罚款的行政处罚是指《条例》第三十五条、第三十六条、第三十七条及第三十八条所规定的对事故发生单位及其主要负责人及其他有关人员的罚款。为了便于执法，《条例》明确规定，条例规定的罚款的行政处罚，由安全生产监督管理部门决定。这主要是考虑到，安全生产监督管理部门是安全生产综合监督部门，本《条例》坚持了事故调查处理"政府负责、分级管理"的原则，由安全生产监督管理部门代表政府统一决定罚款的行政处罚。同时，明确由一个部门决定罚款的行政处罚，也有利于生产经营单位及时缴纳罚款。

具体由哪一级安全生产监督管理部门决定罚款的行政处罚，《条例》没有明确规定，但《〈生产安全事故报告和调查处理条例〉罚款处罚暂行规定》作了明确规定。一般而言，县级以上人民政府安全生产监督管理部门都可以对其管辖范围内的对象作出处罚决定。

另外，安全生产监督管理部门决定罚款的行政处罚，需要注意以下几个问题：第一，"一事不二罚"。依据《行政处罚法》第二十四条规定，对同一个违法行为，不得不给予两次以上罚款的行政处罚。安全生产监督管理部门决定罚款的行政处罚时，也应当遵守这一规定。第二，依据《行政处罚法》第四十六条的规定，作出罚款决定的安全生产监督管理部门应当与收缴罚款的机构分离。第三，罚款与罚金的折抵。依据《行政处罚法》第二十八条规定，违法行为构成犯罪，人民法院判处罚金时，行政机关已经给予当事人罚款的，应当折抵相应罚金。据此，在有关单位和人员依据本《条例》第三十五条、第三十六条、第三十八条规定被安全生产监督管理部门处以罚款，同时又被法院依法判处罚金的情况下，有关单位和人员已经缴纳的罚款可以折抵相应数额的罚金。

2. 法律、行政法规对行政处罚的种类、幅度和决定机关另有规定的，依照其规定。

《条例》规定的行政处罚主要包括罚款、暂扣或者吊销许可证、暂扣或者吊销执照、暂停或者撤销执业资格等，并对罚款的幅度和决定机关作了规定。同时，考虑到事故的报告和调查处理涉及多个行业和领域，现行法律、行政法规对有些行业和领域事故的报告和调查处理已经作了规定，包括对条例规定的违法行为可能另行规定了处罚的种类、幅度以及处罚的决定机关等。比如：《安全生产法》规定，事故发生单位主要负责人在事故发生后逃匿的，由公安机关处15日以下拘留。而依据《治安管理处罚法》的规定，治安管理机关处罚包括警告、罚款、行政拘留、吊销公安机关发放的许可证等。《条例》第三十六条规定的行为构成违反治安管理行为的，由公安机关依法给予治安管理处罚等等。因此，为了与有关法律、行政法规相衔接，《条例》规定，法律、行政法规对行政处罚的种类、幅度和决定机关另有规定的，依

照其规定。

6.2　刑事责任追究

刑事责任是依据国家刑事法律规定对犯罪分子追究的法律责任。刑事责任是最严厉的责任，在罪行极其恶劣的情况下，可以判处死刑，刑事责任包括两类问题：一是犯罪；二是刑罚。而构成犯罪又是承担刑事责任(即刑罚)的前提。在安全生产领域，行为人的行为是否构成犯罪，需要具备以下四个方面的要件：

1. 犯罪主体。

安全事故类犯罪的主体只限于企业、事业单位的职工。主要是指直接从事生产作业的人员和领导人以及指挥生产作业的人员。

2. 犯罪主观方面。

安全事故类犯罪的主观方面是行为人的过失犯罪。这种过失，主要表现在对危险后果的主观心理状态。主观上表现为应当预见但由于疏忽大意、马虎从事而未能预见或已经预见且能够避免但由于过于自信以致于发生了事故。

3. 犯罪的客观方面。

安全事故类犯罪的客观方面表现为在生产过程中，违反规章作业、违章指挥而发生重大事故，造成严重后果。

4. 犯罪客体。

安全事故类犯罪侵害的客体包括：人的生命和健康，国家、集体、个人财产安全以及国家有关安全生产的法律法规、企业事业单位的规章制度及其所保障的生产安全。

确定某一行为人是否构成犯罪，须看其是否具备构成犯罪的特征，而最关键的是看其是否导致了"重大伤亡"和造成了"严重后果"。

6.2.1　安全生产类罪的犯罪构成

6.2.1.1　重大劳动安全事故罪

重大劳动安全事故罪是指安全生产设施或者安全生产条件不符合国家规定，因而发生重大伤亡事故或者造成其他严重后果的行为。(《刑法》第一百三十五条)

(1)客体要件：本罪侵犯的客体是工厂、矿山、林场、建筑企业或者其他企业、事业单位的劳动安全，即劳动者的生命、健康和重大公私财产的安全。

(2)客观要件：本罪在客观方面表现为厂矿等企业、事业单位的劳动安全设施不符合国家规定，因而发生重大伤亡事故或者造成其他严重后果的行为。构成本罪，在客观方面必须具备以下两个相互关联的要件：一是厂矿等企业、事业单位的劳动安全设施不符合国家规定，存在事故隐患。所谓劳动安全设施，是指为了防止和消除在生产过程中的伤亡事故，防止生产设备遭到破坏，用以保障劳动者安全的技术设备、设施和各种用品。二是发生了重大伤亡事故或者造成了其他严重后果。所谓重大伤亡事故，根据司法解释，是指死亡 1 人以上或者重伤 3 人以上的事故。

(3)主体要件：本罪的主体为特殊主体，即企事业单位中的对造成重大责任事故负有直接责任的主营人员和其他直接责任人员。包括煤矿法定代表人、矿长及有关安全管理人员。

本罪的主体不包括国家工作人员。

（4）主观要件：本罪在主观方面表现为过失，且有关直接责任人员在主观心态上只能表现为过失。所谓过失，是指有关直接责任人员在主观意志上并不希望发生事故。对于单位存在的事故隐患，有关直接责任人则是明知或者应该知道的，有的甚至是经有关部门多次责令改正而未改正。

6.2.1.2　重大责任事故罪

重大责任事故罪是指在生产、作业中违反有关安全管理的规定或强令他人违章冒险作业，因而发生重大伤亡事故或者造成其他严重后果的行为。（《刑法》第一百三十四条）

（1）主体：重大责任事故罪的主体是特殊主体，即企业直接从事生产的人员和直接指挥生产的人员。

（2）客体：是企业的生产安全。

（3）主观方面：表现为过失。可以为疏忽大意的过失，也可以为过于自信的过失。对于违章行为，既可以是无意违反，也可能是明知故犯。

（4）客观方面：表现为在生产、作业中违反有关安全管理的规定，因而发生重大伤亡事故，造成严重后果的行为。此外，必须符合《刑法》条文规定的"重大伤亡"和"严重后果"的标准，造成重大伤亡和严重危害后果的才构成本罪。

6.2.1.3　非法采矿罪

非法采矿罪是指违反《矿产资源保护法》的规定，未取得采矿许可证擅自采矿的，擅自进入国家规划矿区或对国民经济具有重要价值的矿区和他人矿区范围采矿的，擅自开采国家规定实行保护性开采的特定矿种，经责令停止开采后拒不停止开采，造成矿产资源破坏的行为。

（1）客体要件：本罪侵犯的客体是国家对矿产资源和矿业生产的管理制度以及国家对矿产资源的所有权。本罪的对象是矿产资源。

（2）客观方面：本罪在客观上表现为违反矿产资源保护法的规定，非法采矿，导致矿产资源破坏的行为。

非法采矿包括四种情形：一是无证采矿的行为，即没有经过法定程序取得采矿许可证而擅自采矿的。二是擅自进入国家规划区、对国民经济具有重要价值的矿区或他人矿区采矿的行为。三是擅自开采国家规定实行保护性开采的特定矿种，经责令停止开采后拒不停止开采的行为。四是"越界采矿"的行为。所谓"越界采矿"，是指虽持有采矿许可证，但违反采矿许可证上所规定的采矿地点、范围和其他要求，擅自进入他人矿区，进行非法采矿的行为。

非法采矿构成犯罪的，除实施了上述非法采矿的行为外，还需具备经责令停止开采后拒不停止开采，造成矿产资源破坏的条件。

（3）主体：本罪的主体为一般主体，但一般限于直接责任人员，具体包括国营、集体或乡镇矿山企业中作出非法采矿决策的领导人员和主要执行人员以及非法聚众采矿的煽动、组织、指挥人员和个体采矿人员。

（4）主观方面：本罪主观上出于故意。其主观目的是为获取矿产品以牟利。

6.2.1.4　不报、谎报安全事故罪

不报、谎报安全事故罪是指在安全事故发生后，负有报告职责的人员不报或者谎报事故情况，贻误事故抢救，情节严重的行为。（《刑法》第一百三十九条）

（1）客体：本罪侵犯的是安全事故监管制度。

（2）客观方面：客观方面表现为在安全事故发生后，负有报告职责的人员不报或者谎报事故情况，贻误事故抢救，情节严重的行为。

（3）主体：犯罪主体指矿山生产经营单位的负责人、实际控制人、负责生产经营管理的投资人以及其他负有报告职责的人员。

（4）主观方面：主观方面有故意构成。

需要注意的是，具有下列情形之一的，应当认定为《刑法》第一百三十九条之一规定的"情节严重"：一是导致事故后果扩大，增加死亡 1 人以上，或者增加重伤三人以上，或者增加直接经济损失一百万元以上的；二是实施下列行为之一，致使不能及时有效开展事故抢救的：决定不报、谎报事故情况或者指使、串通有关人员不报、谎报事故情况的；在事故抢救期间擅离职守或者逃匿的；伪造、破坏事故现场，或者转移、藏匿、毁灭遇难人员尸体，或者转移、藏匿受伤人员的；毁灭、伪造、隐匿与事故有关的图纸、记录、计算机数据等资料以及其他证据的；三是其他严重的情节。

6.2.1.5　滥用职权罪

滥用职权罪指的是国家机关工作人员故意超越职权，违法决定、处理其无权决定、处理的事项；或者违反规定处理公务，致使公共财产、国家和人民利益遭受重大损失的行为。这个罪名成立的核心是超越职权，违法决定、处理其无权决定、处理的事项，或者是违反规定处理公务。在主观方面其过错具有两重性，即犯罪人超越职权、违反决定、违反规定的行为是故意的，但是他对违法后果的发生是过失的。（《刑法》第三百九十七条）

立案标准：①造成死亡 1 人以上，或者重伤 2 人以上，或者重伤 1 人、轻伤 3 人以上，或者轻伤 5 人以上的；②导致 10 人以上严重中毒的；③造成个人财产直接经济损失 10 万元以上，或者直接经济损失不满 10 万元，但间接经济损失 50 万元以上的；④造成公共财产或者法人、其他组织财产直接经济损失 20 万元以上，或者直接经济损失不满 20 万元，但间接经济损失 100 万元以上的；⑤虽未达到第③④两项数额标准，但两项合计直接经济损失 20 万元以上，或者两项合计直接经济损失不满 20 万元，但合计间接经济损失 100 万元以上的；⑥造成公司、企业等单位停业、停产 6 个月以上，或者破产的；⑦弄虚作假，不报、缓报、谎报或者授意、指使、强令他人不报、缓报、谎报情况，导致重特大事故危害结果继续、扩大，或者致使抢救、调查、处理工作延误的；⑧严重损害国家声誉，或者造成恶劣社会影响的；⑨其他致使公共财产、国家和人民利益遭受重大损失的情形。

6.2.1.6　玩忽职守罪

玩忽职守罪是指国家机关工作人员严重不负责任，不履行或者不认真履行职责，致使公共财产、国家和人员利益造成重大损失的行为。这个罪名成立的核心是严重不负责任，不履行或者不认真履行自己的工作职责。（《刑法》第三百九十七条）

滥用职权罪与玩忽职守罪都是由《刑法》第三百九十七条的规定，两个罪的立案标准基本一样，但在主客观方面又有不同。

主观方面：滥用职权罪主观上有故意的情形；玩忽职守罪主观上只有过失，没有故意。

客观方面：滥用职权表现形式是超越职权、违法决定、处理其无权处理或决定的事项；玩忽职守表现形式是严重不负责任，不履行或者不认真履行职责。

6.2.1.7　徇私舞弊，不移交刑事案件罪

徇私舞弊，不移交刑事案件罪是指行政执法人员徇私舞弊，对依法应当移交司法机关追

究刑事责任的不移交行为。(《刑法》第四百零二条)

立案标准：①对依法可能判处3年以上有期徒刑、无期徒刑、死刑的犯罪案件不移交的；②3次以上不移交犯罪案件，或者1次不移交犯罪案件涉及3名以上犯罪嫌疑人的；③司法机关发现并提出意见后，无正当理由仍然不予移交的；④以罚代刑，放纵犯罪嫌疑人，致使犯罪嫌疑人继续进行违法犯罪活动的；⑤行政执法部门主管领导阻止移交的；⑥隐瞒、毁灭证据，伪造材料，改变刑事案件性质的；⑦直接负责的主管人员和其他直接责任人为牟取本单位私利而不移交刑事案件，情节严重的；⑧其他情节严重的情形。

6.2.1.8 受贿罪

受贿罪是指国家工作人员利用职务的便利，索取他人财物的，或者非法收受他人财物，为他人谋取利益的行为。

立案标准：①个人受贿数额在5千元以上的；②个人受贿数额不满5千元，但具有下列情形之一的：一是因受贿行为而使国家或者社会利益遭受重大损失的；二是故意刁难、要挟有关单位、个人，造成恶劣影响的；三是强行索取财物的。

在安全生产领域中，滥用职权罪，玩忽职守罪，徇私舞弊、不移交刑事案件罪以及受贿罪是指国家安全生产监督管理职能部门，包括国家安全生产综合监督管理部门和安全生产行业监督管理部门的工作人员在执行国家安全生产监督监管职责过程中发生的滥用职权、玩忽职守、徇私舞弊和受贿犯罪，这些犯罪主要发生在证照办理、监督监管、调查处理等执法过程中，行为人为牟取个人利益收受他人财物、好处等的违法犯罪行为。

6.2.2　安全生产领域中，容易涉嫌渎职犯罪的情形

(1)对企业采购和使用无安全标志的产品，缺乏监管，发生安全事故的。

(2)对建设工作安全设施设计不符合要求，擅自同意，对工程经验收安全设施和条件不合格而批准投产而导致发生事故的。

(3)向不符合安全生产条件的企业颁发安全生产许可证或发现企业未依法取得安全生产许可证擅自从事生产活动，而不依法处理导致事故发生的。

(4)在进行监督监察中，对事故隐患不采取措施处理，该停产的不停产，该关闭的没有关闭，导致发生安全事故的。

(5)对没有经过培训的矿长擅自颁发资格证或对无矿长资格的矿长不进行查处，导致矿长违章作业发生安全事故的。

(6)对发生的安全事故隐瞒不报，不进行查处，造成恶劣社会影响的。

(7)对安全事故中的涉嫌刑事犯罪人员徇私舞弊不移交司法机关处理的。

(8)验收过程中把关不严，弄虚作假，导致不符合条件的煤矿通过验收进行生产，发生安全事故的。

6.3　民事责任追究

6.3.1　民事责任的概念

民事责任，亦即民事法律责任，是指民事主体在民事活动中，因实施了民事违法行为，

根据民法所承担的对其不利的民事法律后果或者基于法律特别规定而应承担的民事法律责任。民事法律责任属于法律责任的一种，是保障民事权利和民事义务实现的重要措施，是民事主体因违反民事义务所应承担的民事法律后果，它主要是一种民事救济手段，旨在使受害人被侵犯的权益得以恢复或弥补。

6.3.2　民事责任的构成要件

民事责任的承担需要民事主体的行为符合以下四个方面的构成构件，否则，行为人可以拒绝承担民事责任。

（1）损害事实的客观存在。损害是指因一定的行为或事件使民事主体的权利遭受某种不利的影响。权利主体只有在受损害的情况下才能够请求法律上的救济。

（2）行为的违法性。指对法律禁止性或命令性规定的违反。除了法律有特别规定之外，行为人只应对自己的违法行为承担法律责任。

（3）违法行为与损害事实之间的因果关系。行为构成民事责任要件的因果关系指行为人的行为及其物件与损害事实之间所存在的前因后果的必然联系。

（4）行为人的过错。行为人的过错是行为人在实施违法行为时所具备的心理状态，是构成民事责任的主体要件。

6.3.3　民事责任的形式

民事责任的形式，是指行为人承担民事责任的方式。违法行为人不履行自己的义务或侵害他人的权利，权利人得请求违法行为人承担相应的责任，以保护自己的权利。因此，从权利人方面来说，违法行为人承担民事责任的方式，就是对其受侵害的权利的补救方法，是法院保护民事权利的具体方法和制裁不法行为的具体措施。

按照我国《民法通则》的规定，民事责任的形式主要有如下 10 种：①停止侵害；②排除妨碍；③消除危险；④返还财产；⑤恢复原状；⑥修理、更换、重作；⑦赔偿损失；⑧支付违约金；⑨消除影响，恢复名誉；⑩赔礼道歉。以上民事责任形式，可以单独适用，也可以合并适用。

生产经营单位发生生产安全事故造成人员伤亡、他人财产损失的，应当依法承担赔偿责任；拒不承担或者其负责人逃匿的，由人民法院依法强制执行。

6.4　党纪政纪处分

6.4.1　党纪处分

（1）党纪处分主要依据是《中国共产党纪律处分条例》和《安全生产领域违纪行为适用〈中国共产党纪律处分条例〉若干问题的解释》，对事故负有责任的中共党员给予党纪处分。

（2）对中共党员的纪律处分种类：警告、严重警告、撤销党内职务、留党察看、开除党籍。

（3）党纪政纪处分配套一般要求：中共党员的处分配套一般为，行政记大过或降级配党内警告；行政撤职或党内严重警告或撤销党内职务或留党察看；刑事责任配开除党籍。

6.4.2　政纪处分

(1)处分主要依据：依据或比照《安全生产领域违法违纪行为政纪处分暂行规定》(11 号令)，对相关责任者给予政纪处分。

(2)处分种类：警告、记过、记大过、降级、撤职、开除。

6.4.3　党纪政纪处分应注意的问题

属于国家机关工作人员的，不得以党纪处分代替政纪处分；司法机关已采取措施的责任人员中属中共党员和行政监察对象的，暂不提出党纪政纪处分档次，待司法机关作出处理决定后，由纪检监察机关按照党员、干部管理权限及时给予相应的党纪政纪处分。

除上述事故责任追究方式外，还有如下责任追究的处理方式。

(1)属于民主党派或人大、政协代表的，应移送并建议其有权管辖单位给予相应处理。

(2)对非国有企业的责任人员，可采取依法暂停或者撤销其与安全生产有关的执业资格、岗位证书，用岗位禁入、辞退或经济处罚等处理代替政纪处分。如撤销职务，辞退，罚款，多少年内不得担任某职务、从事某工作等。

(3)对国家工作人员可采取责令写书面检查、公开道歉、停职检查、引咎辞职、责令辞职、免职等形式问责。

(4)对事故负有责任的政府或有关部门，可责令其写出检查。

第七章　事故调查报告撰写、审查与批复

事故调查组按照规定履行事故调查职责，最终要提交事故调查报告。事故调查报告是事故调查组工作成果的集中体现，是事故处理的直接依据，《条例》对事故报告内容作出的规定有利于事故报告内容的规范、完整。同时，其内容应当与事故调查组任务、职责的规定有效衔接。

7.1　事故调查报告撰写

事故现场调查结束后，由综合组撰写事故调查报告。

7.1.1　事故调查报告撰写格式及内容（格式见附录）

事故发生单位基本情况；事故发生经过、事故救援情况和事故类别；事故造成的人员伤亡和直接经济损失；事故发生的直接原因、间接原因和事故性质；事故责任的认定以及对事故责任人员和责任单位的处理建议；事故防范和整改措施及附件资料等部分。

7.1.2　事故调查报告的编写要求

文字精练，语句通顺，用词规范，描述准确，层次清楚，内容全面。

7.1.3　调查报告基本内容

1. 调查报告标题的统一规定为：《××省××市××县××镇××（单位）"*·*"重（特）大××事故调查报告》。这里包括如下几个方面：

（1）事故企业的隶属关系。乡镇企业要写明所属（市、区）、乡（镇）名称；县属国有企业要写明所在县（市、区）名称；市（州）国有企业要写明所属市（州）名称。

（2）事故发生时间。如事故发生时间为5月21日，则缩写为"5·21"。

（3）事故类别或类型。如顶板、瓦斯爆炸、火灾、高处坠落等，事故类别之前冠以重大、特大等字眼。

2. 调查报告正文。

序言。通常要表达三个方面的情况。一是事故基本要素，事故发生时间、企业名称、事故类别、伤亡人数等。二是有关领导对事故的批示及赶赴事故现场指导抢险救灾情况。三是事故调查组的组建及工作情况。

（1）概述。企业名称、事故发生时间、事故发生地点、事故类别、事故伤亡情况、直接经济损失。

（2）事故单位基本情况。包括：企业成立的时间，企业经济性质，经营管理方式，持证情况，企业各生产环节的状况，企业安全生产管理机制，事故前政府及部门的监管情况，事故

地点概况。

（3）事故发生经过及事故救援情况。描述事故当班的基本情况，事故发生的简要过程。事故抢救过程要写至救出最后一名遇难者为止。必要时，要简单介绍事故善后处理情况。

（4）事故造成人员伤亡和直接经济损失（以表格形式）。

（5）事故发生的原因及事故性质。一是根据技术鉴定情况，描述事故的直接原因及其认定依据。二是根据管理方面的调查资料，描述事故发生的间接原因。三是确定事故的性质。

（6）事故责任认定及对事故责任者的处理建议。通常分三个层次来表述：一是建议移送公安、检察机关处理的责任人员。二是建议给予党纪和行政处分的人员。三是建议给予行政处罚（处理）的责任单位和责任人员。

责任单位的责任分析按下列模式表述：单位；违法、违规事实；违反何规定（条款）；根据何规定由执法单位给予行政处罚。

（7）事故防范和整改措施。针对事故发生的原因，提出具有针对性、切实可行的防止类似事故发生的措施。要从管理、装备、人员培训等方面提出防范措施。

3.附件。

（1）调查组人员名单。用表格形式表述，表名为"××事故调查组人员名单"。内容包括人员姓名、工作单位、职务、调查组职务、签名。

（2）事故伤亡人员名单。用表格形式表述，表名为"××事故伤亡人员名单"。内容包括伤亡人员姓名、籍贯、年龄、工种、培训情况、伤害程度等。

（3）事故现场示意图。图名为"××事故现场示意图"，用 A4 纸按比例绘制（CAD 制图），具体比例根据实际情况掌握。图中要标明工作地点的名称、事故地点位置、伤亡人员位置及有关设施、设备事故前后位置等。

（4）事故直接经济损失计算表。按附表要求逐项填写，并加盖公章。

（5）有关证据材料。

（6）事故技术鉴定报告（含现场勘察报告）。

（7）事故调查组成员在事故调查报告上签名。

4.事故调查报告打印

调查报告要按公文及法律文书的要求打印。A4 纸幅，正文用仿宋体小 3 号，正标题用标宋体 2 号字，小标题用标宋体小 3 号字。除特殊要求外，数字应使用阿拉伯数字。

7.1.4　事故调查报告提交时间

事故调查组应当自事故发生之日起 60 日内提交事故调查报告（技术鉴定所需时间不计入事故调查期限）。特殊情况下，经负责事故调查的人民政府批准，提交事故调查报告的期限可以适当延长，但延长的期限最长不超过 60 日。

7.2　事故调查报告审查

7.2.1　审查的主要内容

调查报告完成后，组织调查的单位应组织审查。审查的主要内容包括：

（1）事故调查组的组成是否符合法定要求；

（2）调查处理工作程序是否规范；

（3）事故性质认定是否准确；

（4）事故直接原因、间接原因是否依据充足，合乎逻辑，表述正确；

（5）事故责任划分是否合理。责任者违规事实是否清楚，其认定依据是否充足，描述是否恰当；责任者的处理建议是否有法定依据，量惩是否适当、公正、合理，处理方式是否配套等；

（6）事故防范措施是否具有针对性；

（7）事故调查报告是否符合规定要求。

7.2.2　审查的程序

事故调查报告审查依事故等级不同而不同。

1. 重大事故调查报告审查程序。

（1）事故调查报告形成后，由事故调查组组长提请其所在省安全生产监督管理局（煤矿安全监察局）局长召开专题办公会进行审查。

（2）审查时，事故调查组应指定专人汇报调查处理情况。局长办公会应对调查工作的合法性、事故性质、事故原因、事故责任划分与处理建议、防范措施等，进行充分讨论，并形成统一意见。

（3）事故调查报告及省安全生产监督管理局（煤矿安全监察局）的意见应及时行文上报省政府，征求省人民政府的意见。

（4）征求省人民政府的意见后，应及时行文向国家安全生产监督管理总局呈报事故调查报告或代省政府予以批复。

2. 较大事故调查报告审查程序。

（1）事故调查报告形成后，由其所在市安全生产监督管理局（监察分局）召开局长会议，组织有关人员专题进行集体会审。事故调查审理科要及时归纳意见，修改报告。

（2）经集体会审修改的事故调查报告，应向市（州）人民政府征求意见，可以直接组织召开征求意见会议，请市（州）人民政府分管工业的副市（州）长或秘书长、监察局、安全监督管理局、工会等部门人员参加，会议征求意见。

（3）向省安全生产监督管理局（煤矿安全监察局）行文呈报事故调查报告。

另外，煤矿事故调查报告审查程序与上述事故调查报告审查程序也有细微差别。如煤矿较大事故调查报告审查程序如下：科室集体会审→监察分局局务会审查→省局集体会审→调查组会议审查→征求市级政府意见。

7.3　事故调查报告批复

7.3.1　批复单位

事故调查报告是事故调查组履行事故调查职责，对事故进行调查后形成的报告，其内容既包括事故发生单位概况、事故发生经过和事故救援情况、事故伤亡和直接经济损失情况、事故发生原因和事故性质等客观情况，也包括事故调查组对事故责任的认定、对责任者的处理建议以及事故防范和整改措施等内容。因此事故调查组是为了调查某一特定事故临时组成的，不管是有关人民政府直接组织，还是授权或者委托有关部门组织的事故调查组，其形成的事故调查报告只有经过有关人民政府批复后，才具有效力，才能被执行和落实。因此，条例明确规定，事故调查报告批复的主体是负责事故调查的人民政府。

根据《条例》关于组织事故调查的规定，特别重大事故由国务院或国务院授权有关部门组织事故调查组进行调查；重大事故、较大事故、一般事故分别由事故发生地省级人民政府、设区的市级人民政府、县级人民政府负责调查。相应地，不同等级事故的调查报告由不同级别的人民政府批复，即：特别重大事故的调查报告由国务院批复；重大事故、较大事故、一般事故的调查报告分别由负责事故调查的有关省级人民政府、设区的市级人民政府、县级人民政府批复。（批复格式见附录）

7.3.2　批复期限

为了保证事故得到及时处理，提高事故处理工作的效率，《条例》对有关人民政府批复事故调查报告的时限作了明确规定，要求有关人民政府应当在规定的时限内对事故调查报告作出批复。重大事故、较大事故、一般事故的调查报告批复时限为15日，起算时间是接到事故调查报告之日，这是一个刚性规定，在任何情况下，15日的期限不得延长。考虑到特别重大事故一般情况较复杂，涉及面较广，事故调查报告批复的主体是国务院，《条例》规定，特别重大事故的批复时限为30日，起算时间也是接到事故调查报告之日。同时规定，在有些特殊情况下，比如需要对事故调查报告的部分内容进行核实、对事故责任人的处理问题进行研究等，对特别重大事故调查报告确实难以在30日内作出批复的，批复时限可以适当延长，但对延长的期限作了严格限制，最长不超过30日。这就要求有关人民政府一定要提高工作效率，按照条例规定的期限如期作出批复。

第八章　事故处理

8.1　事故防范与整改措施

现场调查完毕，以调查组名义书面提出《××事故防范与整改措施函》（格式见附录）。事故防范与整改措施建议函由调查组组长签发，主送事故发生单位或事故发生地县级人民政府，抄送调查组各成员单位。

8.1.1　事故防范与整改措施内容

（1）事故防范与整改措施应当对照事故发生原因逐一提出，有针对性，内容具体，便于整改落实，并明确落实单位和整改期限。

（2）对事故发生地点的处置必须有明确的整改意见。

（3）要举一反三，对区域内其他企业提出防范与整改要求，防止发生类似事故。

8.1.2　事故防范与整改措施的落实

事故责任单位和当地人民政府收到事故防范与整改措施函后，应当在规定的时间落实到位。事故发生地负责企业安全生产监督管理的部门应当对事故责任单位落实防范和整改措施的情况进行监督检查。

事故责任单位在规定的期限落实完毕后，15日内向企业所在市（州）安全生产监督管理局提交书面报告（函告）落实情况。其中重大事故须向省局函告企业落实情况。事故发生单位的落实情况报告应经当地安全生产监督管理部门复查确认，并签署确认意见。

8.1.3　事故防范与整改措施的监察

收到事故责任单位或当地人民政府事故防范和整改措施落实情况的报告，或规定的整改期限到期后，安全监察部门应当对实际落实情况进行监察。监察完毕，应书面向事故发生单位和当地人民政府通报监察结果。对落实不到位的，依法进行处置，并提出监察建议或意见。根据辖区内事故发生情况，可季度内分次监察，集中通报。

8.1.4　事故防范与整改措施监察要求

（1）对照事故调查报告和调查处理意见的批复要求逐项进行检查，不得缺项。

（2）与监察执法相结合。监察部门应根据上一年度事故发生情况，制订本年度事故防范与整改措施监察计划，并纳入年度、月度"三项监察"计划中。现场监察时，应按监察执法有关要求制订执法预案，依法下达执法文书。对事故防范与整改措施落实不到位的，必须依法从严处理。

（3）加强对事故单位的行政许可审批监察。事故企业的行政许可应当经事故审理室会审，凡事故责任追究和事故防范与整改措施落实不到位的，一律不得同意行政许可。

8.2　事故调查通报

现场调查完毕，事故调查组要及时在现场组织召开事故调查通报会。通过现场调查情况，分析事故原因，提出事故防范与整改措施。

1.调查情况通报会，由调查组组长组织、主持召开，调查组副组长以及调查组全体成员应当出席会议。其他参会人员，由调查组组长和地方人民政府（或有关部门）领导确定。

2.一般情况下，按企业性质、事故等级在不同层面召开。特殊的事故，经调查组组长同意，可以上升一个层面召开。

3.事故调查通报会，不涉及责任单位（人）的处理，要依法依规、实事求是通报以下调查情况：简要通报调查组工作情况；通报事故发生的时间、地点、类别、死亡人数、直接经济损失，以及事故发生经过、事故救援过程；重点通报事故原因分析、事故性质，事故防范和整改措施；

4.事故调查通报会要注重实效。

（1）用PPT幻灯演示文稿。幻灯片应当简明易懂、图文并茂、声像结合。

（2）用平面（或者立体）动画直观、形象地演示事故发生经过、描述事故的直接原因；用证据分析事故的间接原因。

（3）用证据证明事故发生的时间、地点、类别；用CAD绘制事故相关图件（现场示意图、生产系统图、局部放大图、作业人员分布图等）。

（4）事故防范和整改措施，要根据事故原因，结合安全规定及有关法律、法规、规章、政策等规定，防止类似事故再次发生，提出有针对性的、可操作性的具体建议。

（5）要尽力帮助地方人民政府，全力动员有关部门和企业切实落实事故防范和整改措施，全面部署企业安全生产工作。可以结合当地近一段时间的事故情况、特点、原因，进行剖析和通报。

（6）调查通报会，原则上由调查组的综合小组组长通报。通报会应有调查组领导讲话，有关人员表态发言等内容。

5.经调查组组长批准，应当在局域网上报道事故调查通报会相关情况。应当促成当地政府邀请当地电视、报纸等媒体宣传报道事故调查通报会，扩大事故的警示教育面，增强警示教育效果。

6.为提高会议效率，事故调查通报会可与当地政府相关会议或监察执法情况通报会合并进行。

8.3　落实责任

事故调查报告批复下达后，事故调查工作即可结案。监察机关或安全生产监督管理部门应当及时按批复要求落实事故责任。

（1）行政处罚。安全生产监督管理部门对事故责任单位和责任人员实施行政处罚。安全生产监督管理部门无权处理的，移送有权机关处理。

（2）刑事处罚。安全生产监督管理部门按《行政执法机关移送涉嫌犯罪案件的规定》（国务院令 310 号）要求，由相关人员填报《案件移送审批表》，制作《案件移送书》，移送司法机关依法追究涉嫌犯罪责任人员责任。

（3）党纪政纪处分。将事故责任人员移送至纪检监察机关按照党员、干部管理权限按批复要求给予党纪政纪处分。

有关地方人民政府及其有关部门或者单位应当依照法律、行政法规规定的权限和程序，对事故责任单位和责任人员按照事故批复的规定落实责任追究和事故防范与整改措施，并及时将落实情况书面反馈批复单位。

事故调查组在事故责任落实后要进行事故案卷整理及处理结果公布。事故案卷整理是指调查组相关人员填报《结案审批表》，报负责事故调查的部门负责人审批。批准同意结案后，制作《案卷首页》和《卷内目录》，按一卷一档的原则整理归档。归档保存的材料包括事故调查报告、技术鉴定报告、重大技术问题鉴定结论和检测检验报告、尸检报告、物证和证人证言、直接经济损失文件、相关图纸、视听资料、批复文件等。处理结果公布，是指事故调查结果在相关门户网站公布。一般事故和较大事故由市（州）、县安监部门在门户网站上公布调查情况和处理结果；重大事故由省安监部门门户网站上公布调查情况和处理结果。

8.4　事故监督检查

8.4.1　监督检查内容

（1）对事故有关责任人员的纪律处分是否得到全面落实。是否按照规定办理有关处分手续，处分决定是否装入本人档案；受降级以上处分的人员的工资、级别、职务、公职等是否按有关规定落实到位；对上级政府查结的责任追究决定或建议，是否擅自变更或降低处分档次；对受到责任追究的人员，是否存在受处分期间内被异地升职、拖延处理或其他不按规定落实责任追究的问题。

（2）对事故有关责任人员的刑事责任是否依法追究。是否存在久拖不诉、久拖不决，以及重罪轻判、以罚代刑；是否存在违反法定条件和程序办理取保候审、保外就医、减刑、假释等；是否存在事故责任人员长期逃逸而不能结案；是否存在做出刑事判决后尚未进行相应纪律处分等问题。

（3）行政处罚是否执行到位。对上级政府查结的行政处罚决定或建议，是否存在擅自变更或降低标准，以及未予执行等问题。

（4）防范措施或建议是否得到认真落实。事故调查组提出的促进安全生产工作的措施和建议，有关部门和单位是否认真研究，并采取切实措施进行落实。

（5）事故调查组移交的事故背后涉及的腐败问题，是否立案调查，并对责任人员依法依纪进行处理。

8.4.2　监督检查部门

（1）安全生产监督管理部门负责对事故责任单位落实防范与整改措施的情况进行监督，

负责煤矿安全生产监督管理的部门负责对事故责任单位落实防范和整改措施的情况进行监督检查。

(2)监察分局负责对一般事故、较大事故责任单位落实防范和整改措施的情况和行政处罚是否执行到位进行监察。省局负责对由省局直接组织调查的事故责任单位落实防范和整改措施的情况和行政处罚是否执行到位进行监察。

(3)纪检监察机关负责对事故有关责任人员的纪律处分是否得到全面落实和事故背后涉及的腐败问题查处进行监督检查。

(4)检察机关对事故有关责任人员的刑事责任是否依法追究进行监督检查。

8.4.3 监督检查要求

制定监督检查计划,定期组织开展监督检查工作。对监督检查中发现的问题,要责成落实机关限期解决。对在事故责任追究落实过程中存在严重问题或造成重大影响的,要严肃追究有关单位领导的责任。

第九章　调查组成员单位的协调配合

9.1　与检察机关的协调配合

人民检察院作为我国的司法机关具有监督检察的职能。在生产安全事故调查处理过程中，检察机关按照法律规定参与其中，对事故调查处理工作进行监督，事故调查处理的相关部门应主动与检察机关进行协调配合，其协调配合工作主要体现在以下几个方面：

（1）安全生产监督管理部门接到事故报告后，应当按规定及时通知当地人民检察院。事故调查时，应当邀请检察机关参与事故调查。检察机关要与事故调查组和有关职能部门加强联系沟通，分工合作，紧密配合。要支持事故调查组和有关职能部门依法开展调查工作，尊重事故调查组的组织协调。

（2）事故调查过程中，发现国家工作人员涉嫌犯罪的，事故调查组应当及时将有关材料或者复印件移交检察机关。检察机关参与重大责任事故调查中发现职务犯罪线索的，可要求事故调查组或者相关职能部门及时移交相关证据材料。检察机关对自己发现的、事故调查组或者相关职能部门移交的，或者群众举报的渎职、贪污贿赂等的职务犯罪线索要认真进行审查，认为有犯罪事实，需要追究刑事责任的，应当及时立案。

（3）检察机关在收集证明犯罪嫌疑人有罪无罪以及犯罪情节轻重的证据材料时，需要有关部门进行鉴定的，检察机关可以建议事故调查组组织鉴定，也可以自行组织鉴定。

（4）检察机关对重大责任事故所涉渎职等职务犯罪嫌疑人决定立案侦查，或者采取拘留、逮捕等强制措施的，应当及时向事故调查组或者相关职能部门主要负责人通报。对生产安全责任事故刑事案件的事实、性质认定、证据采信、法律适用以及责任追究有意见分歧的，检察机关和安全生产监督管理部门应当加强协调沟通。协调后意见仍然不一致的，各自向上级机关报告，由上级机关协调解决。

（5）检察机关对危害生产安全刑事案件的犯罪嫌疑人采取拘留、逮捕等强制措施的，交由人民法院作出判决的，应当及时通报事故调查组或者相关职能部门。在案件办理过程中，由于事实、证据或者案件性质发生变化，需要改变原处理决定的，也应当及时通报事故调查组或者相关职能部门。需要向事故调查组或者组成事故调查组的相关部门通报案件查办情况以及立案和采取拘留、逮捕等强制措施的，原则上由对应级别的人民检察院负责。

（6）犯罪嫌疑人正在参与事故抢险、调查和技术鉴定工作的，如果不具有《人民检察院刑事诉讼规则》第七十六条规定的可能自杀、逃跑、毁灭、伪造证据或者串供情形的，在事故抢险期间，一般不采取拘留、逮捕等强制措施。需要对犯罪嫌疑人进行讯问的，在征求事故调查组或者有关职能部门主要负责人的意见后，选择适当时机进行。犯罪嫌疑人正在参与事故调查和技术鉴定工作的，应当建议事故调查组或者相关职能部门责令其中止调查取证或者技术鉴定工作。

(7)检察机关对犯罪嫌疑人决定撤销案件或者不起诉的,应当及时通报事故调查组或者相关职能部门;事故调查组已撤销的,应当通报相关主管部门。对需要追究党纪政纪责任的,应当移交有关主管机关处理。

9.2　与公安机关的协调配合

公安机关是我国的行政机关,除了具有行政职能外,还具有刑事案件的侦查职能。生产安全事故发生后,由于事故的应急救援以及对刑事犯罪案件的侦查都离不开公安机关,因此,在生产安全事故调查处理期间应保持与公安机关的协调配合,主要体现在以下几个方面:

(1)安全生产监督管理部门接到事故报告后,应当按规定及时通知公安机关。成立事故调查组时,应当函告公安机关派人员参加。

(2)事故调查过程中,发现非国家工作人员涉嫌犯罪的,事故调查组应当及时将有关材料或者复印件移交公安机关。

(3)公安机关根据事故的性质和造成的危害后果,对涉嫌构成犯罪的,应当按照案件管辖规定,及时立案侦查、采取强制措施和侦查措施。犯罪嫌疑人逃匿的,公安机关应当迅速开展追捕工作。要全面收集证明犯罪嫌疑人有罪无罪以及犯罪情节轻重的证据材料。对容易灭失的痕迹、物证应当首先采取措施提取、固定。需要有关部门进行鉴定的,公安机关应当及时建议事故调查组组织鉴定,也可以自行组织鉴定。

(4)公安机关要坚持以事实为根据,以法律为准绳,贯彻宽严相济的刑事政策,依法从快侦查、审查批准逮捕、审查起诉和审判,尽可能提高办案效率。证明案件事实、性质、危害后果以及犯罪嫌疑人刑事责任的证据具备的,应当提起公诉和审判。不能以变更监视居住、取保候审为名压案不办。

(5)公安机关对生产安全责任事故刑事案件的事实、性质认定、证据采信、法律适用以及责任追究有意见分歧的,应当加强协调沟通。协调后意见仍然不一致的,各自向上级机关报告,由上级机关协调解决。

(6)公安机关对危害生产安全刑事案件的犯罪嫌疑人采取拘留、逮捕等强制措施的,人民法院作出判决的,应当及时通报事故调查组或者相关职能部门。在案件办理过程中,由于事实、证据或者案件性质发生变化,需要改变原处理决定的,也应当及时通报事故调查组或者相关职能部门。

(7)按照职责分工,加强对瞒报事故行为查处及责任追究情况的沟通协调。煤矿安全监察机构要加大对瞒报事故行为的调查力度,认真核实举报线索并公布查处结果。公安机关要加大对瞒报事故案件的查办力度,组织力量将逃匿人员缉拿归案。

9.3　与监察机关的协调配合

由于参与事故调查处理的人员大多为国家机关的工作人员,而且事故调查处理为行政执法活动,因此有必要由国家监察机关进行监督监察,因此,相关部门自接到事故报告后,应主动与监察机关进行协调配合,主要体现在以下几个方面:

（1）安全生产监督管理部门接到事故报告后，应当按规定及时通知监察机关。成立事故调查组时，应当函告监察机关派人员参加，并由监察机关派人员担任调查组副组长和管理组组长。

（2）事故调查中，由监察机关派人员组织、参与分析事故间接原因，认定相关单位和人员的责任，对其中的监察对象和中共党员提出纪律处分建议。监察机关在提出处理建议时，应与安全生产监督管理部门沟通协调，并充分听取调查组成员单位意见。

（3）事故调查报告上报审查批复期间，监察机关应按程序对有关责任人立案调查，并及时召开厅（局）长办公会议对事故责任人的处分意见的请示进行审议，下达党纪和行政处分批复，并抄送安全生产监督管理部门。

（4）按照职责分工，加强对瞒报事故行为查处及责任追究情况的沟通协调。安全生产监督管理部门要加大对瞒报事故行为的调查力度，认真核实举报线索并公布查处结果；对有关单位和个人故意干扰、阻碍办案的，或者毁灭、伪造证据、转移藏匿物证书证的，或者拒不提供证据资料等违纪违法行为，监察机关要追究直接责任人和有关领导的责任；对国家机关工作人员徇私枉法、帮助犯罪分子逃避处罚以及滥用职权、玩忽职守的，监察机关要严肃查处。

第三篇

事故调查处理的法律依据与典型案例分析

第十章　事故调查处理的法律依据

10.1　生产安全事故调查处理的法律程序

　　生产安全事故调查处理是指生产安全事故发生后，查明事故经过与原因、认定事故性质与责任、依法进行责任追究、提出整改与防范措施的过程。目前，我国仍然是一个生产安全事故频发的国家，对生产安全事故调查处理也就成了政府的一项主要职能，但事故调查处理作为政府的一项行政行为，应当遵循行政程序的相关规定，而现行的法律、法规对这项行政行为的规定明显存在诸多欠缺，主要表现在对生产安全事故调查与处理这一程序的公开、公正性规定不够，具体体现在监督制度、回避制度、听证制度等不能很好地引入到这一程序中，导致公众往往对事故调查处理程序的过程与结果存在猜疑以致影响政府的公信力。下文拟从法律程序的基本理论开始进行解析。

10.1.1　法律程序的概念及特征

　　在人们日渐关注程序的今天，关于法律程序的解释繁多而杂乱。笔者通过对比发现，在这一领域一直关注并着手研究程序法学理论的湖南师范大学法学院黄捷教授提出的定义更为全面。黄教授认为，法律程序是通过立法方式，运用法律形式拟制，对应特定社会活动的、具有内在关联属性的法律规则集合体。这一定义的最大意义就是将法律程序和法律程序活动严格区分，同时也可以涵盖所有的法律程序现象。法律程序所对应的某特定社会活动如果需要进行，那么它将在法律给定的程序规则制约之下，形成有序的活动过程，从而成为法律意义的程序活动或程序现象。

　　根据以上对法律程序的定义，法律程序至少应该具有以下品质：①法律程序的系统性。程序法的存在形式是以"系统"的独立性表现出来的，因而独立性的法律系统应当是法律程序的标准单位。拆开或者分解任何一个法律程序"系统"，其中的任何部分都将因失去了和程序系统的有机联系，而不能独立存在。②法律程序的预置性。法律程序是法律的预置产物，也即指向特定社会活动规则彼此具有内在联系的特定规则群或规则集合体。③法律程序的对应性。法律程序的对应性是指法律程序是与实体法相对应的，为实体法律主体的权益而规定的相应规则。④法律程序的公开性。一个民主政治的国家中，整个法律体系无论处于等待状态还是启动状态，都应当具有公开性，展开它的透明机理，即它应当是公开透明的，而不是隐蔽的。

10.1.2　我国生产安全事故调查与处理的法律程序

　　事故调查与处理是安全生产工作的重要组成部分。搞好事故调查处理工作是实现安全发展、构建和谐社会的必然要求，是落实"预防为主"方针的有效途径，是实施安全生产监管监察和行政执法的重要手段和关键环节，对安全生产具有重要的意义。

在长期的事故调查处理工作过程中，湖南省安全生产监督管理局、湖南煤矿安全生产监督管理局根据《中华人民共和国安全生产法》(以下简称《安全生产法》)、《生产安全事故报告与调查处理条例》(以下简称《条例》)等相关法律法规，并结合事故调查处理的实际，在吸收了全国各地关于安全生产事故调查处理良好经验的基础上，总结了一套行之有效的、内在关联的、不可逆转的生产安全事故调查处理程序。具体包括以下内容：

(1)生产安全事故调查与处理必须形成一个独立的系统。从事故接报、事故调查、事故分析到事故审查与处理等形成了一个独立的系统，以上任何行为从系统中割裂出来都不可能独立存在。生产安全事故调查处理作为行政机关的一项重要活动，它与行政复议、行政执法、行政诉讼等活动一样，有参与主体以及主体的一系列法律活动规则要求，比如事故调查组的职责、事故调查人员的权利义务、事故发生单位及相关人员的义务等。

(2)生产安全事故调查处理必须为保障客观、公正地调查事故发生原因以及处理相关责任主体而预设。生产安全事故调查处理是为事故发生单位查明事故真相，保护相关主体权利而设置的专门程序。同时，它也是国家进行安全生产宏观调控、落实"安全第一、预防为主"安全生产方针的基础工作。

(3)生产安全事故调查处理必须是在公众的参与下进行。主要体现在事故调查组的组成是由人民政府、安监部门、事故发生单位主管部门、监察部门等派人参加，另外还派专家对所涉及的相关问题进行技术鉴定，形成了一个利益牵制、相互监督、专业权威的组织。此外，根据《条例》规定，对事故调查报告以及相关处理决定应当向社会公告，使这一行为处在阳光下进行，而不是隐蔽地决定。

10.1.3　我国现行生产安全事故调查处理法律程序的欠缺

虽然我国的生产安全事故调查处理处在一个由《安全生产法》及《条例》等相关法律法规形成的比较完整的法律体系的规制下，但是从近年来发生的一些特、重大事故的调查处理程序中，不难发现这一程序存在的某些缺陷，主要表现在以下几点：

(1)生产安全事故调查处理法律程序中公民的参与度瑕疵。

传统的公民参政权在进入 20 世纪之后新的社会法治化过程中已显露出无法弥补的缺陷。首先，这种缺陷表现在公民监督行政机关行使权力的间接性，即公民只能通过自己在议会中的代表，在例会中行使对行政机关的监督，而且这种监督基本上是事后监督，对有效防止行政机关滥用职权起不到理想的作用。其次，从监督行政机关依法行使职权的最佳方案选择看，事先监督显然优越于事后监督，预防性监督显然优越于追惩性监督。这种法治理想的落实最终因为民主理论的发达而提供了更为可行的现实条件。再次，行政程序可以让公民越过自己的代表直接介入行政权的行使过程。在这个过程中，公民权可以成为约束行政权合法、正当行使的一种外在规范力量，并随时可以对行政权的行使是否合法、正当，在法律范围内提出抗辩，为行政机关行使职权提供一个反思的机制，如果行政机关发现其行政行为有不合法或欠缺正当性的情况，即可以自动纠正。这也是符合现代行政法的法治精神所要求的合作与协商原则的。

在我国，生产安全事故的发生往往与政府相关部门的监督滞后或监督缺失有关，而监督失职的责任往往属于政府有关部门的领导，如果由政府有关部门负责并且只有相关部门派人参加的事故调查，其在调查过程中若调查人员有意推卸责任或者有意包庇，那么事故调查与处理的程序会由于没有公众(媒体)的介入而走向畸形是完全可以理解的。

(2)生产安全事故调查处理法律程序效率欠缺。

首先，行政效率就是行政权的生命。在现代国家中，人们不会容忍行政机关像法院那样不慌不忙地行使行政职权。因此，对行政权运行机制的设定，在许多情况下都是受制于行政效率。

《条例》规定，事故发生后，事故现场有关人员应当立即向本单位负责人报告；单位负责人接到报告后，应当于1小时内向事故发生地县级以上人民政府安全生产监督管理部门和负有安全生产监督管理职责的有关部门报告。安全生产监督管理部门和负责安全生产监督管理职责的有关部门逐级上报事故情况，每级上报的时间不得超过2小时。事故调查组应当自事故发生之日起60日内提交事故调查报告；特殊情况下，经负责事故调查的人民政府批准，提交事故调查报告的期限可以适当延长，但延长的期限最长不超过60日。

同时，该《条例》也对事故处理的时限作了规定，《条例》第三十二条规定，重大事故、较大事故、一般事故，负责事故调查的人民政府应当自收到事故调查报告之日起15日内做出批复；特别重大事故，特殊情况下，批复时间可以适当延长，但延长的时间最长不超30日。

但是，近几年许多重、特大事故的报告以及调查处理过程显示，绝大多数不能在上述期间内完成，因此，提高生产安全事故调查处理程序的效率也有待提高。

(3)生产安全事故调查处理法律程序正当性的瑕疵。

程序正当和正当程序是当前程序法研究领域讨论较为充分的一个论题。程序正当原则源自英国古老的自然正义思想。该思想主要有两方面的基本要求：第一，每个人不能成为自己的法官。第二，任何人在可能面临和自己有关的不利决定之前，应该具有发表自己意见并获得公正听取的权利。纵观生产安全事故调查处理的相关法律法规，对于该程序在正当性的设计方面主要存在以下几个方面的问题：第一，作为事故调查组的成员单位—事故发生单位主管部门参与事故调查不利于事故的公正调查与处理。根据事故致因理论，每个事故的形成均存在直接原因与间接原因，间接原因往往是事故发生单位主管部门的原因，如前所述，由单位主管部门参与调查与处理其自身的原因与调查明显与程序的公正性要求相悖。第二，在事故调查与处理过程中，《条例》中规定事故发生单位有义务向事故调查组提交相关的事实材料，但并没有赋予事故发生单位发表其意见并获得公正听取的权利，这与程序的公正性要求不符。

(4)生产安全事故调查处理法律程序公开性的缺陷。

生产安全事故调查处理程序中有关人员(如事故中受害人)无知情权，不利于对事故报告制度的监督。这就涉及行政法律程序的一个重要原则"行政公开原则"。行政公开是指行政机关的一切行政活动除涉及国家安全或国家秘密并由法律规定不得公开的以外一律公开。事故的谎报、瞒报现象屡见不鲜。国家针对生产企业及相关监管部门的谎报、瞒报行为也进行了严厉查处，刑法也做了相关规定。但这些都只能作为事后惩戒，产生一定的威慑作用。从最根本上来说，应该在事中通过一定的监督程序进行控制。

(5)生产安全事故调查处理法律程序义务的缺失。

所谓法律程序义务，首先应当是一种具有动态性质的法律系统，具有渐次发生的行为动态性预置，而系统之外的行为或事件一般都不得对法律程序义务产生影响。其次，法律程序义务还必须是一种预置性的独立系统，它是用立法手段预置了的系统，只在特定的条件下启动和运行。预先设置的这一系统又必须服务于一定的社会正当需求，而每一独立"系统"服务的社会需求又是不同的。因此，它们各有自己的运行规则和价值目标。其三，法律程序义务的系统预置还必须是能够启动和正常运作的。也就是说，当社会需要其运作的条件成立时，它必须能够正常的由预置状态转化为运动状态并直接不受阻挠和干涉地产生出运作的结果，从而能够使特定的社会问题在这种运作中得以解决和获得平衡。其四，程序法律义务的系统预置必须是由国家强制力来维护的，它当然具有"法"的一般意义上的重要属性，即"国家制定或认可"和"由国家强制力保证实施"。

综合以上关于法律程序义务的特征的描述，可以看出法律程序义务是指法律规定的、某一主体以相对受动的作为或不作为方式保障程序活动良性运行而置于特定时空中的一种约束手段。

在生产安全事故调查处理的法律体系中规定了事故调查权的主体属于各级人民政府，而调查处理的实施主体则是事故调查组的成员，也可以理解为在事故调查处理过程中，事故调查处理的权利是由各级人民政府委托授权给事故调查组予以进行的（而在授权委托法律关系中，权利义务的承受者应该是授权机构），在生产安全事故调查处理的法律体系中作为法律程序义务的法律规则仅体现为事故调查组的任务、职责、要求，至于事故调查处理任务的完成、职责的遵守以及要求的履行过程并未有任何法律程序义务予以规定。因此，综观生产安全事故调查处理法律体系，其法律程序义务的规定是缺失的。

（6）生产安全事故调查处理法律程序责任的疏漏

法律程序责任是指由于滥用法定权利或者违反法定义务而应当由程序法律关系主体依法承担的程序风险或不利后果。如前所述，在生产安全事故调查处理法律体系中，不仅对关于事故调查处理法律程序主体的法律程序义务的规定显得非常稀疏、有限，同时对于程序主体由于未履行法定义务而应该承担的责任就更显单薄了。

10.1.4　完善生产安全事故调查处理法律程序的立法构想

为了更好地完善生产安全事故调查处理工作，笔者认为应该从以下几方面加强对这一程序的修善工作：

（1）合法行政行为的作出必须建立在充分的事实依据与法律依据之上，由多个行政行为组成的行政程序更应如此，因此笔者认为对于生产安全事故调查处理应制定《生产安全事故调查处理程序法》，明确生产安全事故调查处理的法律程序地位，通过技术性的设计使这一程序成为可操作的规定，精心构建该法律程序的主要内容，比如程序权利、程序义务和程序责任。

（2）在《生产安全事故调查处理程序法》中规定对生产安全事故调查处理程序中有关人员的知情权，防止事故的谎报、瞒报现象，对生产企业及相关监管部门的谎报、瞒报行为进行严厉查处并使其绳之以法。

（3）完善《生产安全事故调查处理程序法》回避制度，事故调查组的组成和组长任命的相关规定应该统一，对于事故有潜在或直接利益关系的单位和个人设置回避程序。调查人员对与自己无利益关系的事故案件所作出的调查取证及对案情事实的判断更有可能是不偏不倚的，这样才能符合法律程序之公开原则。但前提是事故调查组的组成及组长任命信息要向当事人及公众公开。没有明确的任命信息,当事人申请回避就无从谈起。

(4)在《生产安全事故调查处理程序法》中确立相对人的抗辩权。行政法治理念的理论来源是英美法系的对抗或称对话。在事故调查中处于优势地位的行政监管部门一方往往会由于追求效率而左右取证的方向,或有各人的主观判断而影响被调查当事人。这些不确定因素虽然无法绝对避免,但是可以通过赋予被调查当事人和相关责任人一定的对质权,也就是通过书面或语言的方式对抗不利的事实认定。所抗辩的内容要记录于调查记录之中,形成事故调查报告的内容。为以后的相对人权利的司法救济提供有力的保障。

(5)明确行政机关对于事故调查与处理的相关情况须如实、及时向社会公众公开。对于事故的原因(直接原因及间接原因)、事故调查报告、事故责任人员及单位的处理结果应向社会公众公开,可以通过社会舆论,媒体等方式监督结果的公正性。

(6)在《生产安全事故调查处理程序法》中确立听证程序。行政程序中的听证是指行政机关进行处分时,为处分相对人或其他利害关系人,就与该处分有关的事实及基于此的法律适用问题,提供申述意见、提交证据的机会。听证是"行政参与"理念的核心要求,为"行政参与"原则的体现。此外,在行政听证中,行政主体与相关利害关系人可以就将要进行的行政活动表明各自的利益主张。由此可见,在生产安全事故处理中引入听证制度是符合行政参与原则要求的。进而可以保障行政程序理念价值的实现。

10.2　生产安全事故调查处理的法律体系

在讨论生产安全事故调查处理的法律体系之前,我们先来了解安全生产法律体系的相关知识。因为安全生产法律体系相对于生产安全事故调查处理法律体系而言是母子关系,二者相互联系、相互依存,但又相对独立。

10.2.1　安全生产法律体系的概念和特征

10.2.1.1　安全生产法律体系的概念

安全生产法律体系,是指我国全部现行的、不同的、与安全生产相关的法律规范形成有机联系的统一整体。

10.2.1.2　安全生产法律体系的特征

目前,具有中国特色的安全生产法律体系正在构建之中。它具有以下三个特点:

(1)法律规范的调整对象和阶级意志具有统一性。

加强安全生产监督管理,保障人民生命财产安全,预防和减少安全生产事故,促进经济发展,是党和国家各级人民政府的根本宗旨。国家所有的安全生产立法,体现了工人阶级领导下的最广大人民群众的最根本利益,都要围绕着"以人为本"重要思想和科学发展观,围绕着执政为民这一根本宗旨,围绕着基本人权保护这个基本点而制定。

(2)法律规范内容和形式具有多样性。

安全生产贯穿于生产经营活动的各个行业、领域,各种社会关系非常复杂,这就需要针对不同生产经营单位的不同特点,针对各种突出的安全生产问题,制定各种内容不同、形式不同的安全生产法律法规,调整各级人民政府、各类生产经营单位、公民相互之间在安全生产领域中产生的社会关系。这个特点就决定了安全生产立法的内容和形式又是各不相同的,它们所反映和解决的问题是不同的。

(3)法律规范的相互关系具有系统性。

安全生产法律体系是由母系统与若干个子系统共同组成的。从具体法律规范上看，它是单个的；从法律体系上看，各个法律规范又是母体系不可分割的组成部分。安全生产法律规范的层级、内容和形式虽然有所不同，但是它们之间存在着相互依存、相互联系、相互衔接、相互协调的辩证统一关系。

10.2.1.3 建立健全安全生产法律体系的作用

安全生产法律体系的建立健全对于促进我国生产力的发展和社会主义现代化建设事业的顺利进行有着重要作用。具体来说，它的作用主要表现在以下几个方面：

(1)确保劳动者合法权益、调动劳动者积极性。

安全生产法律法规的出发点就是一切为了人，为了保护劳动者的安全和健康。这是由我国社会主义制度所决定的，是我们党和国家一切从人民利益出发的宗旨的具体体现。劳动保护的许多制度都体现了这一宗旨，如工作时间和作息时间制度，保证了劳动者的休息权。企业不得任意加班加点，如果必须加班加点应有加班工资或补休；对于造成重大事故的企业和个人要依法追究其责任等。所有这些制度对于保护劳动者合法权益，调动劳动者积极性，都具有重要作用。

(2)促进生产和经济的发展。

如果不能保障劳动者的安全与健康，就无法实现劳动生产率的提高和经济的发展。增强企业活力，其中一个中心环节，就是要确立职工和企业之间的正确关系，保证劳动者在企业中的主人翁地位。只有当劳动者主人翁地位在企业的各项制度中得到切实保障，他们的劳动又与自身的利益紧密联系的时候，劳动者的积极性、智慧和创造力才能充分发挥出来。行为科学研究表明，产量的增加同尊重工人、注意听取工人的意见等各种因素有密切关系。

(3)促进改革和社会稳定。

社会稳定是我国生产和经济发展以及各项工作顺利进行的重要前提。劳动安全卫生法规对劳动关系双方形成权利义务关系、纳入国家法制轨道及时处理和解决有关问题，起着重要作用。一方面要避免伤亡事故和职业病的发生，另一方面也要避免一些大的、恶性事故的发生，以保持国家的长治久安。

10.2.2 安全生产法律体系的基本框架

安全生产法律体系究竟如何构建，这个体系中包括哪些安全生产立法，尚在研究和探索之中。本文可以从上位法与下位法、普通法与特殊法以及综合法与单行法等三个方面来认识并构建我国安全生产法律体系的基本框架。

10.2.2.1 从法的不同层级上，可以分为上位法与下位法

根据我国立法体系的特点，以及安全生产法规调整的范围不同，安全生产法律体系由若干层级构成。按层级由高到低为：国家根本法(宪法)、国家基本法(刑法、民法等)、安全生产法(含专门及相关安全法)、行政法规、地方性法规、规章、安全标准。宪法为最高层级，各种安全标准为最低层级。

法律的层级不同，其法律地位和效力也不同。上位法是指法律地位、法律效力高于其他相关法的立法。下位法相对于上位法而言，是指法律地位、法律效力低于相关上位法的立

法。不同的安全生产立法对同一类或同一个安全生产行为做出不同法律规定的，以上位法的规定为准，适用上位法的规定。上位法没有规定的，可以适用下位法。下位法的数量一般多于上位法。

（1）法律。

法律是安全生产体系中的上位法，居于整个体系的最高层级。其法律地位和效力高于行政法规、地方性法规、部门规章、地方政府规章等下位法。国家现行的有关安全生产的专门法律有《安全生产法》《消防法》《道路交通安全法》《海上交通安全法》《矿山安全法》；与安全生产相关的法律主要有《劳动合同法》《矿产资源法》《建筑法》《电力法》等。

（2）法规。

安全生产法规分为行政法规和地方性法规。

①行政法规。安全生产行政法规的法律地位和法律效力低于有关安全生产的法律，高于地方性安全生产法规、地方政府安全生产规章等下位法。

②地方性法规。地方性安全生产法规的法律地位和法律效力低于有关安全生产的法律、行政法规，高于地方政府安全生产规章。经济特区安全生产法规和民族自治地方安全生产法规的法律地位和法律效力与地方性安全生产法规相同。

（3）规章。

安全生产行政规章分为部门规章和地方政府规章。

①部门规章。国务院有关部门依照安全生产法律、行政法规的规定或国务院授权制定发布的安全生产规章，其法律地位和法律效力低于法律、行政法规，但高于地方政府规章。

②地方政府规章。地方政府安全生产规章是最低层级的安全生产立法，其法律地位和法律效力低于其他上位法，它的规定不得与上位法抵触。

（4）法定安全生产标准。

目前，我国没有技术法规的正式用语且未将其纳入法律体系的范畴，但是国家制定的许多安全生产立法却将安全生产标准作为生产经营单位必须执行的技术规范而载入法律，安全生产标准法律化是我国安全生产立法的重要趋势。安全生产标准一旦成为法律规定必须执行的技术规范，它就具有了法律上的地位和效力。执行安全生产标准是生产经营单位的法定义务，违反法定安全生产标准的要求，同样要承担法律责任。因此，将法定安全生产标准纳入安全生产法律体系范畴来认识，有助于构建完善的安全生产法律体系。法定安全生产标准分为国家标准和行业标准，两者对生产经营单位的安全生产具有同样的约束力。法定安全生产标准主要是指强制性安全生产标准。

①国家标准。安全生产国家标准是指国家标准化行政主管部门依照《标准化法》制定的在全国范围内适用的安全生产技术规范。

②行业标准。安全生产行业标准是指国务院有关部门和直属机构依照《标准化法》制定的在安全生产领域内适用的安全生产技术规范。行业安全生产标准对同一安全生产事项的技术要求，可以高于国家安全生产标准但不得与其相抵触。

10.2.2.2　从同一层级的法的效力上，可以分为普通法与特殊法

我国的安全生产立法是多年来针对不同的安全生产问题而制定的，相关法律规范对一些安全生产问题的规定有所差别，有些侧重解决一般的安全生产问题，有些侧重或者专门解决某一领域特殊的安全生产问题。因此，在安全生产法律体系同一层级的安全生产立法中，安

全生产法律规范有普通法与特殊法之分，两者相辅相成、缺一不可。这两类法律规范的调整对象和适用范围各有侧重。普通法是适用于安全生产领域中普遍存在的基本问题、共性问题的法律规范，它们是不解决某一领域存在的特殊性、专业性问题的法律规范。特殊法是适用于某些安全生产领域独立存在的特殊性、专业性问题的法律规范，它们往往比普通法更专业、更具体、更具有可操作性，如《安全生产法》是安全生产领域的普通法，它所确定的安全生产基本方针原则和基本法律制度普遍适用于生产经营活动的各个领域。但对于消防安全和道路交通安全、铁路交通安全、水上交通安全和民用航空安全领域存在的特殊问题，相关专门法律另行规定的，则应适用《消防法》《道路交通安全法》等特殊法。据此，在同一层级的安全生产立法对同一类问题的法律适用上，应当适用特殊法优于普通法的原则，但不得与普通法相抵触。

  10.2.2.3 从法的内容上，可以分为综合性法与单行法

  安全生产问题错综复杂，相关法律规范的内容也十分丰富。从安全生产立法所确定的适用范围和具体法律规范看，可以将我国安全生产立法分为综合性法与单行法。综合性法不受法律规范层级的限制，而是将各个层级的综合性法律规范作为整体来看待，适用于安全生产的主要领域或者某一领域的主要方面。单行法的内容只涉及某一领域或者某一方面的安全生产问题。

  在一定条件下，综合性法与单行法的区别是相对的、可分的。《安全生产法》就属于安全生产领域的综合性法律，其内容涵盖安全生产领域的主要方面和基本问题。与其相对，《矿山安全法》就是单独适用于矿山开采安全生产的单行法律。但就矿山开采安全生产的整体而言，《矿山安全法》又是综合性法，各个矿种开采安全生产的立法则是矿山安全立法的单行法。如《煤炭法》既是煤炭工业的综合性法，又是安全生产和矿山安全生产的单行法。再如《煤矿安全监察条例》既是煤矿安全监察的综合性法，又是《安全生产法》和《矿山安全法》的单行法和配套法。

10.2.3 生产安全事故调查处理的法律体系

  生产安全事故调查处理的法律体系是指我国全部现行的、不同的、与生产安全事故调查处理相关的法律规范的有机联系的统一整体。它包括如下几方面：

  事故调查处理有关法律、法规、标准与国家政策

  10.2.3.1 法律法规

  （1）综合法规：《安全生产法》（2014年）、《生产安全事故报告和调查处理条例》（2007年国务院令第493号，以下简称《条例》），《工伤保险条例》以及《刑法》等。

  （2）专门法规：《矿山安全法》（1992年）、《煤矿安全监察条例》（2001年国务院令第296号）、《农业机械安全监督管理条例》（2009年国务院令第563号）、《电力安全事故应急处置和调查处理条例》（2011年国务院令第599号）、《消防法》（2008年）、《道路交通安全法》（2011年）、《特种设备安全监察条例》（2009年国务院令第549号）、《特种设备安全法》（2013年）等。

  （3）纪律规定：《公务员法》（2005年）《国务院关于特大安全事故行政责任追究的规定》（2001年国务院令第302号）、《行政机关公务员处分条例》（2007年国务院令第495号）、《安全生产领域违法违纪行为政纪处分暂行规定》（2006年监察部、安监总局令第11号）、《安全

生产领域违纪行为适用〈中国共产党纪律处分条例〉若干问题的解释》(2007 年)、《安全生产监管监察职责和行政执法责任追究的暂行规定》(2009 年安监总局令第 24 号)等。

10.2.3.2　国家标准

《企业职工伤亡事故分类》(GB 6441—1986)

《企业职工伤亡事故调查分析规则》(GB 6442—1986)

《企业职工伤亡事故经济损失统计标准》(GB 6721—1986)

《事故伤害损失工作日标准》(GB/T 15499—1995)

10.2.3.3　政策规定

(1)2004 年国务院 2 号文件《国务院关于进一步加强安全生产工作的决定》:

①明确事故查处的"四不放过"原则:事故原因未查清不放过、责任人员未处理不放过、整改措施未落实不放过、有关人员未受到教育不放过。

②强化有关人员的责任追究。不仅要追究事故直接责任人的责任,同时要追究有关负责人的领导责任。

③提高事故伤亡赔偿标准,依法参加工伤保险,及时为从业人员缴纳保险费。依法向受到事故伤害的员工或家属支付赔偿金。进一步提高赔偿标准,建立企业负责人自觉保障安全投入,努力减少事故的机制。

(2)2010 年国务院 23 号文件《国务院关于进一步加强企业安全生产工作的通知》:

①加大政府负责人事故责任追究力度。发生特别重大生产安全事故的,根据情节轻重,追究地市级分管或者主要领导的责任。后果特别严重、影响特别恶劣的,要按规定追究省部级相关领导的责任。

②加大企业负责人事故责任追究力度。发生重大责任事故的,追究事故企业主要负责人责任;触犯法律的,依法追究事故企业主要负责人或实际控制人的法律责任。发生特别重大事故的,除追究企业主要负责人和实际控制人责任外,还要追究上级企业主要负责人的责任。触犯法律的,依法追究有关人员的法律责任。

③实行行业禁入。对重大、特别重大生产安全事故负有主要责任的企业,其主要负责人终身不得担任本行业企业的矿长(厂长、经理)。

④依法加大处罚力度。对非法违法生产造成人员伤亡的,以及瞒报事故、事故后逃逸等情节特别恶劣的,要依法从重处罚。

⑤对事故企业的投融资限制。对于发生重大、特别重大生产安全责任事故或一年内发生 2 次以上较大生产安全责任事故并负主要责任的企业,由省级以上安全监管监察部门会同有关部门向社会公告,并向投资、国土资源、建设、银行、证券等主管部门通报,一年内严格限制新增的项目核准、用地审批、证券融资等,并作为银行贷款等的重要参考依据。

⑥建立事故查处督办制度。事故查处,实行各级安全生产委员会层层挂牌督办。①重大事故查处,由国务院安全生产委员会挂牌督办。②较大事故查处,由省级人民政府安全生产委员会挂牌督办。

⑦提高事故死亡职工一次性赔偿标准。

(3)2011 年国务院 40 号文件《国务院关于坚持科学发展安全发展促进安全生产形势持续稳定好转的意见》:

①明确"科学严谨、依法依规、实事求是、注重实效"的原则。

②强调严厉查处事故背后的腐败行为，及时向社会公布调查进展和处理结果。

③强化事故查处分级挂牌督办、跟踪督办、警示通报、诫勉约谈和现场分析制度，深刻吸取事故教训，切实改进安全生产工作。

10.3　事故调查处理违法违纪的预防

10.3.1　目前生产安全事故调查处理工作中存在的问题

近年来，我国在安全生产事故调查处理方面出台了《生产安全事故报告和调查处理条例》等相关的法律法规，通过全社会的努力，事故调查处理违法违纪现象明显好转。但是再好的法律法规、政策制度也要人去落实，因此，就存在一定的随机性。现实中存在如下不容忽视的问题：

一是有的安全监管监察部门及执法人员法制观念不强，事故处理中重实体、轻程序，重结果、轻过程的问题比较突出。个别地方存在行政处罚事实不清、证据不足，适用法律规范不够准确等现象。有些执法人员对生产安全事故的界定不清，有的害怕突破死亡控制指标丢掉乌纱帽，把本属于生产安全的事故故意推委而不予处理，事故迟报、瞒报现象严重；有些执法人员没有按法定程序调查处理事故，借"贫穷"践踏法律，打着维护"集体利益"的帽子，中饱私囊；有的为了讨好上级，干着"非法中介"的勾当，对具有法律效力的文书"讨价还价"，无票据收罚款，以身试法；有的只要交罚款，一切就合法，法盲执法，执法犯法，没有严格落实"四不放过"的事故处理原则；有的打着"构建和谐社会"的幌子，为非法生产企业充当保护伞，对安全检查中发现的重大事故隐患纵容包庇，将"事故隐患"货币化，完成自己的原始积累，视"生命"当儿戏，安全成摆设，导致发生恶性死亡事故后，甚至公开以"正式文件"为非法"黑心"老板说情，减免处罚，纵容违法犯罪，结果导致又发生新的责任死亡事故；有的执法人员用价格弹性大的实物代替罚款，为自己寻租；有的领导干部对事故处理横加干预，对责任死亡事故只调查不处理，和执法对象结成"利益共同体"，对非法、冒险生产熟视无睹，成为黑恶势力的保护伞；有的在事故处理中，擅自处分法律、法规，出卖"政治资源"，将人民赋予的权力"商品化"，"四不放过"的事故处理原则成为"装饰品"、"营养品"，导致个别安监局成了单纯死亡事故的"统计局"，死亡事故的"瞒报局"，对上摆平生产安全事故的"公关局"，死亡通行证的"发放局"。

二是有的事故责任单位认识错位，企业的主体责任落实不到位。有些企业发生事故后，首先想到的是如何逃避处罚，最大限度地减少对事故受害者的赔偿。事故企业没有主动从自身上找问题，查找事故发生的原因——安全投入是否到位，现场管理是否到位，技术措施是否到位，应急救援是否到位等。企业发生事故后缺乏细化量化整改措施，没有教育培训员工，没有从中汲取教训，而是通过种种途径拉拢、腐蚀意志薄弱的执法人员，减免处罚。有的企业老板采取与受害者家属私了，逃避应有的处罚，不能正确处理安全与发展的关系，并且把两者对立起来。有的企业对提出的整改措施不是全面、认真地加以落实，而是采用"突击生产，弥补损失"，导致又发生新事故的恶性循环。安全生产责任主体，即企业层面，没有把安全生产、保护劳动者的生命安全和职业健康作为企业生命和发展的根本，最大限度地做到责任到位、培训到位、管理到位、技术到位和投入到位。关爱生命、关注安全，不是出于怜悯和同情，不是出于压力和督促，不是出于经济效益，而是崇高的责任，神圣的使命。仁者爱人，只有将以人为本的理念渗透到自己的血液中，在灵魂深处惦记着每一位矿工、每一位一线工作人员的生命安全，才能在行动上恪尽职守，毫不懈怠。这就要求生产经营单位必须坚持科技兴安，开展安全科技攻关，加大投入，采用先进技术和装备，淘汰落后生产能力。防止和纠正盲目乐观、麻痹松懈等情绪，做到警钟长鸣，居安思危，言危求进，实现本质安全。

10.3.2　有效解决问题的途径

一是应对生产安全事故进行准确的界定。生产安全事故的认定应依法严格认定，从实际出发，有利于保护事故伤亡人员及其家属的合法权益，维护社会稳定，有利于加强安全生产监管职责的落实，消灭监管"盲点"，促进安全生产形势好转。《安全生产法》和《生产安全事故报告和调查处理条例》所称的生产经营单位，是指从事生产活动或者经营活动的基本单元，既包括企业法人，也包括不具有企业法人资格的经营单位、个人合伙组织、个体工商户和自然人等其他生产经营主体；既包括合法的基本单元，也包括非法的基本单元。生产经营活动，既包括合法的生产经营活动，也包括非法的经营活动。生产经营单位在生产经营活动中发生的造成人身伤亡或者直接经济损失的事故，属于生产安全事故。既不能盲目扩大生产安全事故的范围，又不能因死亡控制指标的超额而推诿扯皮，把本属于生产安全事故的事故借故不处理，纵容违法犯罪。

二是应加大宣传、培训力度，夯实公正处理事故的基础。安全培训既要培训执法对象，又要培训执法主体；既要培训职工，又要培训主要负责人和安全管理人员，特别是特种作业人员，使职业培训和资格培训有机结合。对特殊群体(劳教人员)和弱势群体(农民工和伤残人员)要零成本培训。既要扩大培训范围和数量，又要注重培训质量。特别是应通过对安监执法人员的培训，实行持资格证上岗制度，市、县(区)安监机构分管业务的领导及全体执法人员逐步凭全国注册安全工程师上岗，根本上杜绝"法盲执法"、执法犯法现象，使安全培训工作由量的扩张达到质的飞跃。通过全方位、深层次、多角度、宽领域的安全宣传和培训提高全民素质，调动事故责任单位和受害者及家属配合事故处理的积极主动性，增强依法处理事故的能力和水平，预防同类事故的再次发生，从而夯实依法办案的基础。

三是事故处理应做到"四个公开"，坚持"四不放过"。对每起事故的处理，要做到四公开，即事故的基本情况要公开(包括事故发生的时间、地点、伤亡情况、当事人的情况)，事故的调查处理执法人员要公开，事故的处理决定(批复)要公开，事故的处理决定的落实情况要公开，使事故的处理过程在阳光下操作。建立事故台账，做到立案审批，案件处理备案审查。在具体的事故处理过程中，严格按照法定程序，法定职责，法定时限，准确、灵活运用有关法律法规，做到程序合法，实体合法。事故查处结果要及时向社会公布，起到警示教育和震慑非法和违法的作用。事故处理的四不放过原则是事故原因不查清不放过、责任人员未处理不放过、整改措施未落实不放过、有关人员未受到教育不放过。

四是应注重社会效益，严格责任追究。安全生产的本质决定了安监执法人员执法的价值取向必须注重社会效益。因为只有端正执法态度，明确执法目的，才能真正落实"四不放过"的事故处理原则。人的生命是最宝贵的，应正确处理好经济发展、社会发展与人的全面发展的关系，特别是对劳动者生命和健康的尊重，应成为全社会的自觉行为和良心底线。事故的调查和处理应根据《安全生产法》《生产安全事故报告和调查处理条例》等法律法规进行，不仅要实体合法，更要程序合法。因为事故的处理不仅关系到当事人利益的重新调整和分配，而且关系到惩罚违法犯罪分子，捍卫法律、法规的严肃性，教育周围群众。事故处理的执法人员掌握着一定的自由裁量权，应在合法的前提下，按照"四不放过"的原则公开、公平地处理事故。安监执法人员渎职是赤裸裸的犯罪，是明目张胆地"杀人"。因此，事故调查人员应当认真履行安全监管职责，严格监督管理，严格行政执法，严格责任追究，切实提高依法办案能力。特别是应从严、从快加大对失职、渎职导致发生责任事故人员和造成冤假错案的执法人员的责任追究力度，彰显法律尊严，以儆效尤，营造良好的执法环境。

五是应建立一支综合素质过硬的安监执法队伍。再好的法律、制度、政策都需要人去落实，所以执法人员的态度和能力至关重要，德才兼备是安监执法人员的基本要求。安监执法人员应树立四种意识：（一）勤奋好学，培养换位思考的意识。安全生产工作是一项知识性、综合性很强的工作，作为执法人员要不断学习各方面的专业技术知识，以随时分析、处理各种突发事故；同时要更新自己的综合法律知识，用法律、法规维护劳动者的合法权益，特别是生命、财产安全和职业健康，维护党和政府在人民群众中的形象。只有学习，才能端正为人民服务的态度；只有学习，才能增强为人民服务的本领。应该利用最新理论成果指导不断变化的实践，反复换位思考，用良心和道德约束自己的行为，努力为"弱势群体"创造一个良好的生活、工作环境，为依法办案奠定基础。（二）依法办案，树立执法为民的意识。作为安监执法人员，在日常的事故处理中，必须依法准确分析事故原因，客观公正地进行责任划分。特别是应把保护劳动者生命、财产安全和职业健康作为自己工作的出发点和落脚点，最大限度地维护好、实现好、发展好劳动者的合法切身利益。从坚持立党为公，执政为民的政治高度出发，树立和落实科学发展观，增强依法履行职责的自觉性和主动性，做到权为民所用，情为民所系，利为民所谋。（三）乐于奉献，注重社会效益。安全生产的本质决定了安监执法人员执法的价值取向必须是注重社会效益。因为只有端正执法态度，明确执法目的，才能真正坚持依法从严、从快，客观、公正的办案思想，努力做到事故处理定性准确，定量适中，责任追究、宣传教育同步到位。现实中有些执法人员特别是个别领导干部，凭借手中的行政权力，追求经济效益最大化，甚至个人利益最大化，非法干预生产安全事故的调查处理；有的对重大责任事故只调不查，只查不处，纵容安全生产领域中的违法行为，把劳动者的生命当儿戏，给构建和谐社会埋下恶性安全障碍。因此，安监执法人员应乐于奉献，坚持注重社会效益的办案思想。（四）勤于检查，贵在落实的意识。在生产安全事故处理方面的机制不健全，制度不完善，监管手段比较落后的情况下，作为安监执法人员应该在引导全社会共同关注安全生产的同时，尽力深入生产安全事故第一线，准确把握安全生产动态，科学预测安全生产形势，严格排查事故隐患，狠抓整改措施落实。事实证明，绝大多数事故的发生存在监管责任未落实、思想麻痹问题。现实中，有些执法人员只热衷于事故的处理，对隐患检查不感兴趣；有的执法人员对检查发现的重大事故隐患只是写在纸上、挂在墙上，没有落实，导致执法人员前脚走，后脚发生死亡事故。所以只有优先排查事故隐患，狠抓措施落实，才能确保安全。

　　总之，生产安全事故的调查处理是一项系统工程，既需要法律、法规和政策、制度的支撑，又需要全社会的共同支持。干好工作，德是前提、是基础、是关键；才是资格、是本钱、是要求。在执法实践过程中既要合法，又要合情、合理，慎重把握手中的自由裁量权，真正做到以人为本，尊重规则，注重细节，超前预防，令行禁止敢管理，细针密线保平安，不断增强依法办案的能力和水平，在实践中创新，在创新中扬弃，才能为安全发展的和谐社会奠定基础，确保一方平安。

第十一章　事故调查处理的典型案例分析

　　生产安全事故调查处理作为一项法律程序，其法律依据主要是《生产安全事故报告和调查处理条例》。但各行业事故的调查处理仍有其特定性，这种特定性主要体现在事故调查处理的实体法依据不同，比如烟花爆竹事故调查处理主要根据《烟花爆竹安全管理条例》来确定事故的原因和责任；危险化学品事故主要根据《国务院安委会关于开展油气输送管线等安全专项排查整治的紧急通知》来确定相关主体的责任；建筑施工行业事故要根据《建筑机械安装质量检测报告》《建筑起重机械安全监督管理规定》等来分析事故原因、确定事故责任等等。下面以煤矿事故调查处理为例来进行说明。

　　煤矿安全事故作为一类特殊行业事故，其调查处理适用特定的法律规定，正因为如此，煤矿安全事故调查处理中需要注意以下问题：

　　(1)煤矿安全事故调查处理主要根据《煤矿安全监察条例》和《煤矿生产安全事故报告和调查处理规定》(以下简称《规定》)，在上述规范性法律文件没有规定时，方可按照《生产安全事故报告和调查处理条例》的规定执行。

　　(2)根据《规定》，煤矿行业特别重大事故由国务院或者根据国务院授权，由国家安全生产监督管理总局组织调查处理。特别重大事故以下等级的事故按照事故等级划分，分别由相应的煤矿安全监察机构负责组织调查处理。具体来说，重大事故由省级煤矿安全监察机构组织事故调查组进行调查；较大事故由煤矿安全监察分局组织事故调查组进行调查；一般事故中造成人员死亡的，由煤矿安全监察分局组织事故调查组进行调查；没有造成人员死亡的，煤矿安全监察分局可以委托地方人民政府负责煤矿安全生产监督管理的部门或者事故发生单位组织事故调查组进行调查。

　　(3)就事故接报程序来说，《规定》明确，煤矿发生事故后，事故现场有关人员应当立即报告煤矿负责人；煤矿负责人接到报告后，应当于1小时内报告事故发生地县级以上人民政府安全生产监督管理部门、负责煤矿安全生产监督管理的部门和驻地煤矿安全监察机构。情况紧急时，事故现场有关人员可以直接向事故发生地县级以上人民政府安全生产监督管理部门、负责煤矿安全生产监督管理的部门和煤矿安全监察机构报告。

　　(4)对于煤矿安全事故调查处理情况的公布，《规定》特别明确，特别重大事故的调查处理情况由国务院或者国务院授权组织事故调查的国家安全生产监督管理总局和其他部门向社会公布，特别重大事故以下等级的调查处理情况由组织事故调查的煤矿安全监察机构向社会公布，依法应当保密的除外。

　　另外，值得特别强调的是，在现实生活中，道路交通安全事故的调查处理往往并不适用《条例》的规定，而是由《道路交通安全法》予以调整，但根据《条例》规定，生产经营活动中发生的道路交通安全事故，其调查处理适用《条例》的相关规定。因此，道路交通安全事故以及其他社会公共安全事故的调查处理究竟是适用《条例》还是其他规定，就看这类事故是否发生在生产经营活动过程中。

本篇收录了来自国家安全生产监督管理总局和湖南省安全生产监督管理局事故库中的煤矿、非煤矿山、烟花爆竹、危险化学品、建筑施工及社会公共安全领域事故调查报告实例，用以说明各行业、领域事故调查处理的共性和特性。

案例1：煤矿事故调查处理典型案例分析

2008年12月，国家为了规范煤矿生产安全事故报告和调查处理，落实事故责任追究，防止和减少煤矿生产安全事故，依照《生产安全事故报告和调查处理条例》《煤矿安全监察条例》和国务院有关规定制定了《规定》，这一《规定》对煤矿事故的分级、事故报告、事故现场处置和保护、事故调查以及事故处理进行了明确规定，因此，它成为煤矿事故调查处理的基本法。

新疆昌吉回族自治州呼图壁县白杨沟煤炭有限责任公司煤矿"12.13"重大瓦斯煤尘爆炸事故调查报告

2013年12月13日1时25分(北京时间，下同)，新疆昌吉回族自治州呼图壁县白杨沟煤炭有限责任公司煤矿(以下简称煤矿)发生重大瓦斯煤尘爆炸事故，造成22人死亡，1人受伤，直接经济损失4094.06万元(不含事故罚款)。

事故发生后，国务院领导高度重视。中共中央政治局委员、国务院副总理马凯同志，国务委员郭声琨、杨晶、王勇等作出了重要批示。国家安全生产监督管理总局局长杨栋梁同志、国家煤矿安全监察局局长付建华同志派国家煤矿安全监察局副局长李万疆同志率工作组立即赶赴事故现场，传达中央领导重要批示，指导救援工作。

在北京开会的中共中央政治局委员、自治区党委书记张春贤同志，自治区主席努尔·白克力同志对事故抢险救援工作作出部署。自治区党委常委、自治区副主席库热西·买合苏提同志，昌吉州党委、政府主要领导同志、相关部门负责同志第一时间赶赴事故现场，迅速开展事故救援工作。

经过24小时的抢险救援，14日凌晨1时35分左右，最后一名被困人员遗体运至地面，井下抢险救援工作结束。

根据《煤矿安全监察条例》第十八条和《煤矿生产安全事故报告和调查处理规定》第十九条、第二十二条之规定，12月14日，自治区人民政府、国家煤矿安全监察局商议成立了新疆昌吉回族自治州呼图壁县白杨沟煤炭有限责任公司煤矿"12.13"重大瓦斯煤尘爆炸事故调查组(以下简称事故调查组)。事故调查组组长由自治区人民政府副秘书长许斌，新疆煤矿安全监察局、自治区煤管局局长吴甲春担任，事故调查组由新疆煤矿安全监察局、自治区煤管局、自治区监察厅、自治区总工会、自治区公安厅和自治区安全监管局等单位组成，并邀请自治区人民检察院派人参加。事故调查组邀请了5名国内知名专家组成专家组参与调查工作。

事故调查组按照"四不放过"和"科学严谨、依法依规、实事求是、注重实效"的原则，深入井下勘查事故现场，调查询问有关当事人、查阅有关资料，吸取专家组对事故直接原因的分析鉴定，查清了事故发生的经过和原因，认定了事故性质和责任，提出了对有关责任人员、责任单位的处理建议和防范措施。现将有关情况报告如下：

一、事故单位概况

（一）公司、煤矿基本情况

1.公司基本概况

2000年6月由呼图壁县白杨沟煤炭联营工业公司第一煤矿改制为呼图壁县白杨沟煤炭有限责任公司（以下简称公司），公司性质为民营股份制，公司类型为有限责任公司，有2名股东，王振平出资比例为81.56%，刘建刚出资比例为18.43%。2012年3月7日，法定代表人由王振平变更为折社田；2013年3月4日，董事长王振平通过授权委托书全权委托折社田行使董事长职权。

公司法定代表人、总经理折社田负责公司全面工作；常务副总经理李增田协助折社田主管公司全面工作；安全生产副总经理杜文亮在总经理领导下协助李增田全面负责煤矿安全生产领导工作（无安全管理资格证）；副总经理王小平负责设备、材料供应、原煤销售等工作；总工程师杨继海（享受副总经理待遇）负责煤矿技术管理及工人培训工作。公司没有设立安全生产管理机构和其他职能机构，公司领导层直接参与煤矿管理工作。公司由1个煤矿构成，即新疆昌吉回族自治州呼图壁县白杨沟煤炭有限责任公司煤矿。

2.煤矿基本概况

煤矿位于呼图壁县南部山区的雀尔沟矿区中段的白杨河河谷北侧，北距呼图壁县城83km，交通较为便利。行政区属新疆昌吉回族自治州呼图壁县雀尔沟镇。

煤矿前身为呼图壁县白杨沟煤炭联营工业公司第一煤矿，始建于1991年，属地方国有煤矿，生产能力3万吨/年。2009年1月，煤矿通过9万吨/年改扩建项目竣工验收，2010年8月通过提升系统改造验收，2011年2月，核定生产能力为63万吨/年。

煤矿为证照齐全的生产矿井，持有营业执照，证号：650000150000125，有效期至2014年4月21日；采矿许可证证号：C6500002010111120105795，有效期至2015年12月；安全生产许可证证号：（新）MK安许证字〔2013〕51G2Y1，有效期至2015年12月10日；矿长孔凡宇持有安全资格证，证号：11165010000478、矿长资格证证号：MK650000017，有效期至2014年4月。

矿长孔凡宇，负责煤矿原煤生产方面的生产安全工作；安全副矿长范永堂，负责煤矿的安全管理工作；机电副矿长彭军，负责煤矿的机电运输管理工作；生产副矿长王德志，负责煤矿的生产组织工作；通风副总工唐文弟负责煤矿井下一通三防和一通三防的技术资料管理，协助总工程师工作；地测副总工李优负责煤矿测量放线工作、探放水技术工作、施工落实、质量标准化方面的软件资料，协助总工程师工作。

煤矿设置生产技术、调度、通风安全、地测、机电、安全监控等职能部门和综采队、掘进队等生产单位。安通科长雷华章（兼安全培训办公室主任）、生产技术科科长李成龙、调度室主任高长锁（行使矿领导下井带班职责）、综采队队长邓海、综采队副队长罗伦斌、掘进队队长陈芝国、副队长陈芝辉。各科室未配备工程技术人员和管理人员，综采队没有配备技术人员。上述公司和煤矿安全管理人员已取得安全管理人员资格证书。

煤矿现有员工104人。

（二）矿井自然开采条件

井田东西走向长2.4km，南北倾向宽1km，面积2.0312km²。井田构造总体为一北东倾向的单斜构造，倾角10°～20°。井田内含煤地层为中侏罗统西山窑组，共含煤8层。矿井主要可采煤层有B4、B2、B1煤层，截止2010年7月矿井可采储量3972万吨。现开采B4煤层，厚度11.56～13.78 m，平均厚度12.65米，倾角10°～14°；煤层为自燃煤层，自然发火期为6–12个月；煤尘具有爆炸性，火焰长度≥500 mm；煤层为31号不粘煤，原煤挥发分为31.51%～32.84%；煤质坚硬，坚固性系数f为2～3；煤层顶板坚硬，直接顶为0～8.5 m的泥质粉砂岩、中粗砂岩，基本顶普氏硬度系数f为6，厚度32.5 m，粗砂岩，不易冒落。2011年度瓦斯等级鉴定结果为瓦斯矿井，矿井瓦斯绝对涌出量1.48 m³/min，相对涌出量0.95 m³/t，矿井二氧化碳绝对涌出量为1.36 m³/min，相对涌出量0.88 m³/t。

（三）矿井各环节状况

矿井采用斜井开拓，井田中部布置有主斜井、副斜井、斜风井3条井筒。主斜井使用带式输送机担负矿井原煤运输任务；副斜井使用单钩串车提升，担负矿井设备、材料的提升任务；

矿井通风方式为中央并列式，通风方法为机械抽出式，主、副斜井进风，回风斜井回风；风井装备为两套FBCDZ№16/2×55型对旋轴流式通风机，一套工作，一套备用，配套电机功率2×55 kW，采用变频调速调节风量。矿井通风设计确定矿井总风量为2223 m³/min，B4–03综采工作面需风量800 m³/min。2013年12月11日矿井测风记录显示，矿井总风量为2328 m³/min，总回风量为2356 m³/min，风压为190～200 Pa；采煤工作面进风量为923 m³/min，回风量为929 m³/min。

矿井采用两回路电源线路供电，井底水泵房安装有3台IS125—100—315型水泵，其中一台工作，一台备用，一台检修。

矿井装备为一套KJ90NA型安全监控系统和KJ128型人员定位系统，事故当班34人，有18人佩戴定位识别卡，有16人未佩戴定位识别卡。

采煤方法为倾斜长壁综合机械化放顶煤。

矿井开采水平为+1514 m，回风水平为+1568 m。

（四）采区概况

井田内f1正断层落差40～55 m，控制长度2900 m，f2正断层落差0 m～10 m，控制长度1000 m，两条断层近于平行，在两条断层之间形成了长度约700 m，宽度150～200 m相对独立的块段。2012年10月，哈密矿务局勘察设计院编制《呼图壁县白杨沟煤炭有限责任公司煤矿断层边角煤回收方案》（以下简称《回收方案》），对该块段的巷道布置、采煤方法进行设计，采用倾斜长壁综采放顶煤采煤法，仰斜开采。2012年12月，昌吉州煤炭工业管理局批准该《回收方案》。该《回收方案》中的采煤工作面即B4–03综采工作面（事故工作面）。

（五）工作面概况

1. 设计及规程、措施编制情况

2012年6月27日，煤矿审查批准了《B4–03综采放顶煤工作面开采设计》（以下简称开采设计），设计工作面长度120 m，割煤高度2.9 m，放顶煤高度7.68 m，割4刀放1次顶煤，循环进尺2.4 m。

2013年6月16日，煤矿审查批准了"B4–03采煤工作面作业规程"（以下简称作业规程）。B4–03综采工作面布置在f1和f2断层中间，为倾斜长壁综采放顶煤工作面，全部垮落法管理顶板；运输顺槽长790 m，材料顺槽长640 m，开切巷（净高2.8 m，净宽6.46 m）长度

80 m，安装支架 53 副。工作面采煤高度 2.8 m，放煤高度 7.88 m，采放比 1∶2.81，割四放一，循环进度 2.4 m。工作面顶煤预裂爆破与步距放顶（循环放顶）同步进行，炮孔布置方式"从上下顺槽向工作面斜交单孔布置方式，在周期来压区域内，决定在上、下顺槽每组各布置一个老顶孔，一个老顶孔辅助孔，一个端头孔"。2013 年 6 月 15 日，煤矿批准了《B4 – 03 综采工作面初次放顶专项设计》（以下简称初放设计）。初放设计规定：初次放顶炮孔分为 3 组，第一组 C 型炮眼布置在开切眼内靠北帮，距开切眼中心线 1.75 m，眼距 5 m，眼深 9.5 m（垂深 8 m），装药长度 3.5 m，封孔长度 6 m，与开切巷平行，呈"一"字型分布，共布置 16 个炮眼，主要作用是破碎开切眼上部顶煤；第二组 A 型炮眼垂直于开切眼沿回采方向布置，眼距 5 m，眼深 32 m（垂深 25 m），装药长度 15.27 m，封孔长度 16.73 m，共布置 17 个炮眼，主要作用是切断工作面的老顶，以保证后期循环放顶工作正常进行；第三组 B 型炮眼垂直于开切眼沿回采方向布置，眼距 5 m，眼深 28 m（垂深 20 m），装药长度 9.62 m，封孔长度 18.38 m，共布置 17 个炮眼，主要作用是辅助爆破孔。采用毫秒延期电雷管和导爆索起爆。

2. 事故前，工作面布置及工作过程

2013 年 6 月，B4 – 03 工作面安装完毕，采煤工作面运输顺槽和材料顺槽各布置一组隔爆水袋棚，水棚长度 24 m，安设 24 个容积 40L 水袋。

6 月 14 日工作面割煤 2 刀，采煤机出现故障，停止生产。6 月 23 日，煤矿地面发生雷管爆炸事故，死亡 2 人伤 1 人，县政府停止供应全县煤矿火工品，6 月 25 日，呼图壁县煤炭工业管理局以"呼煤管处字〔2013〕36 号"监管指令，责令煤矿立即停止井下一切施工作业，只允许进行通风、气体检测和排水工作。

8 月煤矿向呼图壁县人民政府提出进行整改工作的申请，9 月呼图壁县人民政府同意煤矿进行整改，10 月恢复火工品供应。至 11 月 17 日，工作面向前推进了 1.2 m（2 刀），在工作面液压支架后部打了 17 组初次放顶炮眼，每组 3 个眼，分别为初放设计中 A、B、C 型炮眼。炮眼数量比初放设计多，炮眼布置方式、参数与初放设计基本一致。在上下顺槽各打了 2 段循环放顶炮眼，第一段在距工作面煤壁向外 35 m 的位置，第二段在第一段向外 25 m 位置，每段 3 组炮眼，组间隔 7 m，每组 3 个炮眼，上下顺槽共施工了 36 个爆破孔。

11 月 17 日晚煤矿召开调度会，会上煤矿领导对初次放顶爆破的放炮位置及其他事项进行讨论。会议由孔凡宇、杜文亮、杨继海主持，参加人员：高长锁、彭军、殷浪涛、李仁强、李优、李成龙、罗成怀、李真文、范永堂、唐文弟、邓海、雷华章。会上杨继海提出"我们还是在井下放，前面和其他地方都是这样放的，写都要写在地面起爆"，孔凡宇回应"这样的事，不出问题没人找我们，但出现问题，我们就是违章指挥"。

11 月 19 日，呼图壁县煤炭局对该矿进行检查，同意该矿进行初次放顶工作，待检查出的所有问题整改完成且初放工作完成，报县局复查验收合格后方可正式进行采煤作业。11 月 20 日早班开始，该矿组织工人对初次放顶炮眼和上下顺槽循环放顶炮眼进行装药。至 11 月 28 日，工作面后方初次放顶炮眼和上下顺槽循环放顶炮眼炸药装填完毕。11 月 29 日早班割煤 2 刀，中班开始至 11 月 30 日对工作面后方初次放顶炮眼进行了爆破。初次放顶炮眼爆破后，工作面上部留有 3 m 左右的顶煤，该矿认为初次放顶效果不好。

11 月 30 日晚煤矿召开调度会，讨论顶煤处理等事项。会议由孔凡宇、杜文亮、李增田主持，参加人：高长锁、彭军、范永堂、李优、唐文弟、马传军、殷浪涛、李成龙、李仁强、邓海、李真文。会上决定在工作面进行架间打眼对顶煤进行爆破。12 月 1 日早班，在液压支架后立柱位置和前梁与顶梁联结处各布置一排顶煤爆破孔，并进行了爆破。由于炸药不够，实际炮眼并未完全按安排布置。12月1日中班割煤3刀。12月2日早班和中班，在工作面打架间爆破顶煤的炮眼。12月2日晚上至6日，因停电，采煤工作面没有作业。12月3日煤矿得到昌吉州煤炭局来矿进行质量标准化检查的通知，孔凡宇安排夜班用煤沫将架间炮眼堵上。8日中班，对12月2日打的架间眼进行了爆破。8日晚调度会，该矿通过了采煤作业定额，从12月9日起，综采工作面从计时工资制改为计件工资制，按工作面产量给作业人员给付工资。12月9日早班割煤三刀，9日中班至10日中班，进行放煤，打了一排架间眼并装药。11日早班对架间眼进行爆破，割煤三刀。11日中班至12日早班，打工作面架间眼并装药。

由于工人不足，采煤工作面实行两班工作制，早班9时至21时，中班21时到次日9时。矿井带班矿领导、电工、瓦检工、皮带机司机等实行"三八工作制"。

截止事故前，工作面已推进7.8 m(13刀)，共完成了3排架间眼的爆破(不包括12月1日架间打眼爆破)，三个循环，采出煤量约5000吨。

3. 事故时井下作业地点

事故当班井下作业工作面共2处，分别为：B4-03综放工作面、绞车硐室掘进工作面。B1煤层开拓巷道已于2012年9月停止掘进，只进行通风、排水和瓦斯检查。绞车硐室布置在B4煤层中，设计长度为52 m，该工程外包给四川煤建施工队，已掘7 m。

二、事故经过及抢险、善后情况

(一)事故经过

2013年12月12日17时15分，掘进队队长陈志辉召开掘进队二班班前会，班长吴恕弟、瓦检员王家领和6名掘进工共8人参加了班前会，当班安排支护和出渣。调度室主任、中班带班领导高长锁17时5分领矿灯，在巡视地面刮板运输机、皮带运输机后，17时58分从副井入井，到井底车场中央变电所看了交接班记录，察看外包的绞车硐室掘进面，到了综采工作面，未见到头班跟班领导杜文亮，见到了综采队队长邓海。由于高长锁未参加11日晚调度会，邓海向高长锁转述了晚调度会的工作安排，并向高长锁交待了本班遗留的工作。20时58分，高长锁升井，主持召开综采队中班班前会，采煤队副队长罗伦斌、罗成怀和21名综采队工人，共计24人参加了班前会。工作安排：紧固前后刮板运输机挡煤板螺丝；外移下端头的排水泵；领5个架间眼的炸药，上下端头打4个炮眼，将4个炮眼及早班因炸药不够而未装药的一个眼的炸药装好；工作面放煤，放完煤后进行放炮作业。22时42分，高长锁与罗伦斌等人从风井入井，到达工作面时作业人正在进行扒煤，高长锁也参与了扒煤。13日凌晨0时58分，高长锁离开工作面，至此时，该班作业人员仍在扒煤，未在工作面进行过放炮。1时14分，高长锁到达井底车场，见井底车场水漫上来了(水泵坏了)，给监控室打电话，查到当班电工在+1561 m运输平巷，高长锁打电话给电工，让其马上到水泵房修水泵。1时25分左右，高长锁填完矿领导交接班记录后在水泵房硐室口面朝副井口，突然感到后面冲击波来了，被冲击波冲到信号硐室打点器处，倒下时抓住了硐室口的一根角钢，这时听到一声响。高长锁随即站起来，进入信号硐室给监控室等地打电话，均无反映，意识到电话已经不通后，即从信号硐室回到井底，副井风向已经正常。电工孟祥云从后面跑过来，两人即从副井升井，时间为13日凌晨1时31分。高长锁升井后到了监控室，安排监控员给矿领导汇报，然后回到副井口。不久，总工杨继海到达井口，安排高长锁在井口警戒，防止人员盲目入井施救。绞车硐室掘进工作面7名作业人员（含1名伤员）、主井煤仓放煤工、运输石门刮板运输机司机、瓦检员、主井皮带司机等10人自救升井（高长锁、电工孟祥云已在前面升井）。

当班34人，自救升井12人，22人被困井下。

（二）事故抢险救援经过

事故发生后，煤矿分别向昌吉州矿山救护队和呼图壁县煤炭局报告。呼图壁县煤炭局接到报告后，按照事故报告程序进行了报告。昌吉州矿山救护队于13日3时45分到达事故矿井，13日4时35分由副井入井进行第一次搜救，找到3名遇难人员；行进至B4-03运输顺槽173 m处，遇到巷顶冒落无法通过，返回至地面。7时43分左右，指挥部决定由自治区矿山救护基地入井进行第二次搜救。侦察小队由B4-03采煤工作面轨道顺槽进入开展搜救，行进至距工作面煤壁30 m处时，发现一名被困人员，具有生命体征，及时运送升井抢救（该伤员因抢救无效，于12月22日2时40分死亡）；侦察队穿过工作面下端头至运输顺槽并前行搜救5 m，原路返回升井。随后，指挥部决定进行第3次入井搜救，23时20分，找到最后一名遇难人员。14日凌晨1时35分左右，井下遇难人员全部运至地面，井下抢险救援工作结束。至12月23日，在县人民政府的统一组织协调下，完成对死难者家属的赔付等善后工作。

三、事故类别、地点、时间

（一）事故类别：重大瓦斯煤尘爆炸事故。

（二）事故地点：B4-03综采工作面。

（三）事故时间：2013年12月13日1时25分。

四、事故原因及性质

（一）直接原因

煤矿违规实施架间放炮引燃综放面采空区积聚的瓦斯，并形成了瓦斯爆炸；冲击波沿运输顺槽、+1561 m运输平巷传播途中，联络巷、探巷内积聚的瓦斯以及运输顺槽、+1561 m运输平巷扬起的煤尘参与爆炸，形成了瓦斯煤尘爆炸事故，导致事故扩大。

（二）间接原因

1. 矿井技术管理混乱，违规组织生产

（1）煤矿违反《国家安全监管总局国家煤矿安全监察局关于加强煤矿放顶煤开采安全管理工作的通知》（安监总煤行〔2008〕130号）第16条的规定，在B4-03综采放顶煤工作面开采设计未报批的情况下，违规组织生产。

（2）2013年11月30日，初次放顶布置的炮眼爆破完成后，违反呼图壁县煤炭管理局复查决定书（呼煤管复字〔2013〕42号）第3条"待所有问题整改完成且初放工作完成，报我局复查验收合格后方可正式进行采煤作业"的指令，未提出验收申请，擅自决定工作面继续推进，违反了《安全生产法》第十六条的规定。

B4-03综放工作面在开切眼布置的切顶孔爆破后，在工作面架间顶梁处布置架间炮孔处理顶煤，严重违反《煤矿安全规程》第六十八条之规定。煤矿编制的《B4-03综放工作面初次放顶安全技术措施》和作业规程没有对工作面初次放顶的顶板、顶煤冒落范围、冒落程度等放顶效果标准进行明确，没有制定初次放顶效果不好时的处理方法和措施；没有对初次放顶炮眼爆破后初采期间的采煤工作面割煤、放煤和顶煤处理等采放煤工艺予以明确，并制定措施；没有编制爆破作业说明书，架间打眼放炮处理顶煤无任何安全技术措施。

2. 弄虚作假，蓄意隐瞒存在的违法违规行为

（1）煤矿有关人员明知该煤层顶板、顶煤难以自然冒落、需要进行爆破处理的情况下，《B4-03综采放顶煤工作面开采设计》仍然写的是"B4煤层顶板冒落性较好，随采随垮，能及时充填采空区"。

（2）煤矿有关人员采用将架间眼用黄泥封堵外抹煤沫及在支架顶梁间放置大块煤的遮挡方式，掩盖在工作面采用架间眼爆破处理顶煤的违法事实。11月17日该矿晚调度会对初次放顶爆破的起爆位置是设在井下还是地面问题进行了讨论，决定实际放炮地点设置在井下，但在编制安全措施时将放炮地点写成在地面，以应对煤炭管理部门的检查。

（3）在图纸上编造高程数据，掩盖B4-03工作面开切眼实际标高。

3. 放炮管理混乱

井下爆破未使用水泡泥，炮线布置在巷帮电缆架上，放炮器没有集中管理，且使用人不固定；在采煤工作面放顶煤的同时进行架间打眼装药作业，打眼与装药多次交叉平行作业；装药后没有及时爆破，等数个班后再集中进行分次爆破；作业规程规定采煤工作面爆破作业时，人员应撤出工作面至+1549 m材料运输平巷，实际井下爆破时放炮警戒距离不够，放深孔炮警戒距离仅150 m。

4. 煤矿安全管理混乱，安全管理机构不健全，安全生产责任制不完善

煤矿设置的安全科、生产技术科、调度室等职能科室除设有部门负责人外，没有配备其他工作人员，无法履行安全检查、安全管理及安全生产调度指挥职能；煤矿部分岗位和职能部门没有制定安全生产责任制，已制定的安全生产责任制也没有以正式的文件下发并执行；任命的部分管理人员不具备任职条件，常务副总经理、安全生产副总经理、安全副矿长、生产副矿长及部分安全生产管理机构负责人为高中、初中或小学学历，违反《煤矿安全培训规定》（国家安全生产监督管理总局令第52号）第十一条第一款、第十二条第一款的规定，参与井下安全监督检查的常务副总经理无安全资格证。

5. 职工培训不到位，特种作业人员配备不足

职工安全意识不强，自保、互保意识差，部分新工人未按规定进行安全培训；部分职工对于打眼装药平行作业、一次装药分几个班次爆破、放炮距离也未按作业规程的规定执行等违法违规现象习以为常。特殊作业人员配备不足，未为放顶煤采煤工作面配备专职瓦斯检查员。

6. 综合防尘措施不到位

矿井粉尘防治措施计划对综放工作面采取煤层注水措施，实际采煤工作面没有实施煤层注水；降柱、移架和放煤时没有实现同步喷雾；放炮未使用水泡泥。

7. 安全监管工作不力

地方政府、煤矿安全监管监察部门在贯彻落实国家有关法律、法规和自治区安全生产工作部署时不到位，开展"安全大检查"和"打非治违"工作不深入、不扎实。虽然多次对该矿进行了检查，但对白杨沟煤矿停产整改期间整改情况不掌握，对煤矿违规违章放顶煤、回采作业等问题失察；未督促煤矿按照有关要求对综采放顶煤工作面开采设计进行报批，对残采开

采方案设计审查把关不严。

（三）事故性质

通过调查分析，事故性质为重大生产安全责任事故。

五、对事故有关责任人员的处理建议

（一）不再追究责任人员

罗伦斌，综采队副队长，事故当班 B4-03 工作面跟班队领导。违章指挥，违规在综采放顶煤工作面采用架间打眼爆破方式处理顶煤，对事故发生负直接责任。鉴于已在事故中死亡，不再追究责任。

（二）对煤矿企业相关责任人员的处罚建议

（1）折社田，公司法定代表人、总经理，安全生产第一责任者。违反监管指令，在按照《B4-03 综采工作面初次放顶专项设计》布置的初次放顶炮眼爆破完成后，未经县局验收合格的情况下擅自组织生产，违反了《中华人民共和国安全生产法》第十六条；安全管理机构不健全，专职安全管理人员配备不足，安全生产责任制不完善，违反了《中华人民共和国安全生产法》第十七条第（一）项、第十九条；任命的部分安全管理人员不符合任职条件，违反了《煤矿安全培训规定》（国家安全生产监督管理总局令第 52 号）第十一条第一款、第十二条第一款；参与井下安全管理的常务副总经理无安全资格证，违反了《煤矿矿长保护矿工生命安全七条规定》（国家安全生产监督管理总局令第 58 号）第七条；劳动组织不合理，工人劳动时间长，违反了《中华人民共和国劳动法》第三十六条；未为综采放顶煤工作面配备专职技术员，违反了《国家安全监管总局国家煤矿安全监察局关于加强煤矿放顶煤开采安全管理工作的通知》（安监总煤行〔2008〕130 号）第 5 条；没有认真履行职责，没有督促、检查本单位的安全生产工作，对违规采用架间打眼爆破方式处理顶煤问题失察，未及时消除生产安全事故隐患，违反了《中华人民共和国安全生产法》第十七条第（四）项。对事故发生负有主要责任。

因涉嫌犯罪，建议移送司法机关追究刑事责任。建议依据《〈生产安全事故报告和调查处理条例〉罚款处罚暂行规定》（国家安全生产监督管理总局令第 42 号）第十八条第（三）项，由新疆煤矿安全监察局北疆监察分局对其处以上一年年收入 60% 的罚款。建议依据《煤矿安全培训规定》（国家安全生产监督管理总局令第 52 号）第四十二条第二款，由考核发证部门撤销折社田主要负责人安全资格证，终身不得再取得煤矿企业主要负责人安全资格证，也不得再担任任何煤矿企业主要负责人。

（2）孔凡宇，中共党员，煤矿矿长，煤矿主要负责人。违反监管指令，在按照《B4-03 综采工作面初次放顶专项设计》布置的初次放顶炮眼爆破完成后，未经县煤炭局验收合格的情况下擅自组织生产，违反了《中华人民共和国安全生产法》第十六条；综采放顶煤工作面开采设计未报经县煤炭局审批，违反了《国家安全监管总局国家煤矿安全监察局关于加强煤矿放顶煤开采安全管理工作的通知》（安监总煤行〔2008〕130 号）第十六条；指使下属弄虚作假，掩盖高程数据，违反了《煤矿矿长保护矿工生命安全七条规定》（国家安全生产监督管理总局令第 58 号）第二条；安全管理机构不健全，专职安全管理人员配备不足，违反了《中华人民共和国安全生产法》第十九条；决策采用架间打眼爆破方式处理顶煤，违反了《煤矿安全规程》第六十八条第一款第（三）项；事故当班无矿领导带班，违反了《煤矿领导带班下井及安全监督检查规定》（国家安全生产监督管理总局令第 33 号）第五条；综采放顶煤工作面未配备专

职技术人员，违反了《国家安全监管总局国家煤矿安全监察局关于加强煤矿放顶煤开采安全管理工作的通知》（安监总煤行〔2008〕130号）第五条；劳动组织不合理，违反《中华人民共和国劳动法》第三十六条；放顶煤工作面未配备专职瓦斯检查员，违反了《国家安全监管总局国家煤矿安全监察局关于加强煤矿放顶煤开采安全管理工作的通知》（安监总煤行〔2008〕130号）第十二条。对事故发生负有主要责任。

因涉嫌犯罪，建议移送司法机关追究刑事责任。建议依据《<生产安全事故报告和调查处理条例>罚款处罚暂行规定》（国家安全生产监督管理总局令第42号）第十八条第（三）项，由新疆煤矿安全监察局北疆监察分局对其处以上一年年收入60%的罚款；建议依据《煤矿安全培训规定》（国家安全生产监督管理总局令第52号）第四十二条第二款，由考核发证部门撤销孔凡宇矿长安全资格证、矿长资格证，终身不得再取得煤矿企业主要负责人安全资格证、煤矿矿长资格证，也不得再担任任何煤矿的矿长。

建议开除其党籍。

（3）杨继海，中共党员，煤矿总工（享受副总经理待遇），主管煤矿安全技术等工作。参与组织实施在B4-03综采放顶煤工作面违规采用架间打眼爆破方式处理顶煤，违反了《煤矿安全规程》第六十八条第一款第（三）项；对违反监管指令违规组织生产的行为未加制止，违反了《中华人民共和国安全生产法》第十六条；指使下属弄虚作假，掩盖高程数据、放炮地点等违规违章行为，违反了《中华人民共和国安全生产法》第十六条、《煤矿矿长保护矿工生命安全七条规定》（国家安全生产监督管理总局令第58号）第二条；放顶煤工作面开采设计未报县煤炭局审批，违反了《国家安全监管总局国家煤矿安全监察局关于加强煤矿放顶煤开采安全管理工作的通知》（安监总煤行〔2008〕130号）第十六条；组织审查的《B4-03综采工作面初次放顶专项设计》和"B4-03综采放顶煤采煤工作面作业规程"内容不全，没有对初次放顶炮眼爆破后初采期间的采煤工作面割煤、放煤和顶煤处理等采放煤工艺予以明确，并制定安全技术措施，违反了《煤矿安全规程》第六十八条第一款第（二）项；采煤工作面没有实施煤层注水，降柱、移架和放煤时没有实现同步喷雾，违反了《煤矿安全规程》第一百五十四条第（二）项、第（四）项。放顶煤工作面未配备专职瓦斯检查员，违反了《国家安全监管总局国家煤矿安全监察局关于加强煤矿放顶煤开采安全管理工作的通知》（安监总煤行〔2008〕130号）第十二条。对事故的发生负有主要责任。

因涉嫌犯罪，建议移送司法机关追究刑事责任。建议依据《生产安全事故报告和调查处理条例》（国务院令第493号）第四十条第一款，由考核发证部门撤销其安全生产管理人员安全资格证。建议开除其党籍。

（4）杜文亮，公司副总经理，负责煤矿安全生产领导工作。参与决策并组织实施在B4-03综采放顶煤工作面违规采用架间打眼爆破方式处理顶煤方式，违反了《煤矿安全规程》第六十八条第一款第（三）项；违反监管指令，在按照《B4-03综采工作面初次放顶专项设计》布置的初次放顶炮眼爆破完成后，在未经县煤炭局验收合格的情况下，参与领导组织实施违规生产，违反了《中华人民共和国安全生产法》第十六条；综采放顶煤工作面开采设计未报经县煤炭局审批，违反了《国家安全监管总局国家煤矿安全监察局关于加强煤矿放顶煤开采安全管理工作的通知》（安监总煤行〔2008〕130号）第十六条；事故当班无矿领导带班，违反了《煤矿领导带班下井及安全监督检查规定》（国家安全生产监督管理总局令第33号）第五条；劳动组织不合理，违反了《中华人民共和国劳动法》第三十六条。对事故发生负有主要责任。

因涉嫌犯罪，建议移送司法机关追究刑事责任。建议依据《生产安全事故报告和调查处理条例》（国务院令第493号）第四十条第一款规定，由考核发证部门撤销其安全生产管理人员安全资格证。

（5）李增田，公司副总经理，协助总经理管理煤矿全面工作，负有井下安全检查职责，无安全资格证。参与决策在B4-03综采放顶煤工作面违规采用架间打眼爆破方式处理顶煤，违反了《煤矿安全规程》第六十八条第一款第（三）项；违反监管指令，在按照《B4-03综采工作面初次放顶专项设计》布置的初次放顶炮眼爆破完成后，在未经县煤炭局验收合格的情况下，参与领导组织违规生产，违反了《中华人民共和国安全生产法》第十六条；综采放顶煤工作面开采设计未报经县煤炭局审批，违反了《国家安全监管总局国家煤矿安全监察局关于加强煤矿放顶煤开采安全管理工作的通知》（安监总煤行〔2008〕130号）第十六条；事故当班无矿领导带班，违反了《煤矿领导带班下井及安全监督检查规定》（国家安全生产监督管理总局令第33号）第五条；劳动组织不合理，违反了《中华人民共和国劳动法》第三十六条。对事故的发生负有主要责任。

因涉嫌犯罪，建议移送司法机关追究刑事责任。

（6）高长锁，调度室主任，事故当班矿带班领导。违章指挥，参与组织在B4-03综采放顶煤工作面违规采用架间打眼爆破方式处理顶煤，违反了《煤矿安全规程》第六十八条第一款第（三）项；违反监管指令，参与违规组织生产，违反了《中华人民共和国安全生产法》第十六条；采煤工作面放顶煤、架间打眼、装药平行作业，一次装药、分几个班次爆破，违反了《煤矿安全规程》第三百二十一条；放炮不使用水炮泥，违反了《煤矿安全规程》第三百二十八条；放炮距离未按照作业规程的规定执行，违反了《煤矿安全规程》第三百三十七条。对事故的发生负有重要责任。

因涉嫌犯罪，建议移送司法机关追究刑事责任。

建议依据《生产安全事故报告和调查处理条例》（国务院令第493号）第四十条第一款，由考核发证部门撤销其安全生产管理人员安全资格证。

（7）李成龙，生产技术科科长。编制的《B4-03综采工作面初次放顶专项设计》和"B4-03综采放顶煤采煤工作面作业规程"内容不全，没有对初次放顶炮眼爆破后初采期间的采煤工作面割煤、放煤和顶煤处理等采放煤工艺予以明确，并制定安全技术措施，违反了《煤矿安全规程》第六十八条第一款第（二）项；参与组织实施违规采用架间打眼爆破方式处理顶煤，违反了《安全生产法》第十六条、《煤矿安全规程》第六十八条第一款第（三）项；对违反监管指令违规组织生产的行为不加制止，违反了《中华人民共和国安全生产法》第十六条。对事故的发生负有重要责任。

因涉嫌犯罪，建议移送司法机关追究刑事责任。

建议依据《生产安全事故报告和调查处理条例》（国务院令第493号）第四十条第一款，由考核发证部门撤销其安全生产管理人员安全资格证。

（8）邓海，综采队队长，综采队安全生产第一责任人。违章指挥，参与组织实施B4-03综采放顶煤工作面违规采用架间打眼爆破方式处理顶煤，违反了《煤矿安全规程》第六十八条第一款第（三）项；在B4-03综采放顶煤工作面采放煤工艺无章可循、采空区形成易于瓦斯积聚的空间、没有编制爆破作业说明书、架间打眼放炮处理顶煤无任何安全技术措施等情况下组织回采工作，违反了《煤矿安全规程》第三百一十七条；采煤工作面放顶煤、架间打眼、装药平行作业，一次装药、分几个班次爆破，违反了《煤矿安全规程》第三百二十一条；放炮不使用水炮泥，违反了《煤矿安全规程》第三百二十八条；放炮距离未按照作业规程的规定执行，违反了《煤矿安全规程》第三百三十七条。对事故的发生负有重要责任。

因涉嫌犯罪，建议移送司法机关追究刑事责任。

建议依据《生产安全事故报告和调查处理条例》（国务院令第 493 号）第四十条第一款，由考核发证部门撤销其安全生产管理人员安全资格证。

（9）王德志，白杨沟煤矿生产副矿长。参与决策并组织实施违规采用架间打眼爆破方式处理顶煤，违反了《煤矿安全规程》第六十八条第一款第（三）项；违反监管指令，参与违规组织生产，违反了《中华人民共和国安全生产法》第十六条；对于煤矿没有制定初次放顶未达到预期效果时的处理方法和措施、B4 - 03 综采放顶煤工作面采放煤工艺无章可循、在顶板未冒落的情况下将顶煤放尽形成易于瓦斯积聚的空间、没有编制爆破作业说明书、架间打眼爆破处理顶煤无任何安全技术措施等安全隐患，没有采取措施予以消除，违反了《煤矿安全规程》第十五条、第三百一十七条；采煤工作面放顶煤、架间打眼、装药平行作业，一次装药、分几个班次爆破，违反了《煤矿安全规程》第三百二十一条；放炮不使用水炮泥，违反了《煤矿安全规程》第三百二十八条；放炮距离未按照作业规程的规定执行，违反了《煤矿安全规程》第三百三十七条。对事故的发生负有重要责任。

因涉嫌犯罪，建议移送司法机关追究刑事责任。

建议依据《生产安全事故报告和调查处理条例》（国务院令第 493 号）第四十条第一款，由考核发证部门撤销其安全生产管理人员安全资格证。

（10）范永堂，安全副矿长。参与决策并组织实施违规采用架间打眼爆破方式处理顶煤，违反了《煤矿安全规程》第六十八条第一款第（三）项；违反监管指令，参与违规组织生产，违反了《中华人民共和国安全生产法》第十六条；对于煤矿没有制定初次放顶效果不好时的处理方法和措施、B4 - 03 综采放顶煤工作面采放煤工艺无章可循、在顶板未冒落的情况下将顶煤放尽形成易于瓦斯积聚的空间、没有编制爆破作业说明书、架间打眼放炮处理顶煤无任何安全技术措施，没有采取措施予以消除，违反了《煤矿安全规程》第三百一十七条；采煤工作面放顶煤、架间打眼、装药平行作业，一次装药、分几个班次爆破，违反了《煤矿安全规程》第三百二十一条；放炮不使用水炮泥，违反了《煤矿安全规程》第三百二十八条；放炮距离未按照作业规程的规定执行，违反了《煤矿安全规程》第三百三十七条。对事故的发生负有重要责任。

因涉嫌犯罪，建议移送司法机关追究刑事责任。

建议依据《生产安全事故报告和调查处理条例》（国务院令第 493 号）第四十条第一款，由考核发证部门撤销其安全生产管理人员安全资格证。

（11）唐文弟，通风副总工程师，参与煤矿安全生产管理。明知煤矿采用明令禁止的架间打眼爆破方式处理顶煤，未加制止，违反了《煤矿安全规程》第六十八条第一款第（三）项；违反监管指令，参与违规组织生产，违反了《中华人民共和国安全生产法》第十六条；采煤工作面没有实施煤层注水，降柱、移架和放煤时没有实现同步喷雾，违反了《煤矿安全规程》第一百五十四条第（二）项、第（四）项；对于煤矿在顶板未冒落的情况下将顶煤放尽形成易于瓦斯积聚的空间、没有编制爆破作业说明书、架间打眼放炮处理顶煤无任何安全技术措施等事故隐患没有采取有效措施加以消除，违反了《煤矿安全规程》第三百一十七条；放顶煤工作面未配备专职瓦斯检查员，违反了《国家安全监管总局国家煤矿安全监察局关于加强煤矿放顶煤开采安全管理工作的通知》(安监总煤行〔2008〕130号)第12条。对事故的发生负有重要责任。

建议依据《国务院关于预防煤矿生产安全事故的特别规定》(国务院令第446号)第十条第一款，由新疆煤矿安全监察局北疆监察分局对其处14万元罚款。

建议依据《生产安全事故报告和调查处理条例》(中华人民共和国国务院令第493号)第四十条第一款，由考核发证部门撤销其安全生产管理人员安全资格证。

(12)彭军，中共党员，机电副矿长，参与煤矿安全生产管理工作。参与决策违规采用架间打眼爆破方式处理顶煤，违反了《煤矿安全规程》第六十八条第一款第(三)项；对于B4-03综采放顶煤工作面采放煤工艺无章可循、在顶板未冒落的情况下将顶煤放尽形成易于瓦斯积聚的空间、没有编制爆破作业说明书、架间打眼放炮处理顶煤无任何安全技术措施等安全隐患，未采取措施加以消除，违反了《煤矿安全规程》第十五条、第三百一十七条；违反监管指令，参与违规组织生产，违反了《中华人民共和国安全生产法》第十六条。对事故的发生负有重要责任。建议依据《安全生产违法行为行政处罚办法》(国家安全生产监督管理总局令第15号)第四十四条规定，分别裁量：对违反该条第(一)项处9999元罚款，对违反该条第(二)项处9999元罚款，对违反该条第(三)项处9999元罚款，对违反该条第(七)项处9999元罚款。由新疆煤矿安全监察局北疆监察分局合并处罚，对其给予警告并处39996元罚款；建议依据《生产安全事故报告和调查处理条例》(国务院令第493号)第四十条第一款，由考核发证部门撤销其安全生产管理人员安全资格证。

建议给予党内留党察看。

(13)李优，地测副总工程师兼地测科科长，参与煤矿安全生产管理工作。明知煤矿采用明令禁止的架间打眼爆破方式处理顶煤，未加制止，违反了《煤矿安全规程》第六十八条第一款第(三)项；弄虚作假，在图纸上编造数据，掩盖B4-03工作面开切眼实际高程，违反了《煤矿矿长保护矿工生命安全七条规定》(国家安全生产监督管理总局令第58号)第二条；对于煤矿没有制定初次放顶效果不好时的处理方法和措施、B4-03综采放顶煤工作面采放煤工艺无章可循、在顶板未冒落的情况下将顶煤放尽形成易于瓦斯积聚的空间、没有编制爆破作业说明书、架间打眼放炮处理顶煤无任何安全技术措施等，没有采取措施予以消除，违反了《煤矿安全规程》第三百一十七条。对事故的发生负有重要责任。

建议依据《安全生产违法行为行政处罚办法》(国家安全生产监督管理总局令第15号)第四十四条，分别裁量：对违反该条第(一)项处9999元罚款，对违反该条第(二)项处9999元罚款，对违反该条第(三)项处9999元罚款，对违反该条第(六)项处9999元罚款，对违反该条第(七)项处9999元罚款。由新疆煤矿安全监察局北疆监察分局合并处罚，对其给予警告并处49995元罚款。

建议依据《生产安全事故报告和调查处理条例》(国务院令第493号)第四十条第一款规定，由考核发证部门撤销其安全生产管理人员安全资格证。

(14)雷华章，安全科科长，分管培训工作。长期不在岗，未能完全履职。对于综采放顶煤工作面违规采用架间打眼放炮存在的隐患，没有采取措施加以制止，违反了《安全生产违法行为行政处罚办法》(国家安全生产监督管理总局令第15号)第四十四条第(七)项，对事故的发生负有重要责任。

建议依据《安全生产违法行为行政处罚办法》(国家安全生产监督管理总局令第15号)第四十四条规定,由新疆煤矿安全监察局北疆监察分局对其给予警告并处9000元罚款。

(三)建议给予党纪、政纪处分的国家机关工作人员

根据《中国共产党纪律处分条例》《行政机关公务员处分条例》(国务院令第495号)、《安全生产领域违法违纪行为政纪处分暂行规定》(国家监察部、国家安全生产监督管理总局令第11号),建议对下列人员给以党纪、政纪处分。

(1)章立波,中共党员,呼图壁县煤炭工业管理局局长,负责全局行政工作(事故发生后已被免职)。工作失职,贯彻执行煤矿安全生产法律法规和上级指示不到位,对相关人员未认真履行职责失察,指导检查安全监管业务工作不力;县煤炭局对于白杨沟煤矿在整改期间的安全监管工作缺失,对设计初审把关不严。对事故的发生负有主要领导责任,建议对其给予行政撤职处分和党内严重警告处分。

(2)谢东,中共党员,呼图壁县煤炭工业管理局副局长,主管煤矿安全生产监管工作。工作失职,贯彻执行煤矿安全生产法律法规和上级指示不到位,监督检查煤矿安全生产工作不力,对煤矿安全隐患未能采取有效措施及时治理,在煤矿安全整改期间违规组织生产,对放顶、回采作业等问题处理不力,领导安全监管办工作不力。对事故的发生负有主要领导责任,建议对其给予行政撤职处分和党内严重警告处分。

(3)郭晓飞,中共党员,呼图壁县煤炭工业管理局安监办主任。工作失职,贯彻执行煤矿安全生产法律法规和安全技术规程不到位,煤矿日常安全检查和煤矿安全大排查不落实,未对停产矿井进行安全检查和安全隐患排查,在煤矿安全整改期间违法违规组织生产,对放顶、回采作业等问题检查处理不力,对煤矿安全隐患未能采取有效措施加以治理。对事故的发生负有主要领导责任,建议对其给予行政撤职处分和党内严重警告处分。

(4)王斌,中共党员,呼图壁县煤炭工业管理局党组书记、副局长,负责全局党务工作(事故发生后已被免职)。贯彻落实党的安全生产方针政策和上级指示不力,未认真履行职责,组织领导作用发挥不充分,工作措施不得力,对干部履职管理和安全生产宣传教育不到位,对所属人员未认真履行职责问题管理不力。对事故的发生负有重要领导责任,建议对其给予行政撤职处分和撤销党内职务处分。

(5)阿达力,中共党员,呼图壁县副县长,负责煤炭工作,协助负责安全生产工作(事故发生后已被免职)。贯彻执行煤矿安全生产法律法规和自治区安全生产工作部署不到位,未认真履行职责,组织开展煤矿安全生产大检查不扎实,治理和防范重大煤矿事故隐患不力,对煤矿安全监管和煤炭管理部门履行职责中存在的问题监管督促不力。对事故的发生负有重要领导责任,建议对其给予行政记大过处分和党内严重警告处分。

(6)郝拥军,中共呼图壁县县委副书记、县长,主持县政府全面工作,呼图壁县人民政府安全生产第一责任人。贯彻落实国家有关法律法规和自治区安全生产工作部署不到位,组织领导安全生产工作不力,督促检查分管领导和相关部门履行职责不够。对事故的发生负有重要领导责任,建议对其给予行政记过处分。

(7)曾春雷,中共呼图壁县县委书记,负责县委全面工作。对安全生产工作重视程度不够,领导督促贯彻落实国家有关法律法规和上级党委、政府关于加强煤矿安全生产工作的要求部署不力。对事故发生负有重要领导责任,建议对其给予党内警告处分。

（8）王冬生，中共党员，昌吉州煤炭工业管理局副局长，负责煤矿安全生产监督管理工作。贯彻执行煤矿安全生产法律法规和上级指示不到位，未认真履行职责，在审查煤矿采煤方法时，未提出有关瓦斯防治的相关建议及措施，未及时安排对停产矿井的监督检查和安全隐患治理双闭环管理工作，对煤矿违法违规作业问题失察，指导检查安全监管部门业务工作不力。对事故的发生负有重要领导责任，建议对其给予行政记过处分。

（9）陈勇，中共党员，昌吉州煤炭工业管理局党组副书记、局长，主持全局行政工作（事故发生后已被免职）。贯彻执行煤矿安全生产法律法规和自治区安全生产工作部署不到位，组织领导煤矿安全生产工作不力，对煤矿违法违规行为失察，对设计审批把关不严，对煤矿企业事故隐患整改复查和治理排查不到位，防范措施不得力。对事故的发生负有重要领导责任，建议对其给予行政记过处分。

（10）汪顺祥，昌吉州煤炭工业管理局党组书记（事故发生后已被免职）。对安全生产工作重视程度不够，督促县人民政府贯彻落实党和国家煤矿安全生产法律法规、方针政策和上级党委、政府关于加强煤矿安全生产工作的要求部署的力度不够。对事故发生负有重要领导责任，建议对其给予党内警告处分。

（11）贺永君，中共党员，新疆煤矿安全监察局北疆分局副局长，负责昌吉州煤矿安全监察工作。对煤矿违法违规作业等问题监察不到位。对事故发生负有领导责任，建议对其给予行政警告处分。

（12）要建军，中共党员，昌吉州人民政府党组成员、昌吉州副州长、准东开发区书记，分管煤炭管理、安全生产工作。组织开展全州煤矿"打非治违"工作不深入，督促、指导州级有关部门和下级人民政府开展煤矿安全生产工作力度不够。对事故发生负有领导责任，建议对其给予行政警告处分。

（四）对事故责任单位行政处罚的建议

对事故责任单位违法事实及后果分别进行裁量：

（1）煤矿事故当班无矿领导下井带班，违反了《煤矿领导带班下井及安全监督检查规定》（国家安全生产监督管理总局令第33号）第五条；建议依据《生产安全事故报告和调查处理条例》（国务院令第493号令）第三十七条第（三）项和《煤矿领导带班下井及安全监督检查规定》（国家安全生产监督管理总局令第33号）第二十条第（三）项，责令煤矿停产整顿，吊销煤矿安全生产许可证，并对白杨沟煤矿处200万元罚款。

（2）煤矿越界开采，违反了《国务院关于预防煤矿生产安全事故的特别规定》（国务院令第446号）第八条第二款第（七）项；建议依据《国务院关于预防煤矿生产安全事故的特别规定》（国务院令第446号）第十条第一款，对煤矿处140万元罚款。

（3）煤矿B4-03综采放顶煤工作面未配备专职瓦斯检查员，违反了《国家安全监管总局国家煤矿安全监察局关于加强煤矿放顶煤开采安全管理工作的通知》（安监总煤行〔2008〕130号）第十二条；建议依据《煤矿重大安全生产隐患认定办法（试行）》（安监总煤矿字〔2005〕133号）第四条第（一）项和《国务院关于预防煤矿生产安全事故的特别规定》（国务院令第446号）第十条第一款，对煤矿处190万元罚款。

（4）煤矿将井下掘进工作面进行劳务承包，违反了《国务院关于预防煤矿生产安全事故的特别规定》（中华人民共和国国务院令第446号）第八条第二款第（十三）项，建议依据《国务院关于预防煤矿生产安全事故的特别规定》（国务院令第446号）第十条第一款，对煤矿处

80 万元罚款。

（5）煤矿在图纸上编造数据，提供虚假图纸，违反了《煤矿安全监察行政处罚办法》（国家安全生产监督管理局、国家煤矿安全监察局令第 4 号）第二十五条第（二）项，建议依据本条第一款，对煤矿处 9 万元罚款。

（6）煤矿采取欺骗手段，隐瞒架间打眼爆破的事实，违反了《煤矿安全监察行政处罚办法》（国家安全生产监督管理局、国家煤矿安全监察局令第 4 号）第二十五条第（三）项，建议依据本条第一款，对白杨沟煤矿处 9 万元罚款。

（7）煤矿任命的常务副总经理无安全资格证，违反了《煤矿企业安全生产许可证实施办法》（国家安全生产监督管理局、国家煤矿安全监察局令第 8 号）第八条，建议依据《煤矿企业安全生产许可证实施办法》（国家安全生产监督管理局、国家煤矿安全监察局令第 8 号）第四十二条，对煤矿处 1.9 万元罚款。

（8）煤矿未按规定设置安全生产管理机构，专职安全生产管理人员配备不足，违反了《煤矿企业安全生产许可证实施办法》（国家安全生产监督管理局、国家煤矿安全监察局令第 8 号）第七条；建议依据《煤矿企业安全生产许可证实施办法》（国家安全生产监督管理局、国家煤矿安全监察局令第 8 号）第四十二条，对煤矿处 2.9 万元罚款。

对上述进行合并处罚，由新疆煤矿安全监察局北疆监察分局责令煤矿停产整顿并处 632.8 万元罚款。由新疆煤矿安全监察局吊销其安全生产许可证。

六、防范措施及建议

（一）昌吉州、呼图壁县人民政府进一步加强煤矿监管力量的建设、依法履行好属地管理职责，夯实基础，提高煤矿安全生产水平，确保安全生产

要坚决贯彻落实党中央、国务院关于加强安全生产工作的重大决策部署和习近平总书记、李克强总理等中央领导同志的一系列重要指示精神，发展不能以牺牲人的生命为代价，这必须作为一条不可逾越的红线，始终把人民群众生命安全放在第一位，坚持党政同责、一岗双责、齐抓共管，坚持管行业必须管安全、管业务必须管安全。要把煤矿安全生产纳入经济社会和企业发展的全局中去谋划、部署、落实，针对制约煤矿安全生产的长期性、复杂性和深层次矛盾问题，要结合贯彻落实《国务院办公厅关于进一步加强煤矿安全生产工作的意见》（国办发〔2013〕99 号）和自治区新政办发〔2013〕143 号文件，健全体制、完善机制、深化整治、夯实基础、全面提高办矿条件和门槛。要引进有资金、有技术、特别是有煤炭开采经验的大企业、大集团参与煤炭资源整合、煤矿合作、托管煤矿等改组改造方式，提高办矿、管矿水平，从根本上改善煤矿安全生产条件，提高安全保障能力。对管理、技术、装备达不到安全生产要求的煤矿企业要坚决停产整顿，坚决做到"不要带血的煤"、"不要带血的 GDP"。要加强煤矿停产、整改、复产、复工等相关工作，严格执行复产验收标准，严格把住复产、复工验收的签字关。要进一步加强对煤炭管理行业部门工作人员责任意识的教育和监督，提高监管执法质量，严肃认真地履行煤矿安全监管职责，增强煤矿安全监管工作的责任感、使命感。要针对煤炭行业专业性强、工作环境艰苦的特点，进一步加强煤炭行业管理部门的力量建设，配好懂专业、会管理、能执法的专业技术领导干部和工作人员，落实工作津贴，落实奖惩制度，落实政治待遇，建立一支稳定的、可信赖的执法队伍。要树立抓好安全也是政绩、也是成绩的观点，对在安全上做出贡献的人员要给予奖励、重用和提拔，保持煤矿安全监管

队伍的稳定，促进煤矿安全监管队伍健康发展。

（二）昌吉州、呼图壁县煤炭管理部门要进一步加大煤矿安全检查力度，提高煤矿安全监管水平

要有针对性地抓好煤矿安全大检查，广泛采用"四不两直"的检查方法，按照全覆盖、零容忍、严执法、重实效的总要求，及时全面彻底地排查各类安全生产隐患和存在的各种安全问题，强化安全措施落实，及时消除各类隐患。要进一步深入开展"打非治违"活动，严厉打击各种违法违规行为，尤其是要加强对停产矿井、整改矿井的监督，有效防范和坚决遏制重特大事故发生。要严格放顶煤工作面开采设计的审查和验收工作。对于那些坚硬顶板、坚硬顶煤不易冒落，且采取措施后冒放性仍然较差，顶板垮落充填采空区的高度不大于采放煤高度的，采放比大于 1∶3 的，煤层平均厚度达不到 4 m 的，采区或工作面回采率达不到矿井设计规范规定的，矿井水文地质条件复杂，采放后有可能与地表水、老窑积水和强含水层导通的煤矿，严禁采用放顶煤开采。

（三）煤矿企业要严格做到依法办矿、依法管矿、诚信守法，健全机构，完善制度，切实落实企业安全生产的主体责任

要做到诚实守信，敬畏生命，依法经营，在全面落实企业安全生产法定代表人负责制的基础上，依法建立健全安全管理机构，配齐满足安全生产需要的工作人员，切实做到分工明确，责任到人，权责匹配，提高管理层的决策能力；要完善管理制度，科学制定并严格执行以安全生产责任制为重点的各项规章制度，从制度中把安全生产责任层层落实到区队、班组和每个生产环节、每个工作岗位，切实加强全员、全方位、全过程的精细化管理，做到横向到边，纵向到底，不留死角和漏洞。

（四）煤矿企业要严格技术管理工作

严格规范规程的制订、审查、审批和落实，强化放顶煤开采过程中的技术管理，严把技术关口；要针对煤层条件逐面编制工作面开采设计，制定放顶煤开采期间的通风和防瓦斯、防煤尘、防火等专项安全技术措施，并经验收合格后方可组织生产，彻底杜绝工作面架间打眼装炸药爆破处理顶板、顶煤。

（五）煤矿企业要严格现场管理、突出抓重点

要紧紧盯住易发事故的重点环节、重点工艺，在工作面初采和收尾时，必须有矿级干部和技术人员在现场跟班指挥，发现问题、及时处理，切实落实煤矿领导下井带班制度。杜绝违章指挥、违章作业，确保各项措施和管理制度落到实处。要强化放炮管理，放炮作业必须编制安全技术措施，对放炮器做到集中管理、专人使用，放炮作业必须使用水泡泥，认真执行"一炮三检"及"三人联锁"等放炮制度，严禁违章放炮。

（六）煤矿企业进一步加强安全教育与培训，强化劳动施工组织管理，切实保障煤矿企业员工权益

煤矿企业要加强职工的安全培训工作，尤其是要有针对性地开展新工人上岗前的安全培训工作，向作业人员如实告知作业场所和工作岗位存在的危险因素、防范措施以及事故应急措施，增强防范事故的能力；有针对性地开展新工艺、新设备使用、维修技能的培训；要增强职工的安全意识和维权意识，严禁在工人数量不足的情况下违规组织生产，严禁为盲目追求经济利益违法变相随意延长职工劳动时间，煤矿企业劳动施工组织要在三八制基础上，积极推广施行四·六工作制，降低工人劳动强度和作业时间。

（七）新疆煤矿安全监察局北疆分局向新疆煤矿安全监察局作出深刻书面检查。

新疆昌吉回族自治州呼图壁县

白杨沟煤炭有限责任公司煤矿

"12.13"重大瓦斯煤尘爆炸事故调查组

2014 年 1 月 27 日

【案例分析】

根据这起事故的调查报告，我们从事故报告、事故调查组的组成以及相关主体的法律责任进行分析如下：

1. 虽然《规定》对"事故报告"作出了与《条例》基本一致的规定，但是由于历史的原因以及体制机制、机构的原因，我国各地对煤矿事故的报告都有更为详细的规定，如湖南煤矿安全监察局对事故报告的规定如下：煤矿企业发生生产安全事故或者较大涉险事故，其单位负责人接到事故报告后应当在 1 小时内报告驻地煤矿安全监察机构（以下简称监察分局）。发生较大以上生产安全事故的，同时报告湖南煤矿安全监察局（以下简称省局）；监察分局接到事故报告后，应当在 2 小时内上报省局；省局接到较大及以上生产安全事故报告后，应当在 2 小时内上报国家安全监察总局、国家煤矿安全监察局；发生较大及以上生产安全事故或者社会影响恶劣的事故的，监察分局接到事故报告后，应当在 1 小时内先用电话快报省局，随后补报文字报告。省局接到重大及以上事故报告后，应当在 1 小时内先用电话快报国家安全监察总局、国家煤矿安全监察局，随后补报文字报告；事故信息报告后出现新情况的，应当及时续报。较大涉险事故、一般事故、较大事故每日至少续报 1 次；重大事故、特别重大事故每日至少续报 2 次；自事故发生之日起 30 日内，事故造成的伤亡人数发生变化的，应于当日续报。

2. 关于事故调查组的组成。《规定》对特别重大事故和特别重大事故以下等级事故的调查组组成分别作了规定，《规定》第二十二条规定："特别重大事故由国务院或者经国务院授权由国家安全生产监督管理总局、国家煤矿安全监察局、监察部等有关部门、全国总工会和事故发生地省级人民政府派员组成国务院事务调查组，并邀请最高人民检察院派员参加。特别重大事故以下等级的事故，根据事故的具体情况，由煤矿安全监察机构、有关地方人民政府及其安全生产监督管理部门、负责煤矿安全生产监督管理的部门、行业主管部门、监察机关、公安机关以及工会派人组成事故调查组，并应当邀请人民检察院派人参加。"由于该起事故为重大事故，因此，根据《规定》，事故调查组由新疆煤矿安全监察局、自治区煤管局、自治区监察厅、自治区总工会、自治区公安厅和自治区安全监管局等单位组成，并邀请自治区人民检察院派人参加。

3. 由于《规定》是由国家安全生产监督管理总局根据《条例》制订的行业安全规定，因此，该《规定》中没有规定"法律责任"，相关主体如果违反《规定》，则应根据《条例》的规定来承担相应法律责任。在这起事故中，对范习堂、唐文弟、彭军、李优等的行政处罚依据均依照《条例》来确定。

案例 2：非煤矿山事故调查处理典型案例分析

虽然同属矿山事故，但是非煤矿山包括的范围非常广泛，情况各异，对非煤矿山事故调查处理，同样受《条例》所调整，无论是事故报告、事故调查组组成、事故原因分析及责任分析等，都应该依据《条例》执行。

吉林省万国黄金股份有限公司"5·13"较大瞒报起重伤害事故调查报告

2013 年 5 月 13 日 4 时 40 分左右，山东黄金集团建设工程有限公司吉林磐石劲龙项目部在吉林省万国黄金股份有限公司西岔金矿 2 号竖井实施生产勘探施工作业时，发生一起较大起重伤害事故，造成井下作业人员 3 人死亡、2 人受伤。事故发生后，企业瞒报，经群众举报后核实，直接经济损失 550 万元。

事故核实后，吉林省委、省政府和集安市委、市政府高度重视，相关领导分别作出重要批示，对做好事故调查处理、核查瞒报责任和加强安全生产工作等提出了明确要求。省安全监管局及时派出工作组督办并指导地方开展事故调查工作。6 月 9 日，通化市政府依法成立了由副秘书长费静美为组长，市安全监管局、市监察局、市总工会、市公安局和集安市人民政府有关负责同志参加的"5·13"事故调查组（以下简称事故调查组），邀请通化市人民检察院派员参加事故调查工作。聘请了有关专家成立专家组，协助事故调查。

事故调查组坚持"四不放过"和"科学严谨、依法依规、实事求是、注重实效"的原则，经过勘查现场和设备、询问有关当事人、查阅有关资料和记录、分析事故抢险救援过程等，查清了事故发生的经过和原因、认定了事故性质和责任、提出了对有关责任单位及责任人员的处理建议和事故防范措施建议。现将事故调查有关情况报告如下：

一、基本情况

（一）发包单位概况

吉林省万国黄金股份有限公司（原集安市利源黄金有限责任公司），位于集安市鸭江路民桥南街 31 号，法定代表人崔玉果。企业性质：股份制公司。注册资本：900 万元。经营范围：金矿地下开采、选矿。该公司下辖金厂沟金矿和西岔金矿。其中西岔金矿开采矿种：金矿；开采方式：地下开采；生产规模：3.30 万吨/年；采矿证有效期至 2017 年 7 月；安全生产许可证有效期至 2015 年 4 月。

（二）承包单位概况

山东黄金集团建设工程有限公司，位于山东省烟台经济开发区泰山路 118 号，法定代表人李智强。企业性质是有限责任公司。注册资本：2010 万元。经营范围有矿山工程、房屋建筑工程、装饰装修工程、机电设备安装工程的施工；建筑及装饰材料、机械设备、铝合金材料、钢材销售；矿山机械设备制造。矿山工程施工总承包二级资质。建筑施工安全生产许可证有效期至 2014 年 5 月，非煤矿矿产资源采掘施工单位安全生产许可证有效期至 2014 年 5 月。

（三）工程立项备案情况

2011年3月，受集安市利源黄金有限责任公司委托，长春黄金设计院完成《集安市利源黄金有限责任公司西岔金矿深部开拓2号竖井项目可行性研究报告》《集安市利源黄金有限责任公司西岔金矿2号竖井工程方案设计说明书》编制，2012年3月7日，集安市利源黄金有限责任公司向通化市黄金局提出项目立项申请，市黄金局研究同意后于3月16日上报吉林省黄金局，省黄金局于2012年3月29日作出《关于集安市利源黄金有限责任公司西岔金矿深部开拓2号竖井项目准予备案的通知》。2013年3月，受吉林省万国黄金股份有限公司委托，长春黄金设计院完成《集安市利源黄金有限责任公司西岔金矿2号竖井工程方案设计》编制。2013年5月14日，吉林省国土资源厅组织专家对吉林省地矿勘察设计研究院编制的《吉林省集安市西岔金矿生产勘探实施方案》进行了审查并形成审查意见；5月27日，吉林省国土资源厅出具符合生产勘探有关规定同意予以备案的证明。2013年5月，受吉林省万国黄金股份有限公司委托，中钢研科技集团吉林工程技术有限公司完成《吉林省集安市西岔金矿生产勘探实施方案安全专篇》编制，未到属地安全监察部门备案。

（四）工程合同情况

山东黄金集团建设工程有限公司吉林磐石劲龙项目部以报价方式取得吉林省万国黄金股份有限公司西岔金矿2号竖井掘砌工程承包权。工程合同价款为1040.00万元。

2012年7月1日，由吉林省万国黄金股份有限公司副总经理李兴武与山东黄金集团建设工程有限公司委托代理人李治虎签署《建设工程施工合同》《建筑安装施工安全生产管理协议》，吉林省万国黄金股份有限公司副总经理刘长安与项目施工现场负责人明晶签订《安全生产责任状》。

（五）工程施工及违法违规情况

按照有关规定，企业的生产勘探工程应在完成项目可行性研究、立项核准备案、勘探实施方案审核备案、勘探工程方案设计审查、勘探实施方案安全专篇评审及备案和办理占用林地、土地以及法律法规规定的相关审批手续后，才能开始施工。经调查核实，发包单位吉林省万国黄金股份有限公司在只办理了项目可研、立项备案而未办理其余相关手续、承包单位山东黄金集团建设工程有限公司未实际向其吉林磐石劲龙项目部派出工程技术人员和管理人员的情况下，采取边施工边办理手续的方式，西岔金矿2号竖井工程于2012年8月开始施工，违反了《中华人民共和国森林法》第十八条；《中华人民共和国土地管理法》第四十三条、四十四条；《吉林省矿产资源开发利用保护条例》第十四条等相关规定。事故发生时，已形成深度约260米、直径约4.2米的掘砌竖井。事故发生后，该项目施工全部停止。

经调查认定，吉林省万国黄金股份有限公司西岔金矿2号竖井工程，属违法违规施工工程。

二、事故发生经过、救援及善后情况

（一）事故发生经过、抢险救援情况

2013年5月13日4时40分，山东黄金集团建设工程有限公司吉林磐石劲龙项目部在吉林省万国黄金股份有限公司西岔金矿2号竖井掘砌作业过程中，装载毛石的吊桶提升至距井口120米处时，钢丝绳发生断裂，重载吊桶坠落穿过双层吊盘（安全防护棚）落至井底，将在竖井底部作业面运搬作业人员邓尚清、王树刚、李明海、张华成、刘德军5名工人砸伤。项目部现场负责人明晶接到现场作业人员铲车司机林东阳报告后，立即组织人员下井实施救援，同时，向发包单位分管安全的副总经理刘长安报告情况，刘长安立即组织人员赶到现场，共同开展事故救援工作。受伤人员张华成、刘德军、邓尚清、李明海、王树刚先后分三批从井下救出后，紧急送往医院抢救。其中邓尚清、李明海经通化206医院抢救无效死亡，项目部副经理李治虎安排将邓尚清、李明海的尸体送通化市殡仪馆；王树刚在送往医院抢救的途中，行至通化市东昌区金厂岭时死亡，项目部施工队负责人张全军电话通知运送王树刚的面包车司机卢国富，让其将死者王树刚的尸体送到梅河口市殡仪馆。另外两名伤者张华成、刘德军在通化市中心医院救治后，转至磐石市博仁医院继续接受治疗。

（二）善后处理情况

山东黄金集团建设工程有限公司吉林磐石劲龙项目部，在事故发生后，能积极开展伤员救治、遇难矿工家属安抚和赔偿工作，遇难矿工善后事宜于5月17日全部处理完毕。2名伤者（骨折）经医院治疗后，还在康复之中。

三、事故瞒报及核查情况

（一）瞒报事故过程

事故发生后，在井口附近作业的项目部铲车司机林东阳首先发现只有提升钢丝绳上来了而没有看见吊桶，意识到可能出事了，马上向施工现场负责人明晶报告，明晶立即分别向发包单位分管安全的副总经理刘长安、发包方工程项目负责人王宝亭、项目部副经理李治虎报告情况。刘长安立即组织人员开展救援的同时，打电话分别向发包方总经理崔玉果、副总经理李兴武报告，崔玉果接报后，立即从集安市赶往事故现场。崔玉果赶到现场后，受伤人员均已送走，半小时后崔玉果因公司原定有事去往长春市。李治虎接到明晶事故报告后，立即通知在磐石市的项目部施工队负责人张全军，让其赶到梅河口市负责接应伤者王树刚，自己在通化市负责伤者邓尚清、李明海的救治，邓尚清、李明海经通化206医院抢救无效死亡。由于火化尸体需要死亡证明，5月14日李治虎电话求助在长春出差的崔玉果，崔玉果向集安市公安局谎称事故已经上报，请集安市公安局派人进行尸检，集安市公安局派法医对死者邓尚清、李明海进行了尸检并出具死亡鉴定，在和死者家属私下协商达成赔偿协议后，邓尚清和李明海尸体分别于17日、16日在通化市殡仪馆火化。5月13日，死者王树刚的尸体被张全军安排送到梅河口市殡仪馆存放，等待死者家属协商赔偿等善后事宜。5月17日，张全军通过私下向死者家属赔偿和磐石劲龙矿山工程有限公司出具的王树刚工伤死亡证明方式，在梅河口市殡仪馆将王树刚尸体火化。

为逃避事故查处，承包单位项目部工作人员向建设单位有关人员报告事故情况，而未按照双方签订的《建筑安装施工安全生产管理协议》约定，履行事故报告义务，分别由李治虎在通化市、张全军在梅河口市负责处理死者善后及尸体火化。发包单位在接到施工单位报告后，为缩小事故对企业的影响，崔玉果考虑到集安市有上访事件特殊情况，怕给政府添乱，未按规定向属地有关部门报告。且协助承包单位火化尸体，隐瞒了事故。

承包单位及发包单位虽然隐瞒了事故，但对受伤人员积极施救，未贻误事故抢救。

（二）事故核查情况

5月29日，集安市安全监管局接到群众反映后，及时向集安市政府主要领导汇报相关情况，集安市人民政府立即组织相关部门进行情况核查，经查情况属实。6月7日，通化市安全监管局接到集安市核查情况报告后及时上报省安全监管局。6月9日，省安委会办公室向通化市政府送达了《吉林省较大生产安全事故查处挂牌督办通知书》,责成通化市人民政府调查处理集安"5·13"事故。经通化市人民政府"5·13"事故调查组进一步调查,查证企业隐瞒事故属实。

四、事故造成的人员伤亡和直接经济损失情况

（一）人员伤亡情况

事故造成 3 人死亡、2 人受伤,企业用工形式均为合同工。其中,死亡人员：邓尚清,男,45 岁,湖北省房县军店乡茅坪村人;李明海,男,52 岁,湖北省房县桥上乡木瓜村人;王树刚,男,34 岁,湖北省房县桥上乡鱼鳛村人。

受伤人员：张华成,男,51 岁,湖北省房县桥上乡木瓜村人;刘德军,男,26 岁,湖北省房县桥上乡木瓜村人。

（二）直接经济损失情况

事故直接经济损失 550 万元。其中：人员伤亡支出及财产损失费用合计 20 万元;死者赔偿费用 210 万元;事故罚款 320 万元。

五、事故发生的原因和事故性质

（一）直接原因

事故调查组聘请的矿山机械专家组经勘验现场、设备及断裂的钢丝绳和对钢丝绳取样检测报告分析,结合询问相关人员,综合分析认定事故的直接原因为："钢丝绳断裂部位是接近吊桶 4 至 5 米位置,该区段钢丝绳提升作业中,受保护伞钢管滑套磨损,致使该区段钢丝绳安全系数下降,在刮碰吊桶外力增加作用下,发生断裂",导致事故发生。

（二）间接原因

(1)提升绞车钢丝绳未按规定在使用前进行检测,在使用过程中未按规定进行日常检查和进行有效的保养及维护。

(2)承包单位劳动组织不合理、作业现场安全管理混乱,未按规定委派有资质的工程技术及相关管理人员对施工作业现场实施有效的监督管理,安全生产责任制未得到落实。

(3)承包单位未制定并实施安全生产隐患排查治理制度,未能及时发现并消除安全隐患。

(4)发包单位相关职能部门缺乏对外来施工企业的有效管理和监督检查。

(5)发包单位在对项目施工合同和安全管理协议签订、施工组织设计审查、施工企业管理人员进驻、施工人员资质等的审查把关方面,存在严重违规行为和明显管理缺陷。

(6)发包单位在项目备案、审批等相关手续不健全的情况下违法违规开工,造成监管缺失。

（三）事故性质

经调查认定,"5·13"起重伤害事故,是一起企业瞒报的较大生产安全责任事故。

六、对事故有关责任人员及事故单位的处理建议

（一）对有关责任人员的处理建议

(1)明晶,山东黄金集团建设工程有限公司吉林磐石劲龙项目部施工现场负责人,负责施工现场的生产和安全管理工作,对危险性较大设备缺乏有效的管理,安全隐患未及时发现

并消除,对于施工设备未按有关规定做好维修和保养工作,设备检修、维护、保养不当且带病运行导致事故发生,对事故发生负有主要责任。建议依法撤销其与安全生产有关的职业资格、岗位证书,移交司法机关依法追究其刑事责任。

(2)张全军,山东黄金集团建设工程有限公司吉林磐石劲龙项目部施工队负责人,在施工方未向项目部派驻工程技术人员和管理人员情况下,组织人员从事施工作业,对作业现场管理及危险性较大设备,缺乏有效的安全检查和保养维护,对事故发生负有主要责任并参与瞒报事故,建议移交司法机关依法追究其刑事责任。

(3)李治虎,山东黄金集团建设工程有限公司吉林磐石劲龙项目部副经理,实际负责该施工项目全面工作,在未编制施工组织设计情况下盲目组织施工作业,对危险性较大设备缺乏有效的管理,安全隐患未及时发现并消除,对事故发生负有主要责任并对瞒报事故负有重要责任。建议依法撤销其与安全生产有关的职业资格、岗位证书,移交司法机关依法追究其刑事责任。

(4)杨福平,山东黄金集团建设工程有限公司吉林磐石劲龙项目部提升绞车操作工。使用不安全设备,对设备使用中存在的安全隐患未及时发现、消除,对事故发生负有责任,建议依法撤销其与安全生产有关的职业资格、岗位证书。

(5)张功宴,山东黄金集团建设工程有限公司吉林磐石劲龙项目部项目经理,未实际履行项目经理工作职责,对事故发生负有责任,建议由所在地建设行政主管部门按照《建设工程安全生产管理条例》第五十八条依法吊销执业资格证书。

(6)张锡耀,山东黄金集团建设工程有限公司副经理,负责公司项目工作,未按照规定向吉林磐石劲龙项目部派出工程技术和管理人员,导致公司对该工程缺乏有效监督管理,对事故发生负有责任,依据《生产安全事故报告和调查处理条例》第三十八条规定,建议对张锡耀处上一年年收入40%的罚款。

(7)李智强,山东黄金集团建设工程有限公司经理,是该公司安全生产第一责任人,公司安全管理不到位,对承包工程安全生产工作缺乏督促、检查,对事故发生负有领导责任。依据《生产安全事故报告和调查处理条例》第三十八条规定,建议对李智强处上一年年收入40%的罚款。

(8)崔玉果,吉林省万国黄金股份有限公司总经理,是该公司安全生产第一责任人,工程项目违规施工,不按规定向属地政府有关部门报告事故,对事故发生负有责任,并协助承包单位办理尸检手续和死亡证明,对瞒报事故负有主要责任,依据国家安全监管总局《关于印发生产经营单位瞒报谎报事故行为查处办法的通知》(安监总政法〔2011〕91号)第十条规定,建议对崔玉果处上一年年收入100%的罚款,并由公安机关依照《安全生产法》第九十一条的规定处十五日以下拘留。

(9)刘长安,吉林省万国黄金股份有限公司副总经理,分管安全生产工作,代表发包单位签订安全生产责任状,对项目施工现场缺乏有效监督检查,履行监管责任不到位,对事故发生和瞒报事故负有责任。依据国家安全监管总局《关于印发生产经营单位瞒报谎报事故行为查处办法的通知》(安监总政法〔2011〕91号)第十一条规定,建议对刘长安处上一年年收入100%的罚款。

(10)李兴武,吉林省万国黄金股份有限公司副总经理,在签订项目施工合同时,审核把关不严,对施工合同管理缺乏有效监督,履行监管责任不到位,对事故发生和瞒报事故负有责任。依据国家安全监管总局《关于印发生产经营单位瞒报谎报事故行为查处办法的通知》（安监总政法〔2011〕91号）第十一条规定，建议对李兴武处上一年年收入100%的罚款。

（11）王宝亭，吉林省万国黄金股份有限公司生产部部长，是发包单位该工程项目的负责人，参与考察项目施工单位工作，对该工程项目安全生产工作缺乏有效督促、检查，对事故发生和瞒报事故负有责任。依据国家安全监管总局《关于印发生产经营单位瞒报谎报事故行为查处办法的通知》（安监总政法〔2011〕91号）第十一条规定，建议对王宝亭处上一年年收入100%的罚款。

（12）王志成，吉林省万国黄金股份有限公司安全部工作人员，代表建设单位对施工现场实施安全监督管理，工作中缺乏有效监督检查，履行监管责任不到位。对事故发生负有责任，建议按照企业奖惩有关规定给予上限经济处罚。

（13）孙伟，中共党员，花甸镇安监站安监员，未认真履行对辖区内生产经营单位安全生产监督管理工作职责，对该项目违规行为负有责任，依据《吉林省人民政府关于印发落实安全生产监督管理职责暂行规定的通知》和《中华人民共和国监察部国家安全生产监督管理总局安全生产领域违法违纪行为政纪处分暂行规定》，建议给予行政记过处分。

（14）王福鹏，中共党员，花甸镇副镇长，分管安全生产工作，未认真履行职责，对分管部门及有关人员履行监管职责督促指导不到位，对该项目违规行为负有责任，依据《吉林省人民政府关于印发落实安全生产监督管理职责暂行规定的通知》和《中华人民共和国监察部国家安全生产监督管理总局安全生产领域违法违纪行为政纪处分暂行规定》，建议给予行政警告处分。

（15）刘平喜，中共党员，集安市经济局企业科科长，负责经济局管理企业的安全生产工作，作为吉林省万国黄金股份有限公司主管部门监管人员，未认真履行职责，对该项目违规行为负有责任，依据《吉林省人民政府关于印发落实安全生产监督管理职责暂行规定的通知》和《中华人民共和国监察部国家安全生产监督管理总局安全生产领域违法违纪行为政纪处分暂行规定》，建议给予行政记过处分。

（16）龙元明，中共党员，集安市经济局副局长，分管安全生产工作，对企业科及有关人员履行监管职责督促指导不到位。对该项目违规行为负有责任，依据《吉林省人民政府关于印发落实安全生产监督管理职责暂行规定的通知》和《中华人民共和国监察部国家安全生产监督管理总局安全生产领域违法违纪行为政纪处分暂行规定》，建议给予行政警告处分。

（17）邱伟，中共党员，集安市安全生产监督管理局非煤矿山安全监管科科长，未认真履行职责，对该项目违规行为负有责任，依据《吉林省人民政府关于印发落实安全生产监督管理职责暂行规定的通知》和《中华人民共和国监察部国家安全生产监督管理总局安全生产领域违法违纪行为政纪处分暂行规定》，建议给予行政警告处分。

（18）王晓光，中共党员，集安市国土资源局监察大队大队长，负责国土资源局执法监察工作，在查处该项目违规用地行为案件中，履行监察职责不到位。对该项目违规行为负有责任，依据《吉林省人民政府关于印发落实安全生产监督管理职责暂行规定的通知》和《中华人民共和国监察部国家安全生产监督管理总局安全生产领域违法违纪行为政纪处分暂行规定》，建议给予行政记过处分。

（19）孙起炜，中共党员，集安市国土资源局副局长，在分管执法监察工作期间，对监察大队和相关人员履行监管职责督查指导不到位。对该项目违规行为负有责任，依据《吉林省人民政府关于印发落实安全生产监督管理职责暂行规定的通知》和《中华人民共和国监察部国家安全生产监督管理总局安全生产领域违法违纪行为政纪处分暂行规定》，建议给予行政警告处分。

建议集安市政府对分管安全生产副市长，花甸镇、经济局、安全监管局、国土资源局等单位主要负责人，提出严肃批评，并责令其作出深刻检查。

（二）对责任单位处理建议

（1）山东黄金集团建设工程有限公司，未严格落实安全生产主体责任，施工现场缺乏有效管理，危险性较大，设备日常检查、维护等安全管理不到位，导致事故发生，违反了《安全生产法》第二十九条之规定，应对此次事故负有直接责任。依据《〈生产安全事故报告和调查处理条例〉罚款处罚暂行规定》第十五条，建议对山东黄金集团建设工程有限公司处以 50 万元的罚款；对瞒报事故负有重要责任，依据《生产安全事故报告和调查处理条例》第三十六条规定，建议对山东黄金集团建设工程有限公司处以 100 万元的罚款；合计罚款 150 万元。

（2）吉林省万国黄金股份有限公司，项目存在违法违规施工行为，未严格落实安全生产主体责任，对施工方缺乏有效监督管理，对事故发生负有重要责任，依据《〈生产安全事故报告和调查处理条例〉罚款处罚暂行规定》第十五条，建议对吉林省万国黄金股份有限公司处以 50 万元罚款；对瞒报事故负有主要责任，依据《生产安全事故报告和调查处理条例》第三十六条规定，建议对吉林省万国黄金股份有限公司处以 120 万元的罚款；合计罚款 170 万元。

（三）对项目工程违法违规施工处理建议

针对吉林省万国黄金股份有限公司西岔分矿 2 号竖井工程违法违规施工行为，建议通化市司法机关、纪检监察机关对负有责任的相关部门及人员，进行调查处理，依法依规追究责任。

七、事故防范措施建议

（一）要切实落实企业安全生产主体责任，要在全面落实企业安全生产法定代表人负责制的基础上，建立健全安全管理机构，完善并严格执行以安全生产责任制为重点的各项规章制度，切实加强全员、全方位、全过程的精细化管理，把安全生产责任层层落实到项目部、班组和每个生产环节、每个工作岗位。

（二）企业要切实加强对危险性较大设备的维护与管理，要严格执行特种设备安、拆、检测检验相关规定，地下矿山运输要有专人负责，严格运行管理。要强化对危险性较大设备的监督检查，要规范检查制度和内容，建立健全设备维修、保养的相关记录和档案。

（三）企业要认真开展隐患排查治理工作和加强施工现场安全管理，要严格落实责任，及时发现并消除事故隐患。要经常性开展安全隐患排查，并切实做到整改措施、责任、资金、时限和预案"五到位"，及时消除治理重大隐患。

（四）政府及相关部门要强化勘探项目的安全监管工作，要认真履行职责、依法依规行政，加强日常监管和行政执法。同时，要加大"打非治违"工作力度，全面排查、解决企业外包工程安全监管的突出问题，严厉查处未批先建，无资质设计、施工、监理，以及非法转包分包、出借资质等违法违规行为，采取有力措施，维护市场经济和安全生产秩序，确保安全生产。

（五）要严格执行《生产安全事故报告和调查处理条例》，发生事故后，事故现场有关人员、单位负责人要按照规定时限及时报告。同时要加大对瞒报事故行为的查处力度，从严处理相关责任单位和责任人，认真落实生产安全事故责任追究。

【案例分析】

根据这起事故的调查报告，我们从事故调查报告的标题、事故调查权、李治虎的行为是否构成犯罪以及构成何种罪名的问题进行分析如下：

1. 这起事故调查报告的标题不仅仅包括事故发生的单位、时间、级别、类别，还包括这起事故的瞒报性质。

2. 这起事故为较大生产安全责任事故，根据《条例》第十九条规定，应由设区的市级人民政府组织事故调查组进行调查，也可以授权或委托有关部门组织事故调查组进行调查。该起事故发生在吉林省万国黄金股份有限公司（原集安市利源黄金有限责任公司），位于集安市鸭江路民桥南街 31 号，因此，该起事故的调查权应该是事故所在地设区的市级人民政府，即通化市人民政府组织调查组进行调查。

3. 对于李治虎的行为是否构成犯罪，构成何种犯罪的问题。李治虎，山东黄金集团建设工程有限公司吉林磐石劲龙项目部副经理，实际负责该施工项目全面工作，在未编制施工组织设计情况下盲目组织施工作业，对危险性较大设备缺乏有效的管理，安全隐患未及时发现并消除，对事故发生负有主要责任并对瞒报事故负有重要责任。《刑法》修正案（六）对不报、瞒报事故罪作了增设，它作为第一百三十九条之一："在安全事故发生后，负有报告职责的人员不报或者谎报事故情况，贻误事故抢救，情节严重的，处三年以下有期徒刑或者拘役；情节特别严重的，处三年以上七年以下有期徒刑。"该罪的犯罪构成如下：①犯罪客体。本罪侵犯的是安全事故监管制度。本罪主要是针对近年来一些事故单位的负责人和对安全事故负有监管职责的人员在事故发生后弄虚作假，结果延误事故抢救，造成人员伤亡和财产损失进一步扩大的行为而设置的。②客观方面。客观方面表现为在安全事故发生后，负有报告职责的人员不报或者谎报事故情况，贻误事故抢救，情节严重的行为。《中华人民共和国安全生产法》第九十一条之规定，"生产经营单位主要负责人在本单位发生重大生产安全事故时，不立即组织抢救或者在事故调查处理期间擅离职守或者逃匿的，给予降职、撤职的处分，对逃匿的处十五日以下拘留；构成犯罪的，依照刑法有关规定追究刑事责任。生产经营单位主要负责人对生产安全事故隐瞒不报、谎报或者拖延不报的，依照前款规定处罚。"《中华人民共和国安全生产法》第九十二条规定，"有关地方人民政府、负有安全生产监督管理职责的部门，对生产安全事故隐瞒不报、谎报或者拖延不报的，对直接负责的主管人员和其他直接责任人员依法给予行政处分；构成犯罪的，依照刑法有关规定追究刑事责任。"③犯罪主体。犯罪主体为对安全事故"负报告职责的人员"。"安全事故"不仅限于生产经营单位发生的安全生产事故、大型群众性活动中发生的重大伤亡事故，还包括刑法分则第二章规定的所有与安全事故有关的犯罪，但第一百三十三条、第一百三十八条除外，因为这两条已经把不报告作为构成犯罪的条件之一。另外，2007 年 2 月 26 日《最高人民法院、最高人民检察院关于办理危害矿山生产安全刑事案件具体应用法律若干问题的解释》第五条，"刑法第一百三十九条之一规定的"负有报告职责的人员"，是指矿山生产经营单位的负责人、实际控制人、负责生产经营管理的投资人以及其他负有报告职责的人员。"④主观方面。主观方面由故意构成。2007 年

2月26日《最高人民法院、最高人民检察院关于办理危害矿山生产安全刑事案件具体应用法律若干问题的解释》第六条，"在矿山生产安全事故发生后，负有报告职责的人员不报或者谎报事故情况，贻误事故抢救，具有下列情形之一的，应当认定为刑法第一百三十九条之一规定的'情节严重'：（一）导致事故后果扩大，增加死亡一人以上，或者增加重伤三人以上，或者增加直接经济损失一百万元以上的；（二）实施下列行为之一，致使不能及时有效开展事故抢救的：1. 决定不报、谎报事故情况或者指使、串通有关人员不报、谎报事故情况的；2. 在事故抢救期间擅离职守或者逃匿的；3. 伪造、破坏事故现场，或者转移、藏匿、毁灭遇难人员尸体，或者转移、藏匿受伤人员的；4. 毁灭、伪造、隐匿与事故有关的图纸、记录、计算机数据等资料以及其他证据的；（三）其他严重的情节。"综上，李治虎的行为已经构成不报、瞒报事故罪。

案例 3：烟花爆竹事故调查处理典型案例分析

　　中国古代的四大发明之一——火药，让世界的上空燃起了璀璨的烟花，但在这璀璨的背后却又有很多安全事故值得我们去关注。

合浦县石康镇"11·21"非法生产烟花爆竹爆炸事故报告

　　2013 年 11 月 21 日 11 时许，合浦县石康镇红碑城村委蛤蟆岭火龙果园内的养猪场内发生一起非法生产爆竹爆炸事故，造成 3 人死亡，7 人受伤。按照《北海市人民政府办公室关于成立合浦县石康镇"11·21"非法生产烟花爆竹爆炸事故调查组的通知》（北政办〔2013〕219号）要求，北海市成立合浦县石康镇"11·21"非法生产爆竹爆炸事故调查组（以下简称事故调查组），于 11 月 21 日开始工作，对事故依法进行全面、深入的调查。经过现场勘察、查阅资料、询问证人、调查有关人员等多方取证，事故调查组对事故发生的经过、原因、人员伤亡情况、直接经济损失已查明，事故的性质和责任已认定，并提出了对事故责任者的处理建议及事故的防范措施。现将有关情况报告如下：

一、事故发生地点概况

　　事发地点位于合浦县石康镇红碑城村委蛤蟆岭，一个面积为 218 亩火龙果园内的东南边缘隐蔽处，东面与北海市银海区福成镇崇明村交界。果园四周有高大浓密的勒树包围，果园外 1.2 公里范围内无人员居住。果园门口有一条约 25 米宽的运河分隔，通过唯一的桥梁到达果园的大门口。果园封闭管理，只有一个出入口，装有铁门（铁门上有 2 个警示标志牌，分别写有"你已进入电子监控区域，请勿以身试法"和"本场不对外开放，谢绝参观，禁止入内，后果自负"字样），且果园内养有狗守园，大门及院内安装有两个监控摄像头（事后经调查，该摄像头是原果园承包人朱庆和将果园于 2013 年 1 月转包给庞昀光后，庞昀光于 6 月份安装的，原因是果园地处偏僻处，为防偷盗而安装）。

　　据调查，2010 年 1 月 31 日彭科向朱庆和（北海市中级人民法院退休干部）租赁了该果园中的 28 亩土地以及果园内的猪栏，后因经营不善，于 2012 年 8 月 29 日解除了租赁该 28 亩土地的合同，只保留 2 亩土地作为猪栏养猪使用，租期到 2025 年 12 月 31 日。猪栏面积约

200 平方米，离大门约有 700 米，中间种植有浓密火龙果树。2013 年 9 月上旬彭科、彭定忠各自出资 5000 元，将约 60 平方米的猪栏改造成砖瓦结构简易工棚，从事非法爆竹生产。该工棚是彭科、彭定忠从事非法生产爆竹的窝点。

彭科，男，33 岁，合浦县公馆镇长坡村人，2001 年 10 月曾因犯盗窃罪被判处有期徒刑五年，2006 年 10 月刑满释放。

彭定忠，男，33 岁，合浦县公馆镇长坡村人，户籍已迁到廉州镇，2003 年 6 月曾因犯非法拘禁罪被判处拘役六个月，刑满后释放。

根据彭科的询问笔录和自治区公安厅的检测报告，该窝点生产爆竹的原材料为高氯酸钾、硫磺、银粉、珍珠粉。引火线是由彭科向本地人徐某购买的（徐某在逃，公安机关正在追捕中）。

该窝点生产过程：彭科负责混药装药，其他 9 名人员从事插引、固引、结鞭等工序工作，这 9 名人员是彭科从公馆镇长坡村私自招揽的亲属（彭科的妻子及其弟媳妇）和亲戚朋友，这些人员每天早上由彭科用面包车拉至窝点秘密非法从事爆竹生产加工，晚上再用车拉回家。根据调查，事故发生时已陆续非法生产了中炮半成品约 1500 余饼，未生产成爆竹成品，且没有销售过。

二、事故发生经过

（一）事故发生前的非法生产状况。11 月 21 日早上彭科用面包车拉 9 名人员至窝点秘密非法从事爆竹生产加工，约 9 时始，彭科在窝点中进行爆竹药物的配制和装药，装完药后，由林秀球、潘彩珍、赵小妹等 9 人在彭科、彭定忠"私炮"窝点进行爆竹插引。

（二）事故发生时间。据调查证实，2013 年 11 月 21 日 11 时 10 分发生爆炸。

（三）爆炸现场第一爆点的认定。根据现场房屋倒塌的方向、靠南侧工房附近的尸体被其他飞散物覆盖、从两个炸坑内飞散物覆盖等情况技术分析认定：爆炸第一爆点在林秀球、潘彩珍的操作点。

（四）对爆炸药物成份的确定。根据对爆炸现场取样分析和调查取证，该次爆炸的药物为该非法窝点生产爆竹所用的烟火药，主要成分为高氯酸钾、珍珠粉、铝银粉、硫磺等。

（五）爆炸造成的主要现场破坏情况。爆炸造成 3 人当场死亡，7 人受伤，配药、装药工房和插引、固引工棚被冲击波毁塌并引燃房内半成品，住房的窗和门不同程度受毁坏。

（六）11 月 21 日 11 时左右，林秀球、潘彩珍、赵小妹等 9 人在彭科、彭定忠"私炮"窝点进行爆竹插引时发生燃爆。彭科在外面小便，听到爆炸声马上去把伤员救出，用面包车送去合浦县人民医院抢救。彭科的母亲韦新英正在喂猪，也被冲击波波及受伤。

三、事故的应急处置情况

事故发生后，有关单位、部门和政府按规定程序将有关情况及时、如实上报至北海市政府、公安局、安监局，合浦县人民政府立即启动突发事件处置预案，展开应急救援。

北海市委书记王小东，市长周家斌，市委常委、纪委书记宁小平分别对事故的调查处理作出了重要批示。

市委常委、合浦县委书记麦承标，县委副书记林德光，县委常委、常务副县长韩传福，县委常委、组织部长田卫民，县政协副主席封子合等领导带领县公安、安监、工商、消防、卫生等部门，石康镇党委、政府有关领导和人员第一时间赶赴现场组织救援，对现场进行警戒，对围观群众开展疏导教育，维护周边治安秩序，组织警力排除险情，避免造成混乱和更大的伤亡，确保周边社会治安稳定。自治区安监局副巡视员郑一、应急救援办主任刘鑫荣、烟花爆竹处副处长陆金宜，自治区公安厅副厅长梁宏伟、北海市副市长、公安局长袁健晖等也于当天赶赴现场指导督促事故救援及调查处置工作。在梧州、南宁两地参加会议的副市长陈勋、市安监局长覃善府、县长熊赤锋、副县长肖子盈连夜赶回组织参与调查处置工作。

市安监局副局长叶家发、陈华，市公安局副局长林桂明等领导也于当天赶赴现场参与事故救援及处置工作。各级有关领导分别到医院探望伤员，并要求医务人员不惜一切代价，全力救治。

合浦县成立以县委副书记林德光为组长、纪委书记潘晓波、政法委书记张均栋等为副组长的工作组，联合调查组于当天开展调查处置工作。县公安局于11月21日立刑事案件（危险物品肇事案）侦查，"私炮"业主彭科、彭定忠，已于11月22日被刑事拘留。

四、事故造成的人员伤亡和直接经济损失

（一）死亡3人

（1）潘彩珍，女，1951年5月4日出生，住合浦县公馆镇长坡村委会长坡村；

（2）林秀球，女，1965年2月7日出生，住合浦县公馆镇长坡村委会长坡村；

（3）赵小妹，女，1962年12月2日出生，住合浦县公馆镇长坡村委会珠砂岭村。

（二）受伤7人

（1）韦新英（"私炮"窝点业主彭科的母亲，负责喂猪），女，55岁，合浦县公馆镇长坡村委人。头部颈部烧伤5%，在合浦县人民医院住院治疗，目前基本治愈，近期可以出院；

（2）彭凤（"私炮"窝点业主彭科的妻子），女，33岁，合浦县公馆镇长坡村委人。全身多处烧伤30%，在合浦县人民医院住院治疗，目前病情稳定；

（3）童建香，女，59岁，合浦县公馆镇长坡村委人。全身多处烧伤30%，在合浦县人民医院治疗，目前病情稳定；

（4）黄小娟（"私炮"窝点业主彭科的弟媳妇），女，25岁，合浦县闸口镇银坑村委人。全身多处烧伤50%，已由合浦县人民医院转至广西医科大学一附院治疗，目前病情稳定；

（5）黄莲清，女，56岁，合浦县公馆镇长坡村委会人。全身多处烧伤50%，已由合浦县人民医院转至广西医科大学一附院住院治疗，目前病情稳定；

（6）韦秀英，女，47岁，合浦县公馆镇乘马村委人。全身多处烧伤80%，已由合浦县人民医院转至广西医科大学一附院住院治疗，目前病情稳定；

（7）廖烈娟，女，72岁，合浦县公馆镇铁山村委人。全身多处烧伤60%，已由合浦县人民医院转至广西医科大学一附院住院治疗，目前病情稳定。

（三）直接经济损失：截止2013年12月2日，直接经济损失39.3万元。

五、事故原因分析

（一）直接原因

通过调查分析，事故发生的直接原因是：彭科组织非法生产爆竹，参与人员林秀球在插引过程中，因拖拉、摩擦导致药物着火爆炸。

（二）间接原因

存在非法组织生产活动。打"私炮"还留有死角，工作不扎实，排查不彻底，打击不力，有失控漏管现象。

（1）彭科、彭定忠在不具备安全生产条件的猪场内改建猪栏非法组织生产爆竹，是事故发生的主要原因之一。

（2）徐某非法提供爆竹原材料（引线、高氯酸钾）给彭科、彭定忠非法加工爆竹，是事故发生的主要原因之一。

（3）合浦县政府在打击"私炮"工作中，发动群众不够，奖励力度不够，相关部门联合执法不够，工作开展不力，排查不彻底，工作还存在漏洞。

（4）石康镇党委、政府在打击"私炮"工作中仍存在疏忽，排查不彻底（有盲点），即使几次排查到发生事故的位置偏僻的火龙果园，也因大门紧锁或者被拒绝进入而放弃深入排查，责任心不强，心存侥幸，以致留下事故隐患。

（5）十字路乡派出所和石康镇工商所没有很好地履行合浦县委、县政府《关于整治烟花爆竹非法生产经营的若干规定（试行）的通知》（合发〔2007〕70号）等规定的职责，思想认识不到位，检查打击不力，致使该窝点非法生产爆竹的行为没有得到有效制止。

（6）红碑城村委没有很好地履行合浦县委、县政府《关于建立打击"私炮"长效管理机制的意见》（合发〔2003〕88号）和县政府《关于实行"私炮"排查每月零报告制度的通知》（合政发〔2011〕88号）等规定的职责，对辖区内非法生产爆竹的情况监控不到位，排查和监控力度不够，致使该窝点非法生产爆竹的行为没有得到及时发现。

六、事故性质

经调查分析认为：该事故是一起因非法生产爆竹造成的生产安全较大事故。合浦县公安局已于2013年11月21日立危险物品肇事案侦查，"私炮"业主彭科、彭定忠，已于事故发生第二日被刑事拘留。

七、事故责任的认定及对责任者的处理建议

（一）根据《中华人民共和国安全生产法》《中华人民共和国刑法》《烟花爆竹安全管理条例》的有关规定，非法生产、经营、运输烟花爆竹，构成犯罪的，依法追究刑事责任。建议对以下人员予以依法查处：

（1）彭科、彭定忠非法组织生产爆竹，徐某非法向二彭私炮点提供危险物品，对事故的发生负有直接责任，涉嫌危险物品肇事罪。彭科、彭定忠已被刑事拘留，徐某在逃，被公安机关追捕中，建议司法机关依法继续追究其法律责任。

（2）村民潘彩珍、林秀球、赵小妹安全意识淡薄，不具备爆竹生产操作资质，非法加工爆竹。三人涉嫌参与非法生产爆竹，对事故的发生负有直接责任。鉴于三人已在事故中死亡，建议免除三人的法律责任。

（3）事故伤者黄莲清、韦秀英、廖烈娟、彭凤、黄小娟、童建香安全意识淡薄，不具备爆竹生产操作资质，非法加工爆竹。六人涉嫌参与非法生产爆竹，对事故的发生负有直接责任。建议司法机关依法追究其法律责任。

（二）根据《中国共产党纪律处分条例》第一百三十三条第一款第（一）项、《行政机关公务员处分条例》和《广西壮族自治区人民政府办公厅关于进一步加强烟花爆竹安全监督管理工作的通知》(桂政办发〔2011〕122号)第四条第(七)项等规定,提出如下处理建议:

(1)何来国,合浦县副县长、公安局长,为县政府分管领导,打击"私炮"工作开展不力,排查不彻底,引发安全事故,负有领导责任。建议给予其行政警告处分,调整工作岗位。

(2)合浦县安监局长李书余、合浦县工商局长杨利海、十字路工商所所长刘建伟,对事故的发生负有工作开展不力、引发安全事故的职能部门领导责任。建议分别给予李书余、杨利海、刘建伟行政警告处分。合浦县公安局副局长、"打非"办主任陈永刚对组织协调"打非"工作负有直接领导责任,建议给予诫勉谈话。

(3)叶庆发,中共石康镇党委书记,对辖区内非法生产爆竹行为虽然进行了部署和检查,但排查工作开展不细致,打击力度不够,对该起事故负有重要领导责任。建议给予其党内警告处分。

(4)许维彩,中共石康镇党委副书记,石康镇人民政府镇长,石康镇安全生产的第一责任人,对辖区非法生产爆竹的打击工作开展不力,对该起事故负有重要领导责任。建议给予其行政记大过处分。

(5)郭作敬,中共石康镇党委副书记,石康镇分管打击"私炮"工作领导,石康镇打击"私炮"工作小组组长。对非法生产爆竹打击力度不够,排查工作不力,未从根本上杜绝辖区内的非法生产爆竹行为,对本次事故的发生负主要领导责任。建议给予其党内严重警告处分。

(6)刘良茂,石康镇党委委员、石康镇人民政府副镇长,红碑城村委包村镇领导,对红碑城村委关草塘村小组火龙果园非法生产爆竹排查工作不力,没有掌握该地点生产爆竹情况,几次组织镇村工作人员到该火龙果园检查,均因大门紧锁或被拒绝进入而放弃深入检查,责任心不强,对本次事故的发生负相关领导责任。建议给予其行政记大过处分。

(7)梁锡初,中共党员,石康镇十字路派出所所长,石康镇打击"私炮"工作小组副组长,对本辖区内非法生产爆竹打击不力,对本次事故的发生负重要领导责任。建议给予其行政记过处分。

(8)李瑞升,中共党员,十字路派出所副所长,红碑城村打击"私炮"管片民警,对非法生产爆竹排查工作不力,没有及时掌握该窝点生产情况,在红碑城村委组织的排查工作中履职不到位,责任心不强。建议给予其行政记大过处分。

(9)陈铭伟,中共党员,石康镇政府工作人员、派驻红碑城村工作组组长,石康镇打击"私炮"工作小组成员。对红碑城村委关草塘村小组火龙果园内非法生产爆竹排查工作不力,没有掌握该地点生产爆竹情况,几次参与镇村工作人员到该火龙果园进行检查,均因大门紧锁或被拒绝进入而放弃深入检查,责任心不强,对本次事故的发生负相关责任。建议给予其党内严重警告处分。

(10)高耀权,中共党员,红碑城村委党支部书记兼主任,对红碑城村委关草塘村小组火龙果园内非法生产爆竹排查工作不力,没有掌握该地点生产爆竹情况,几次参与镇、村工作人员到该火龙果园进行检查,均因大门紧锁或被拒绝进入而放弃深入检查,责任心不强,对本次事故的发生负相关责任。建议给予其党内严重警告处分。

(11)刘顺,中共党员,红碑城村委副支书、副主任兼治保主任,对红碑城村委关草塘村小组火龙果园内非法生产爆竹排查工作不力,没有掌握该地点生产爆竹情况,几次参与镇、村工作人员到该火龙果园进行检查,均因大门紧锁或被拒绝进入而放弃深入检查,责任心不强,对本次事故的发生负相关责任。建议给予其党内严重警告处分。

（12）朱庆和,73 岁,中共党员,北海市中级人民法院退休干部,年老多病,出租果园监管不到位,建议由公安机关依法查处。

八、防范措施

（一）强化责任。要针对非法生产经营主要集中在农村,具有分散性、隐蔽性、流动性等特点,重点落实县、镇两级人民政府的安全监管责任,加强基层监管力量,并充分发挥村委会的作用和广大群众的监督作用,采取经常检查、驻点监督、奖励举报等措施。各级政府要切实组织公安、安监、质监、工商等部门,建立长期稳定、责任明确、配合紧密的联合执法机制,采取行之有效的措施,加大打击力度,坚决取缔非法生产、经营和储存烟花爆竹窝点,进一步规范烟花爆竹生产经营秩序,保障人民生命安全。

（二）吸取教训,举一反三。加大宣传力度,教育群众。各职能部门、县（区）、乡镇政府要认真吸取教训,举一反三,明确职责,落实责任,加大打"私炮"工作力度。要充分利用新闻媒体,运用公告、标语、宣传单、广播等方式,广泛宣传非法生产经营烟花爆竹的严重危害,教育群众增强安全意识,积极维护自身安全权益,不参与非法生产经营活动,树立"不伤害别人、不伤害自己、不被别人伤害"以及非法生产经营烟花爆竹就是违法犯罪的观念。发动群众从个人做起,积极配合打击非法工作。自觉做到"六不",即:不参与、不容留、不庇护、不藏匿、不信谣、不盲从。告知群众非法生产、运输、储存、销售烟花爆竹应承担的责任,使广大人民群众认清其危害性。

（三）重心下移,拉网式排查。要针对非法生产经营主要集中在农村,具有分散性、隐蔽性、伪装性、流动性等特点,重点落实乡镇、村委的监管责任,加强基层监管力量,并充分发挥村委会的作用和广大群众的监督作用,采取拉网式排查、奖励举报等措施。重点排查果园、鸡场、猪场等种植养殖场所、废弃厂场和村与村、乡镇与乡镇、县区与县区的交界处,严厉打击利用种植养殖场所和废弃厂场作掩护非法生产烟花爆竹行为,保障人民生命安全。

（四）出台措施,修订奖惩办法。事故发生后,县政府立即修订了《打击非法生产经营烟花爆竹奖励办法》,加大奖惩力度,该办法规定:一是向社会公布有奖举报"打私"电话,严格兑现奖励,对举报人的举报一经查实,每次奖励最少 2000 元,最高 50000 元（具体奖励数额根据所查扣物品的估价而确定）。二是对查获较大非法生产经营烟花爆竹窝点的乡镇,每次奖励 20000 元,村（居）委奖励 10000 元,派出所奖励 10000 元,参加查处"私炮"的相关部门奖励 10000 元。三是对查处"私炮"有功的驻村机关干部、村委干部以及包片公安民警奖励 1000 元。同时,乡镇相应出台了一系列针对镇、村干部的奖惩措施,将"打私"工作与包村村委干部工资挂钩,强化村委干部查私的责任。

（五）建立"线人队伍",扩大打击"私炮"线索收集面。各乡镇要建立"线人队伍"制度,将工作性质特殊且觉悟较高的村民（如放牛者、废品收购者等）组织起来,构建"线人队伍",广泛收集打击"私炮"的线索,对于收集或者举报有功的"线人"按照《打击非法生产经营烟花爆竹奖励办法》的规定进行奖励。

（六）强化科技打击"私炮"的作用。加强"打非"队伍和装备能力建设,合浦县政府拨专项资金购买先进的 MOLE（摩尔）远距离炸药检测仪。加大对非法生产、经营行为的查处力度,对非法生产经营者一律按照"从严、从重、从快"的原则处理,做到"六不放过":涉案物品没有全部收缴的不放过、来源流向没有查清的不放过、贩运网络没有打掉的不放过、制贩窝点没有端掉的不放过、涉案人员没有得到依法惩处的不放过、监管失职人员责任没有受到追究的不放过。对于涉案人员的处理，该拘留的拘留，够刑事立案标准的依法追究刑事责任，从而对制贩烟花爆竹的违法犯罪活动起到警示震慑作用。

（七）加强检查，切断非法生产经营渠道。县、乡镇政府要积极采取有效措施，切断非法生产经营的产销链条，杜绝非法生产的烟花爆竹产品进入市场。一是严格执行烟花爆竹标签管理和产品流向台帐制度，堵塞非法产品进入零售网点的渠道。二是加强监督检查，加大农村、城乡结合部集贸市场的监管，坚决打击和取缔非法销售烟花爆竹窝点。三是在各交通要道设立固定或流动检查站，加强对烟花爆竹运输车辆的盘查，堵塞非法运输的渠道。四是发现非法生产、经营烟花爆竹现象，深挖根源，从原材料供应来源、产品销售去向等环节全面追查，从严处罚各环节的违法、犯罪人员，教育警示他人。

合浦县石康镇"11·21"非法生产烟花爆竹爆炸事故调查组

2014 年 7 月 29 日

【案例分析】

根据这起事故的调查报告，我们从事故调查组的组成、事故调查报告的撰写以及责任人的刑事责任进行如下分析：

1. 根据《条例》的规定，该起事故为一般事故，应由县级人民政府组织事故调查组进行调查。但在该起事故报告中只提到"合浦县成立以县委副书记林德光为组长、纪委书记潘晓波、政法委书记张均林等为副组长的工作组，联合调查组当天开展调查处置工作。"这样的做法并不符合《条例》的规定，有待规范。

2. 如前所述，该起事故的调查组也没有按照《条例》第二十二条的规定执行，这也是应该规范的地方。

3. 该起事故的调查报告从标题到内容的组成也没有严格按照本书第七章的要求进行撰写，这也是有待改进的地方。

4. 关于彭科、彭定忠的定罪问题。根据调查报告所述，彭科、彭定忠涉嫌构成危险物品肇事罪，但从其犯罪构成来分析，两人的行为也涉嫌构成重大责任事故罪，即出现法条竞合问题，但一个行为只能构成一个罪，由于彭科、彭定忠在犯罪客观方面表现为违反危险物品的管理规定，因此，两人的行为均应定为危险物品肇事罪。

案例 4：危险的行为均化学品事故调查处理典型案例分析

山东省青岛市"11·22"中石化东黄输油管道
泄漏爆炸特别重大事故调查报告

2013 年 11 月 22 日 10 时 25 分，位于山东省青岛经济技术开发区的中国石油化工股份有限公司管道储运分公司东黄输油管道泄漏原油进入市政排水暗渠，在形成密闭空间的暗渠内油气积聚遇火花发生爆炸，造成 62 人死亡、136 人受伤，直接经济损失 75172 万元。

事故发生后，党中央、国务院高度重视，习近平总书记作出重要指示，要求组织力量，及时排除险情，千方百计搜救失踪、受伤人员，并查明事故原因，总结事故教训，落实安全生产责任，强化安全生产措施，坚决杜绝此类事故。11 月 24 日习近平总书记到山东考察经济社会发展工作，下午专程来到青岛看望、慰问伤员和遇难者家属，听取汇报，并发表重要讲话。李克强总理作出重要批示，要求全力搜救失踪、受伤人员，深入排查控制危险源，妥善做好各项善后工作，加强检查督查，严格落实安全责任。刘云山、张高丽、马凯、孟建柱、郭声琨、王勇等党中央、国务院领导同志也都作出了重要批示。受习近平总书记、李克强总理委托，11 月 22 日下午，国务委员王勇带领相关部门负责同志赶赴现场，组织指挥抢险救援。

根据党中央、国务院领导同志的重要批示指示要求，依据《安全生产法》和《生产安全事故报告和调查处理条例》(国务院令第 493 号)等有关法律法规，经国务院批准，11 月 25 日，成立了由国家安全监管总局局长杨栋梁任组长，国家安全监管总局、监察部、公安部、环境保护部、国务院国资委、全国总工会、山东省人民政府有关负责同志等参加的国务院山东省青岛市"11·22"中石化东黄输油管道泄漏爆炸特别重大事故调查组(以下简称事故调查组)，开展事故调查工作。事故调查组邀请最高人民检察院派员参加，并聘请了国内管道设计和运行、市政工程、消防、爆炸、金属材料、防腐、环保等方面的专家参加事故调查工作。

事故调查组按照"四不放过"和"科学严谨、依法依规、实事求是、注重实效"的原则，通过现场勘验、调查取证、检测鉴定和专家论证，查明了事故发生的经过、原因、人员伤亡和直接经济损失情况，认定了事故性质和责任，提出了对有关责任人和责任单位的处理建议，并针对事故原因及暴露出的突出问题，提出了事故防范措施建议。现将有关情况报告如下：

一、基本情况

(一)事故单位情况

(1)中国石油化工集团公司(以下简称中石化集团公司)，是经国务院批准于 1998 年 7 月在原中国石油化工总公司基础上重组成立的特大型石油石化企业集团，是国家独资设立的国有公司，注册资本 2316 亿元。

(2)国石油化工股份有限公司(以下简称中石化股份公司)，是中石化集团公司以独家发起方式于 2000 年 2 月设立的股份制企业，主要从事油气勘探与生产、油品炼制与销售、化工生产与销售等业务。

(3)中石化股份公司管道储运分公司(以下简称中石化管道分公司)，是中石化股份公司下属的从事原油储运的专业化公司，位于江苏省徐州市，下设 13 个输油生产单位，管辖途经 14 个省(区、市)的 37 条、6505 公里输油管道和 101 个输油站(库)。

(4)中石化管道分公司潍坊输油处(以下简称潍坊输油处)，是中石化管道分公司下属的输油生产单位，位于山东省潍坊市，负责管理东黄输油管道等 5 条、872 公里管道。

(5)中石化管道分公司黄岛油库(以下简称黄岛油库)，是中石化管道分公司下属的输油生产单位，位于山东省青岛经济技术开发区，负责港口原油接收及转输业务。黄岛油库油罐总容量 210 万立方米(其中，5 万立方米油罐 34 座，10 万立方米油罐 4 座)。

(6)潍坊输油处青岛输油站(以下简称青岛站)，是潍坊输油处下属的管道运行维护单

位，位于山东省青岛市胶州市，负责管理东黄输油管道胶州、高密界至黄岛油库的 94 公里
管道。

（二）青岛经济技术开发区情况

青岛经济技术开发区（以下简称开发区）是经国务院批准于 1984 年 10 月成立的。目前
管理区域总面积 478 平方公里，有黄岛、薛家岛等 7 个街道办事处和 1 个镇，322 个村（居），
常住人口近 80 万人。2012 年，完成地区生产总值 1365 亿元。

（三）东黄输油管道相关情况

东黄输油管道于 1985 年建设，1986 年 7 月投入运行，起自山东省东营市东营首站，止于
开发区黄岛油库。设计输油能力 2000 万吨/年，设计压力 6.27 兆帕。管道全长 248.5 公里，
管径 711 毫米，材料为 API5LX－60 直缝焊接钢管。管道外壁采用石油沥青布防腐，外加电
流阴极保护。1998 年 10 月改由黄岛油库至东营首站反向输送，输油能力 1000 万吨/年。

事故发生段管道沿开发区秦皇岛路东西走向，采用地埋方式敷设。北侧为青岛丽东化工
有限公司厂区，南侧有青岛益和电器集团公司、青岛信泰物流有限公司等企业。

事故发生时，东黄输油管道输送埃斯坡、罕戈 1∶1 混合原油，密度 0.86 吨/立方米，饱和
蒸汽压 13.1 千帕，蒸汽爆炸极限 1.76%～8.55%，闭杯闪点－16℃。油品属轻质原油。原
油出站温度 27.8℃，满负荷运行出站压力 4.67 兆帕。

（四）排水暗渠相关情况

事故主要涉及刘公岛路（秦皇岛路以南并与秦皇岛路平行）至入海口的排水暗渠，全长约
1945 米，南北走向，通过桥涵穿过秦皇岛路。秦皇岛路以南排水暗渠（上游）沿斋堂岛街西侧
修建，最南端位于斋堂岛街与刘公岛路交汇的十字路口西北侧，长度约为 557 米；秦皇岛路
以北排水暗渠（下游）穿过青岛丽东化工有限公司厂区，并向北延伸至入海口，长度约为 1388
米。斋堂岛街东侧建有青岛益和电器设备有限公司、开发区第二中学等单位；斋堂岛街西侧
建有青岛信泰物流有限公司、华欧北海花园、华欧水湾花园等企业及居民小区。

排水暗渠分段、分期建设。1995 年、1997 年先后建成秦皇岛路桥涵南、北半幅（南半幅
长 30 米、宽 18 米、高 3.29 米，北半幅长 25 米、宽 18 米、高 2.87 米）。秦皇岛路桥涵以南
沿斋堂岛街的排水明渠于 1996 年建设完成；1998 年、2002 年、2008 年经过 3 次加设盖板改
造，成为排水暗渠（暗渠宽 8 米、高 2.5 米）。秦皇岛路桥涵以北的排水暗渠于 2004 年、2009
年分两期建设完成（暗渠宽 13 米、高 2.0～2.5 米不等）。排水暗渠底板为钢筋混凝土，墙体
为浆砌石，顶部为预制钢筋混凝土盖板。

（五）东黄输油管道与排水暗渠交叉情况

输油管道在秦皇岛路桥涵南半幅顶板下架空穿过，与排水暗渠交叉。桥涵内设 3 座支
墩，管道通过支墩洞孔穿越暗渠，顶部距桥涵顶板 110 厘米，底部距渠底 148 厘米，管道穿过
桥涵两侧壁部位采用细石混凝土进行封堵。管道泄漏点位于秦皇岛路桥涵东侧墙体外 15 厘
米，处于管道正下部位置。

二、事故发生经过及应急处置情况

（一）原油泄漏处置情况

1. 企业处置情况

11 月 22 日 2 时 12 分，潍坊输油处调度中心通过数据采集与监视控制系统发现东黄输油

管道黄岛油库出站压力从 4.56 兆帕降至 4.52 兆帕,两次电话确认黄岛油库无操作因素后,判断管道泄漏;2 时 25 分,东黄输油管道紧急停泵停输。

2 时 35 分,潍坊输油处调度中心通知青岛站关闭洋河阀室截断阀(洋河阀室距黄岛油库 24.5 公里,为下游距泄漏点最近的阀室);3 时 20 分左右,截断阀关闭。

2 时 50 分,潍坊输油处调度中心向处运销科报告东黄输油管道发生泄漏;2 时 57 分,通知处抢维修中心安排人员赴现场抢修。

3 时 40 分左右,青岛站人员到达泄漏事故现场,确认管道泄漏位置距黄岛油库出站口约 1.5 公里,位于秦皇岛路与斋堂岛街交叉口处。组织人员清理路面泄漏原油,并请求潍坊输油处调用抢险救灾物资。

4 时左右,青岛站组织开挖泄漏点、抢修管道,安排人员拉运物资清理海上溢油。

4 时 47 分,运销科向潍坊输油处处长报告泄漏事故现场情况。

5 时 07 分,运销科向中石化管道分公司调度中心报告原油泄漏事故总体情况。

5 时 30 分左右,潍坊输油处处长安排副处长赴现场指挥原油泄漏处置和入海原油围控。

6 时左右,潍坊输油处、黄岛油库等现场人员开展海上溢油清理。

7 时左右,潍坊输油处组织泄漏现场抢修,使用挖掘机实施开挖作业;7 时 40 分,在管道泄漏处路面挖出 2 m×2 m×1.5 m 作业坑,管道露出;8 时 20 分左右,找到管道泄漏点,并向中石化管道分公司报告。

9 时 15 分,中石化管道分公司通知现场人员按照预案成立现场指挥部,做好抢修工作;9 时 30 分左右,潍坊输油处副处长报告中石化管道分公司,潍坊输油处无法独立完成管道抢修工作,请求中石化管道分公司抢维修中心支援。

10 时 25 分,现场作业时发生爆炸,排水暗渠和海上泄漏原油燃烧,现场人员向中石化管道分公司报告事故现场发生爆炸燃烧。

2. 政府及相关部门处置情况

11 月 22 日 2 时 31 分,开发区公安分局 110 指挥中心接警,称青岛丽东化工有限公司南门附近有原油泄漏,黄岛派出所出警。

3 时 10 分,110 指挥中心向开发区总值班室报告现场情况。至 4 时 17 分,开发区应急办、市政局、安全监管局、环保分局、黄岛街道办事处等单位人员分别收到事故报告。4 时 51 分、7 时 46 分、7 时 48 分,开发区管委会副主任、主任、党工委书记分别收到事故报告。

4 时 10 分至 5 时左右,开发区应急办、安全监管局、环保分局、市政局及开发区安全监管局石化区分局、黄岛街道办事处有关人员先后到达原油泄漏事故现场,开展海上溢油清理。

7 时 49 分,开发区应急办副主任将泄漏事故现场及处置情况报告青岛市政府总值班室。

8 时 18 分至 27 分,青岛市政府总值班室电话调度青岛市环保局、青岛海事局、青岛市安全监管局,要求进一步核实信息。

8 时 34 分至 40 分,青岛市政府总值班室将泄漏事故基本情况通过短信报告市政府秘书长、副秘书长、应急办副主任。

8 时 53 分,青岛市政府副秘书长将泄漏事故基本情况短信转发给市经济和信息化委员会副主任,并电话通知其立即赶赴事故现场。

9 时 01 分至 06 分,青岛市政府副秘书长、市政府总值班室将泄漏事故基本情况分别通过短信报告市长及 4 位副市长。

9 时 55 分，青岛市经济和信息化委员会副主任等到达泄漏事故现场；10 时 21 分，向市政府副秘书长报告海面污染情况；10 时 27 分，向市政府副秘书长报告事故现场发生爆炸燃烧。

（二）爆炸情况

为处理泄漏的管道，现场决定打开暗渠盖板。现场动用挖掘机，采用液压破碎锤进行打孔破碎作业，作业期间发生爆炸。爆炸时间为 2013 年 11 月 22 日 10 时 25 分。

爆炸造成秦皇岛路桥涵以北至入海口、以南沿斋堂岛街至刘公岛路排水暗渠的预制混凝土盖板大部分被炸开，与刘公岛路排水暗渠西南端相连接的长兴岛街、唐岛路、舟山岛街排水暗渠的现浇混凝土盖板拱起、开裂和局部炸开，全长波及 5000 余米。爆炸产生的冲击波及飞溅物造成现场抢修人员、过往行人、周边单位和社区人员，以及青岛丽东化工有限公司厂区内排水暗渠上方临时工棚及附近作业人员，共 62 人死亡、136 人受伤。爆炸还造成周边多处建筑物不同程度损坏，多台车辆及设备损毁，供水、供电、供暖、供气多条管线受损。泄漏原油通过排水暗渠进入附近海域，造成胶州湾局部污染。

（三）爆炸后应急处置及善后情况

爆炸发生后，山东省委书记姜异康、省长郭树清迅速率领有关部门负责同志赶赴事故现场，指导事故现场处置工作。青岛市委、市政府主要领导同志立即赶赴现场，成立应急指挥部，组织抢险救援。中石化集团公司董事长傅成玉立即率工作组赶赴现场，中石化管道分公司调集专业力量、中石化集团公司调集山东省境内石化企业抢险救援力量赶赴现场。国务委员王勇在事故现场听取山东省、青岛市主要领导同志的工作汇报后，指示成立了以省政府主要领导同志为总指挥的现场指挥部，下设 8 个工作组，开展人员搜救、抢险救援、医疗救治及善后处理等工作。当地驻军也投入力量积极参与抢险救援。

现场指挥部组织 2000 余名武警及消防官兵、专业救援人员，调集 100 余台（套）大型设备和生命探测仪及搜救犬，紧急开展人员搜救等工作。截至 12 月 2 日，62 名遇难人员身份全部确认并向社会公布。遇难者善后工作基本结束。136 名受伤人员得到妥善救治。

青岛市对事故区域受灾居民进行妥善安置，调集有关力量，全力修复市政公共设施，恢复供水、供电、供暖、供气，清理陆上和海上油污。当地社会秩序稳定。

三、事故原因和性质

（一）直接原因

输油管道与排水暗渠交汇处管道腐蚀减薄、管道破裂、原油泄漏，流入排水暗渠及反冲到路面。原油泄漏后，现场处置人员采用液压破碎锤在暗渠盖板上打孔破碎，产生撞击火花，引发暗渠内油气爆炸。

原因分析：

通过现场勘验、物证检测、调查询问、查阅资料，并经综合分析认定：由于与排水暗渠交叉段的输油管道所处区域土壤盐碱和地下水氯化物含量高，同时排水暗渠内随着潮汐变化海水倒灌，输油管道长期处于干湿交替的海水及盐雾腐蚀环境，加之管道受到道路承重和振动等因素影响，导致管道加速腐蚀减薄、破裂，造成原油泄漏。泄漏点位于秦皇岛路桥涵东侧墙体外 15 厘米，处于管道正下部位置。经计算、认定，原油泄漏量约 2000 吨。

泄漏原油部分反冲出路面，大部分从穿越处直接进入排水暗渠。泄漏原油挥发的油气与排水暗渠空间内的空气形成易燃易爆的混合气体，并在相对密闭的排水暗渠内积聚。由于原油泄漏到发生爆炸达 8 个多小时，受海水倒灌影响，泄漏原油及其混合气体在排水暗渠内蔓延、扩散、积聚，最终造成大范围连续爆炸。

（二）间接原因

1. 中石化集团公司及下属企业安全生产主体责任不落实，隐患排查治理不彻底，现场应急处置措施不当。

（1）中石化集团公司和中石化股份公司安全生产责任落实不到位。安全生产责任体系不健全，相关部门的管道保护和安全生产职责划分不清、责任不明；对下属企业隐患排查治理和应急预案执行工作督促指导不力，对管道安全运行跟踪分析不到位；安全生产大检查存在死角、盲区，特别是在全国集中开展的安全生产大检查中，隐患排查工作不深入、不细致，未发现事故段管道安全隐患，也未对事故段管道采取任何保护措施。

（2）中石化管道分公司对潍坊输油处、青岛站安全生产工作疏于管理。组织东黄输油管道隐患排查治理不到位，未对事故段管道防腐层大修等问题及时跟进，也未采取其他措施及时消除安全隐患；对一线员工安全和应急教育不够，培训针对性不强；对应急救援处置工作重视不够，未督促指导潍坊输油处、青岛站按照预案要求开展应急处置工作。

（3）潍坊输油处对管道隐患排查整治不彻底，未能及时消除重大安全隐患。2009 年、2011 年、2013 年先后 3 次对东黄输油管道外防腐层及局部管体进行检测，均未能发现事故段管道严重腐蚀等重大隐患，导致隐患得不到及时、彻底整改；从 2011 年起安排实施东黄输油管道外防腐层大修，截至 2013 年 10 月仍未对包括事故泄漏点所在的 15 公里管道进行大修；对管道泄漏突发事件的应急预案缺乏演练，应急救援人员对自己的职责和应对措施不熟悉。

（4）青岛站对管道疏于管理，管道保护工作不力。制定的管道抢维修制度、安全操作规程针对性、操作性不强，部分员工缺乏安全操作技能培训；管道巡护制度不健全，巡线人员专业知识不够；没有对开发区在事故段管道先后进行排水明渠和桥涵、明渠加盖板、道路拓宽和翻修等建设工程提出管道保护的要求，没有根据管道所处环境变化提出保护措施。

（5）事故应急救援不力，现场处置措施不当。青岛站、潍坊输油处、中石化管道分公司对泄漏原油数量未按应急预案要求进行研判，对事故风险评估出现严重错误，没有及时下达启动应急预案的指令；未按要求及时全面报告泄漏量、泄漏油品等信息，存在漏报问题；现场处置人员没有对泄漏区域实施有效警戒和围挡；抢修现场未进行可燃气体检测，盲目动用非防爆设备进行作业，严重违规违章。

2. 青岛市人民政府及开发区管委会贯彻落实国家安全生产法律法规不力。

（1）督促指导青岛市、开发区两级管道保护工作主管部门和安全监管部门履行管道保护职责和安全生产监管职责不到位，对长期存在的重大安全隐患排查整改不力。

（2）组织开展安全生产大检查不彻底，没有把输油管道作为监督检查的重点，没有按照"全覆盖、零容忍、严执法、重实效"的要求，对事故涉及企业深入检查。

（3）黄岛街道办事处对青岛丽东化工有限公司长期在厂区内排水暗渠上违章搭建临时工棚问题失察，导致事故伤亡扩大。

3. 管道保护工作主管部门履行职责不力，安全隐患排查治理不深入

（1）山东省油区工作办公室已经认识到东黄输油管道存在安全隐患，但督促企业治理不

力，督促落实应急预案不到位；组织安全生产大检查不到位，督促青岛市油区工作办公室开展监督检查工作不力。

（2）青岛市经济和信息化委员会、油区工作办公室对管道保护的监督检查不彻底、有盲区，2013年开展了6次管道保护的专项整治检查，但都没有发现秦皇岛路道路施工对管道安全的影响；对管道改建计划跟踪督促不力，督促企业落实应急预案不到位。

（3）开发区安全监管局作为管道保护工作的牵头部门，组织有关部门开展管道保护工作不力，督促企业整治东黄输油管道安全隐患不力；安全生产大检查走过场，未发现秦皇岛路道路施工对管道安全的影响。

4. 开发区规划、市政部门履行职责不到位，事故发生地段规划建设混乱

（1）开发区控制性规划不合理，规划审批工作把关不严。开发区规划分局对青岛信泰物流有限公司项目规划方案审批把关不严，未对市政排水设施纳入该项目规划建设及明渠改为暗渠等问题进行认真核实，导致市政排水设施继续划入厂区规划，明渠改暗渠工程未能作为单独市政工程进行报批。事故发生区域危险化学品企业、油气管道与居民区、学校等近距离或交叉布置，造成严重安全隐患。

（2）管道与排水暗渠交叉工程设计不合理。管道在排水暗渠内悬空架设，存在原油泄漏进入排水暗渠的风险，且不利于日常维护和抢维修；管道处于海水倒灌能够到达的区域，腐蚀加剧。

（3）开发区行政执法局（市政公用局）对青岛信泰物流有限公司厂区明渠改暗渠审批把关不严，以"绿化方案审批"形式违规同意设置盖板，将明渠改为暗渠；实施的秦皇岛路综合整治工程，未与管道企业沟通协商，未按要求计算对管道安全的影响，未对管道采取保护措施，加剧管体腐蚀、损坏；未发现青岛丽东化工有限公司长期在厂区内排水暗渠上违章搭建临时工棚的问题。

5. 青岛市及开发区管委会相关部门对事故风险研判失误，导致应急响应不力

（1）青岛市经济和信息化委员会、油区工作办公室对原油泄漏事故发展趋势研判不足，指挥协调现场应急救援不力。

（2）开发区管委会未能充分认识原油泄漏的严重程度，根据企业报告情况将事故级别定为一般突发事件，导致现场指挥协调和应急救援不力，对原油泄漏的发展趋势研判不足；未及时提升应急预案响应级别，未及时采取警戒和封路措施，未及时通知和疏散群众，也未能发现和制止企业现场应急处置人员违规违章操作等问题。

（3）开发区应急办未严格执行生产安全事故报告制度，压制、拖延事故信息报告，谎报开发区分管领导参与事故现场救援指挥等信息。

（4）开发区安全监管局未及时将青岛丽东化工有限公司报告的厂区内明渠发现原油等情况向政府和有关部门通报，也未采取有效措施。

（三）事故性质

经调查认定，山东省青岛市"11·22"中石化东黄输油管道泄漏爆炸特别重大事故是一起生产安全责任事故。

四、对事故有关责任人员及责任单位的处理建议

（一）司法机关已采取措施人员

（1）裴冬平，中共党员，中石化管道分公司运销处处长。因涉嫌重大责任事故罪，被司法机关于 2013 年 12 月 14 日刑事拘留，12 月 27 日批准逮捕。

（2）廖达伟，中共党员，中石化管道分公司安全环保监察处处长。因涉嫌重大责任事故罪，被司法机关于 2013 年 12 月 14 日刑事拘留，12 月 27 日批准逮捕。

（3）尚凤山，中共党员，中石化管道分公司运销处副处长。因涉嫌重大责任事故罪，被司法机关于 2013 年 12 月 14 日刑事拘留，12 月 27 日批准逮捕。

（4）靳春义，中共党员，潍坊输油处处长兼副书记。因涉嫌重大责任事故罪，被司法机关于 2013 年 12 月 9 日刑事拘留，12 月 23 日批准逮捕。

（5）邢玉庆，中共党员，潍坊输油处副处长。因涉嫌重大责任事故罪，被司法机关于 2013 年 12 月 9 日刑事拘留，12 月 23 日批准逮捕。

（6）黄岱，中共党员，潍坊输油处保卫（反打）科科长。因涉嫌重大责任事故罪，被司法机关于 2013 年 12 月 9 日刑事拘留，12 月 23 日批准逮捕。

（7）王全林，中共党员，潍坊输油处安全环保监察科副科长（主持工作）。因涉嫌重大责任事故罪，被司法机关于 2013 年 12 月 9 日刑事拘留，12 月 23 日批准逮捕。

（8）刘同浩，中共党员，潍坊输油处青岛站副站长（主持工作）。因涉嫌重大责任事故罪，被司法机关于 2013 年 12 月 9 日刑事拘留，12 月 23 日批准逮捕。

（9）苏贺银，潍坊输油处青岛站安全助理工程师。因涉嫌重大责任事故罪，被司法机关于 2013 年 12 月 14 日刑事拘留，12 月 27 日批准逮捕。

（10）汪啸，中共党员，青岛市黄岛区委办、开发区工委管委办公室副主任兼应急办主任，黄岛区政协委员。因涉嫌玩忽职守罪，被司法机关于 2013 年 12 月 11 日立案侦查，12 月 13 日刑事拘留，12 月 27 日批准逮捕。

（11）杨玉军，中共党员，开发区应急管理办公室（区长公开电话办公室、总值班室）副主任。因涉嫌玩忽职守罪，被司法机关于 2013 年 12 月 11 日立案侦查，12 月 13 日刑事拘留，12 月 30 日批准逮捕。

（12）李宝三，中共党员，开发区安全监管局副局长。因涉嫌玩忽职守罪，被司法机关于 2013 年 12 月 19 日立案侦查，12 月 21 日刑事拘留，2014 年 1 月 3 日批准逮捕。

（13）李本哲，中共党员，开发区安全监管局危化品处负责人兼监察大队负责人。因涉嫌玩忽职守罪，被司法机关于 2013 年 12 月 11 日立案侦查，12 月 13 日刑事拘留，12 月 30 日批准逮捕。

（14）任献文，中共党员，开发区安全监管局副局长兼石化区分局局长。因涉嫌玩忽职守罪，被司法机关于 2013 年 12 月 19 日立案侦查，因病暂未采取拘留措施。

（15）王成河，中共党员，开发区安全监管局石化区分局副局长。因涉嫌玩忽职守罪，被司法机关于 2013 年 12 月 19 日立案侦查，12 月 21 日刑事拘留，2014 年 1 月 3 日批准逮捕。

以上人员属中共党员或行政监察对象的，待司法机关作出处理后，由当地纪检监察机关或具有管辖权的单位及时给予相应的党纪、政纪处分。对其他人员涉嫌犯罪的，由司法机关依法独立开展调查。

（二）建议给予党纪、政纪处分人员

（1）傅成玉，中石化集团公司党组书记、董事长，中石化股份公司董事长。作为公司主要负责人，履行安全生产领导责任、贯彻落实国家安全生产法律法规不到位，督促指导集团公司及其中石化管道分公司开展输油管道安全生产工作不到位。对事故发生负有重要领导责任，建议给予行政记过处分。

（2）王天普，中石化集团公司党组成员、总经理，中石化股份公司副董事长。作为集团公司安全生产第一责任人，履行安全生产领导责任、贯彻落实国家安全生产法律法规不到位。在分管安全生产工作期间，督促指导集团公司及其中石化管道分公司输油管道安全生产工作不到位。对事故发生负有重要领导责任，建议给予行政记大过处分。

（3）李春光，中石化集团公司党组成员、副总经理，2013年5月至今任中石化股份公司总裁，分管集团公司安全生产工作。作为集团公司分管安全生产的领导，履行安全生产分管领导职责、贯彻落实国家安全生产法律法规不力，对集团公司及其中石化管道分公司输油管道安全生产工作不力问题失察。对事故发生负有重要领导责任，建议给予行政记大过、党内严重警告处分。

（4）王永健，中共党员，2013年7月至今任中石化股份公司副总裁、安全总监，协助李春光同志负责安全生产工作。工作失职，未认真履行安全总监的职责，指导督促中石化股份公司及中石化管道分公司开展输油管道安全生产工作不力，对负有安全生产监管职责的部门不正确履行职责的问题失察。对事故发生负有主要领导责任，建议给予行政记大过处分、免职。

（5）俞仁明，中共党员，中石化股份公司生产经营管理部主任。贯彻落实国家安全生产法律法规不到位，对中石化管道分公司及其下属单位管理人员业务指导、督促检查不到位。对事故发生负有重要领导责任，建议给予行政记大过处分。

（6）段彦修，中共党员，中石化股份公司生产经营管理部副主任，分管调度处、国内原油处。未认真履行职责，贯彻落实国家安全生产法律法规不到位，对中石化管道分公司及其下属单位管理人员业务指导不力、督促检查不到位，对东黄输油管道存在的安全隐患督促整改不力。对事故发生负有重要领导责任，建议给予行政降级、党内严重警告处分。

（7）尚孟平，中共党员，中石化股份公司生产经营管理部国内原油处处长。工作失职，对中石化管道分公司及其下属单位管理人员业务指导、督促检查不力，对东黄输油管道存在的安全隐患整改不力。对事故发生负有主要领导责任，建议给予行政撤职、党内严重警告处分。

（8）赵日峰，中共党员，中石化股份公司炼油事业部主任。贯彻落实国家安全生产法律法规不到位，对归口管理的板块企业及其下属单位未认真履行安全生产管理职责的问题督促检查不到位。对事故发生负有重要领导责任，建议给予行政记过处分。

（9）王妙云，中共党员，中石化股份公司炼油事业部副主任，分管调度处、设备处。贯彻落实国家安全生产法律法规不到位，对归口管理的板块企业及其下属单位未认真履行安全生产管理职责的问题督促检查不到位。对事故发生负有重要领导责任，建议给予行政记大过处分。

（10）王强，中共党员，中石化股份公司安全监管局局长。贯彻落实国家安全生产法律法规不到位，对中石化管道分公司及其下属单位管理人员未认真履行安全生产管理职责的问题督促检查不到位。对事故发生负有重要领导责任，建议给予行政记大过处分。

（11）彭国生，中共党员，中石化股份公司安全监管局副局长，分管安全监督处的油田板块、应急和综合治理处工作。未认真履行职责，贯彻落实国家安全生产法律法规不到位，对板块及其下属单位应急培训指导不到位，对应急预案执行情况督促指导不力。对事故发生负有重要领导责任，建议给予行政降级、党内严重警告处分。

（12）寇建朝，中共党员，中石化股份公司安全监管局副局长，分管安全监督处、安全技术处的炼化板块。未认真履行职责，指导督促中石化管道分公司及其下属单位开展安全生产监督检查、履行安全生产管理职责不力，安全生产大检查不彻底。对事故发生负有重要领导责任，建议给予行政降级、党内严重警告处分。

（13）杜红岩，中共党员，中石化股份公司安全监管局安全监督处处长。工作失职，指导督促中石化管道分公司及其下属单位管理人员贯彻落实安全生产规章制度、开展安全生产教育培训工作不力。对事故发生负有主要领导责任，建议给予行政撤职、党内严重警告处分。

（14）田以民，中石化管道分公司党委书记。贯彻落实党的安全生产方针政策不力，对企业干部、职工安全生产思想教育和培训工作不到位，指导应急处置工作不力。对事故发生负有主要领导责任，建议给予撤销党内职务处分。

（15）钱建华，中石化管道分公司党委常委、总经理。工作失职，作为中石化管道分公司安全生产第一责任人，贯彻落实输油管道安全生产法律法规和公司规章制度不力，督促指导潍坊输油处开展东黄输油管道安全隐患排查整改和安全保护工作不力；指导应急处置不力。对事故发生负有主要领导责任，建议给予行政撤职、撤销党内职务处分。

（16）杨庆华，中石化管道分公司党委常委、副总经理，分管工程、设计、质监站和抢维修工作。未认真履行职责、贯彻落实国家安全生产法律法规和公司规章制度不到位，对潍坊输油处及下属单位履行管道保护的综合监督、检查不力。对事故发生负有重要领导责任，建议给予行政降级、党内严重警告处分。

（17）高安东，中石化管道分公司党委常委、副总经理，分管运销、安全、管道等工作。工作失职，贯彻落实输油管道安全生产法律法规和公司规章制度不认真，督促检查潍坊输油处开展东黄输油管道安全隐患排查整改和安全保护工作不力；东黄输油管道泄漏后，没有及时上报信息，指导应急处置不力。对事故发生负有主要领导责任，建议给予行政撤职、撤销党内职务处分。

（18）王保东，中共党员，中石化管道分公司安全环保监察处副处长。未认真履行职责，对潍坊输油处及下属单位履行管道保护的综合监督、检查不力，对输油管道泄漏事故危害性辨识不清、判断失误。对事故发生负有重要领导责任，建议给予行政降级、党内严重警告处分。

（19）宋天博，中石化管道分公司管道管理处党支部书记、处长。工作失职，贯彻落实公司规章制度不力，对潍坊输油处履行管道保护指导、监督、检查不力，开展管道防腐层检测及管道保护工作不力。对事故发生负有主要领导责任，建议给予行政撤职、撤销党内职务处分。

（20）王克强，中石化管道分公司管道管理处副处长。贯彻落实公司规章制度不到位，未认真履行管道防腐层检测及管道保护相关职责，对潍坊输油处及下属单位管理人员履行管道保护指导、监督、检查不力。对事故发生负有重要领导责任，建议给予行政降级处分。

（21）殷振兴，中石化管道分公司潍坊输油处党委书记兼副处长。未认真履行职责，对青岛站疏于管理；到达泄漏事故现场后，对管道泄漏事故现场应急处置工作领导不力，未及时发现和纠正救援过程中存在的问题。对事故发生负有重要领导责任，建议给予行政撤职、撤销党内职务处分。

（22）康保成，中共党员，中石化管道分公司潍坊输油处副处长，分管管道科、管道监察巡护中心。未认真履行职责，对分管部门和青岛站安全生产工作监督检查不到位，对东黄输油管道长期存在的安全隐患问题失察。对事故发生负有重要领导责任，建议给予行政降级、党内严重警告处分。

（23）苏中刚，中共党员，中石化管道分公司潍坊输油处副处长，分管安全监察科。未认真履行职责，对青岛站安全教育和培训工作指导督促不到位，对该站有关人员未认真履行职责的问题失察。对事故发生负有重要领导责任，建议给予行政降级、党内严重警告处分。

（24）张民，中石化管道分公司青岛管理处培训中心党支部副书记。担任青岛站站长期间，未认真履行职责，在组织青岛站日常管理和安全隐患排查治理等方面工作不力，对该站开展职工安全生产教育工作不力。对事故发生负有重要领导责任，建议给予党内严重警告处分。

（25）张新起，青岛市委副书记、市长。作为青岛市人民政府安全生产第一责任人，履行安全生产领导职责不到位，贯彻落实国家安全生产法律法规不到位，对青岛市及开发区管委会履行安全生产监管、监督职责不力的问题失察。对事故发生负有重要领导责任，建议给予行政警告处分。

（26）牛俊宪，青岛市委常委、副市长，分管经济和信息化、安全生产等工作。作为青岛市分管安全生产的副市长，履行安全生产领导职责不到位，贯彻落实国家安全生产法律法规不到位，督促指导青岛市行业主管部门、安全生产监管及开发区管委会履行安全生产监管、监督职责不到位。对事故发生负有重要领导责任，建议给予行政记大过处分。

（27）张大勇，青岛市委常委、开发区党工委书记。作为开发区主要负责人，贯彻落实党的安全生产方针政策不到位，督促指导开发区管委会及有关部门履行安全生产监管、监督职责工作不到位。对事故发生负有重要领导责任，建议给予党内严重警告处分、免职。

（28）孙恒勤，开发区党工委副书记、管委会主任。作为管委会安全生产第一责任人，工作失职，履行政府安全生产领导职责不力，贯彻落实国家油气管道保护法律法规不力，督促检查开发区管委会及有关部门履行安全生产监管、监督职责不到位，对管委会及有关部门履行安全生产监管、监督职责不力、原油泄漏应急处置不力等问题失察。对事故发生负有主要领导责任，建议给予行政撤职、撤销党内职务处分。

（29）陈勇，青岛市人民政府副秘书长、办公厅党组成员，联系市经济和信息化委员会、市安全监管局。协助分管副市长联系督促市经济和信息化委员会履行油气管道保护职责、市安全监管局履行安全生产监管职责不到位。对事故发生负有重要领导责任，建议给予行政记大过处分。

（30）庄贵相，开发区党工委常委、管委会副主任，分管安全生产、应急等工作。作为政府分管领导，工作失职，履行安全生产领导职责不力，贯彻落实国家油气管道保护法律法规不力，督促检查安全生产监管、监督部门履行职责不力；管道泄漏事故发生后，未按规定参与现场救援、拖延、压制事故信息上报，同意谎报事故信息。对事故发生负有主要领导责任。建议给予行政撤职、留党察看二年处分。

（31）薛仁龙，黄岛区薛家岛街道党工委书记，2007年1月至2012年2月任青岛市规划局黄岛分局局长。担任青岛市规划局黄岛分局局长期间，指导开展建设项目规划审批工作不到位，对规划分局因审批把关不严而致使市政排水设施划入青岛信泰物流有限公司厂区的问题失察。对事故发生负有重要领导责任，建议给予党内警告处分。

（32）孙业安，黄岛区辛安街道党工委书记，2007年1月至2009年11月任开发区行政执法局（市政公用局）局长。担任开发区行政执法局（市政公用局）局长期间，督促指导相关部门履行职责不到位，对青岛信泰物流有限公司绿化方案审批中存在的问题失察。对事故发生负有重要领导责任，建议给予党内严重警告处分。

（33）薛少华，黄岛区黄岛街道党工委副书记、办事处主任。督促指导黄岛街道办事处执法中队监督检查工作不力，对青岛丽东化工有限公司在厂区内排水暗渠上违章搭建临时工棚问题失察。对事故伤亡扩大负有责任，建议给予行政记大过处分。

（34）杨希珍，中共党员，山东省油区工作办公室主任。贯彻落实国家油气管道保护法律法规不到位，督促指导管道企业和山东省、青岛市油区工作办公室履行油气管道保护工作职责不到位。对东黄输油管道安全隐患治理不力、安全生产大检查不彻底等问题失察。对事故发生负有重要领导责任，建议给予行政记过处分。

（35）谭少华，中共党员，山东省油区工作办公室副主任，分管综合管理处，兼任省石油天然气管道监督管理中心副主任、省油区和管道监管总队队长。作为行业主管部门分管领导，履行油气管道监管领导职责不到位，督促指导管道企业和山东省、青岛市油区工作办公室履行油气管道保护工作职责不到位。对东黄输油管道安全隐患治理不力、安全生产大检查不彻底等问题失察。对事故发生负有重要领导责任，建议给予行政记大过处分。

（36）孟凡志，中共党员，山东省油区工作办公室综合管理处处长。未认真履行油气管道保护工作监管职责，督促指导管道企业开展东黄输油管道安全隐患治理不力，督促和指导青岛市油区工作办公室开展安全生产大检查工作不到位。对事故发生负有重要领导责任，建议给予行政降级、党内严重警告处分。

（37）项阳青，青岛市经济和信息化委员会主任、党委书记。督促指导青岛市油区工作办公室履行油气管道保护工作职责不到位，对青岛市油区工作办公室存在的东黄输油管道安全隐患排查治理不力、安全生产大检查不彻底、指导应急救援不力等问题失察。对事故发生负有重要领导责任，建议给予行政记大过处分。

（38）宋继宽，青岛市经济和信息化委员会党委委员、副主任兼经济运行局局长，分管青岛市油区工作办公室。作为青岛市行业主管部门分管领导，工作失职，履行油气管道保护工作监管职责不力，督促指导市油区工作办公室履行油气管道保护工作职责不力，督促管道企业治理东黄输油管道安全隐患不力；东黄输油管道发生泄漏事故后，对危险程度认识不足，指导应急处置不力。对事故发生负有主要领导责任，建议给予行政撤职、撤销党内职务处分。

（39）李明超，中共党员，青岛市油区工作办公室主任。作为青岛市行业主管部门负责人，未认真履行油气管道保护工作监管职责，督促管道企业治理东黄输油管道安全隐患不力，安全生产大检查不彻底，东黄输油管道发生泄漏事故后，对原油泄漏事故风险辨识不足。对事故发生负有重要领导责任，建议给予行政撤职、党内严重警告处分。

（40）李爱国，中共党员，青岛市油区工作办公室调研员，负责全市石油天然气管道设施保护监督管理工作。未认真履行油气管道保护工作监管职责，督促管道企业治理东黄输油管道安全隐患不力，安全生产大检查不彻底，东黄输油管道发生泄漏事故后，对事故风险辨识不足。对事故发生负有重要领导责任，建议给予行政降级、党内严重警告处分。

(41)薛凌，开发区安全监管局党组书记、局长。工作失职，领导组织安全生产监管和油气管道保护工作不力；泄漏事故发生后，督促本单位人员执行事故报告制度不力，没有按照应急预案要求前往事故现场参与应急救援。对事故发生负有主要领导责任，建议给予行政撤职、留党察看二年处分。

(42)刘振声，中共党员，青岛市黄岛区城市建设局局长，2010年11月至2013年2月任开发区行政执法局(市政公用局)局长。担任行政执法局(市政公用局)局长期间，对相关部门履行市政道路工程建设管理职责督促检查不到位，未就秦皇岛路综合整治工程涉及输油管道安全保护与管道企业沟通协商等问题失察。对事故发生负有重要领导责任，建议给予行政记大过处分。

(43)马启杰，中共党员，开发区行政执法局(市政公用局)副局长，2008年11月至2012年6月任开发区行政执法监察大队队长。未认真履行职责，对市政园林环卫中心和执法监察大队指导督促不力，在秦皇岛路综合整治工程项目中，未了解工程路段输油管道具体情况，未与管道企业进行沟通协商；对青岛丽东化工有限公司在厂内排水暗渠上违章搭建临时工棚问题失察。对事故发生负有重要领导责任，建议给予行政降级、党内严重警告处分。

(44)金宝忠，中共党员，青岛市规划局黄岛分局副局长。对建筑管理处履行规划审批工作督促指导不到位，对青岛信泰物流有限公司项目规划中将市政排水设施划入建设单位规划建设问题未认真核实，把关不严。对事故发生负有重要领导责任，建议给予行政记过处分。

(45)李梅，中共党员，青岛市规划局开发区分局规划管理处处长，2007年12月至2011年7月任青岛市规划局黄岛分局建筑管理处处长。担任建筑管理处处长期间，对青岛信泰物流有限公司项目规划方案审批工作把关不严、审查不细致，未对市政排水设施划入该项目规划建设问题进行认真核实。对事故发生负有重要领导责任，建议给予行政记大过处分。

(46)綦振学，中共党员，开发区国有资产管理处处长，2005年12月至2009年9月任开发区行政执法局(市政公用局)公用事业管理处处长。担任公用事业管理处处长期间，未认真履行职责，对青岛信泰物流有限公司厂区绿化方案中涉及明渠改暗渠等审批工作存在疏漏，把关不严，对相关规定认识把握不到位。对事故发生负有重要领导责任，建议给予行政降级、党内严重警告处分。

(47)陈鑫，开发区公用事业管理中心主任，2005年12月至2012年4月任开发区行政执法局(市政公用局)副科级干部。任行政执法局(市政公用局)副科级干部和公用事业管理中心主任期间，未认真履行职责，对青岛信泰物流有限公司厂区绿化方案涉及明渠改暗渠等审批把关不严；对秦皇岛路综合整治工程项目建设管理不严格，未了解工程路段输油管道具体情况，也未就管道保护问题与输油管道企业进行沟通协商。对事故发生负有重要领导责任，建议给予行政降级处分。

(48)薛伟宏，中共党员，开发区行政执法监察大队大队长。未认真履行职责，监督检查不力，未发现青岛丽东化工有限公司在厂内排水暗渠上违章搭建临时工棚问题。对事故伤亡扩大负有责任，建议给予行政降级、党内严重警告处分。

(三)相关行政处罚及问责建议

(1)依据《安全生产法》《生产安全事故报告和调查处理条例》等有关法律法规的规定，责成山东省安全监管局对中石化管道分公司处以规定上限的罚款，对中石化管道分公司党委书记田以民、总经理钱建华各处以 2012 年度收入 80% 的罚款。

（2）建议责成山东省人民政府、中石化集团公司向国务院作出深刻检查，并抄送国家安全监管总局和监察部；责成青岛市人民政府向山东省人民政府作出深刻检查。

五、事故防范措施建议

（一）坚持科学发展安全发展，牢牢坚守安全生产红线

中石化集团公司和山东省、青岛市人民政府及其有关部门要深刻吸取山东省青岛市"11 □ 22"中石化东黄输油管道泄漏爆炸特别重大事故的沉痛教训，牢固树立科学发展、安全发展理念，牢牢坚守"发展决不能以牺牲人的生命为代价"这条红线。要把安全生产纳入经济社会发展总体规划，建立健全"党政同责、一岗双责、齐抓共管"的安全生产责任体系，坚持管行业必须管安全、管业务必须管安全、管生产经营必须管安全的原则，把安全责任落实到领导、部门和岗位，谁踩红线谁就要承担后果和责任。在发展地方经济、加快城乡建设、推进企业改革发展的过程中，要始终坚持安全生产的高标准、严要求，各级各类开发区招商引资、上项目不能降低安全环保等标准，不能不按相关审批程序搞特事特办，不能违规"一路绿灯"。政府规划、企业生产与安全发生矛盾时，必须服从安全需要；所有工程设计必须满足安全规定和条件。要坚决纠正单纯以经济增长速度评定政绩的倾向，科学合理设定安全生产指标体系，加大安全生产指标考核权重，实行安全生产和重特大事故"一票否决"。中央企业不管在什么地方，必须接受地方的属地监管；地方政府要严格落实属地管理责任，依法依规，严管严抓。

（二）切实落实企业主体责任，深入开展隐患排查治理

中石化集团公司及各油气管道运营企业要认真履行安全生产主体责任，加大人力物力投入，加强油气管道日常巡护，保证设备设施完好，确保安全稳定运行。要建立健全隐患排查治理制度，落实企业主要负责人的隐患排查治理第一责任，实行谁检查、谁签字、谁负责，做到不打折扣、不留死角、不走过场。要按照《国务院安委会关于开展油气输送管线等安全专项排查整治的紧急通知》（安委〔2013〕9 号）要求，认真开展在役油气管道，特别是老旧油气管道检测检验与隐患治理，对与居民区、工厂、学校等人员密集区和铁路、公路、隧道、市政地下管网及设施安全距离不足，或穿（跨）越安全防护措施不符合国家法律法规、标准规范要求的，要落实整改措施、责任、资金、时限和预案，限期更新、改造或者停止使用。国务院安委会将于 2014 年 3 月组织抽查，对不认真开展自查自纠，存在严重隐患的企业，要依法依规严肃查处问责。

（三）加大政府监督管理力度，保障油气管道安全运行

山东省、青岛市各级人民政府及相关部门要严格执行《石油天然气管道保护法》《城镇燃气管理条例》（国务院令第 583 号）等法律法规，认真履行油气管道保护的相关职责。各级人民政府要加强本行政区域油气管道保护工作的领导，督促、检查有关部门依法履行油气管道保护职责，组织排查油气管道的重大外部安全隐患。市政管理部门在市政设施建设中，对可能影响油气管道保护的，要与油气管道企业沟通会商，制定并落实油气管道保护的具体措施。油气管道保护工作主管部门要加大监管力度，对打孔盗油、违章施工作业等危害油气管道安全的行为要依法严肃处理；要按照后建服从先建的原则，加大油气管道占压清理力度。安全监管部门要配备专业人员，加强监管力量；要充分发挥安委会办公室的组织协调作用，督促有关部门采取不发通知、不打招呼、不听汇报、不用陪同和接待,直奔基层、直插现场的方式,对油气管道、城市管网开展暗查暗访,深查隐蔽致灾隐患及其整改情况,对不符合安全环保要求的立即进行整治,对工作不到位的地区要进行通报,对自查自纠等不落实的企业要列入"黑名单"并向社会公开曝光。对瞒报、谎报、迟报生产安全事故的,要按有关规定从严从重查处。

(四)科学规划合理调整布局,提升城市安全保障能力。随着经济高速发展及城市快速扩张,开发区危险化学品企业与居民区毗邻、交错,功能布局不合理,对该区域的安全和环境造成一定影响,也不利于城市的长远发展。青岛市人民政府要对该区域的安全、环境状况进行整体评估、评价,通过科学论证,对产业结构和区域功能进行合理规划、调整,对不符合安全生产和环境保护要求的,要立即制定整治方案,尽快组织实施。各级人民政府要加强本行政区域油气管道规划建设工作的领导,油气管道规划建设必须符合油气管道保护要求,并与土地利用整体规划、城乡规划相协调,与城市地下管网、地下轨道交通等各类地下空间和设施相衔接,不符合相关要求的不得开工建设。

(五)完善油气管道应急管理,全面提高应急处置水平

中石化集团公司和山东省、青岛市各级人民政府及其有关部门要高度重视油气管道应急管理工作。各级领导干部要带头熟悉、掌握应急预案内容和现场救援指挥的必备知识,提高应急指挥能力;接到事故报告后,基层领导干部必须第一时间赶到事故现场,不得以短信形式代替电话报告事故信息。油气管道企业要根据输送介质的危险特性及管道状况,制定有针对性的专项应急预案和现场处置方案,并定期组织演练,检验预案的实用性、可操作性,不能"一定了之"、"一发了之";要加强应急队伍建设,提高人员专业素质,配套完善安全检测及管道泄漏封堵、油品回收等应急装备;对于原油泄漏要提高应急响应级别,在事故处置中要对现场油气浓度进行检测,对危害和风险进行辨识和评估,做到准确研判,杜绝盲目处置,防止油气爆炸。地方各级人民政府要紧密结合实际,制定包括油气管道在内的各类生产安全事故专项应急预案,建立政府与企业沟通协调机制,开展应急预案联合演练,提高应急响应能力;要根据事故现场情况及救援需要及时划定警戒区域,疏散周边人员,维持现场秩序,确保救援工作安全有序。

(六)加快安全保障技术研究,健全完善安全标准规范

要组织力量加快开展油气管道普查工作,摸清底数,建立管道信息系统和事故数据库,深入研究油气管道可能发生事故的成因机理,尽快解决油气管道规划、设计、建设、运行面临的安全技术和管理难题。要吸取国外好的经验和做法,开展油气管道安全法规标准、监管体制机制对比研究,完善油气管道安全法规,制定油气管道穿跨越城区安全布局规划设计、检测频次、风险评价、环境应急等标准规范。要开展油气管道长周期运行、泄漏检测报警、泄漏处置和应急技术研究,提高油气管道安全保障能力。

国务院山东省青岛市"11·22"中石化
东黄输油管道泄漏爆炸特别重大事故调查组

【案例分析】

对于这起事故，我们从事故调查组的组成和责任人的行政责任两方面进行分析如下：

1. 环境保护部作为负有安全生产监督管理职责的有关部门参与事故调查，是因为该起事故属于危险物品泄露事故，且事故将对环境质量造成破坏。根据《环境保护法》的规定，国务院环境保护主管部门对全国环境工作负有统一的监督管理职责，因此，环境保护部应参与调查。

2. 国务院国资委参与事故调查主要因为位于山东省青岛经济技术开发区的中国石油化工股份有限公司属于国有企业，它的主管部门为国务院国资委。

3. 由于该起事故的原因可能涉及管道设计和运行、市政工程、消防、爆炸等专门性问题，因此调查组特聘请了国内管道设计和运行、市政工程、消防、爆炸、金属材料、防腐、环保等方面的专家参与事故调查工作。

4. 在事故调查报告中提到"依据《安全生产法》《生产安全事故报告和调查处理条例》等有关法律法规的规定，责成山东省安全监管局对中石化管道分公司处以规定上限的罚款，对中石化管道分公司党委书记田以民、总经理钱建华各处以 2012 年收入 80% 的罚款。"这一建议是根据《条例》第三十五条"事故发生单位主要负责人有下列行为之一的，处上一年年收入 40% 至 80% 的罚款；属于国家工作人员的，并依法给予处分；构成犯罪的，依法追究刑事责任：(一)不立即组织事故抢救的；(二)迟报或者漏报事故的；(三)在事故调查处理期间擅离职守的。"在这起事故中，田以民作为中石化管道分公司党委书记，贯彻落实党的安全生产方针政策不力，对企业干部、职工安全生产思想教育和培训工作不到位，指导应急处置工作不力，所以，根据《条例》，对其处以 2012 年收入 80% 的罚款，并建议给予撤销党内职务处分。

案例 5：建筑施工行业事故调查处理典型案例分析

近年来，发生在建筑施工行业的各类事故时有发生，高处坠落事故尤为常见。根据 2010 年全国建筑施工行业安全事故统计的 581 起事故来看，数量位居前列的事故有高处坠落、坍塌、起重伤害、物体打击，因此，通过典型建筑施工行业事故分析，对于预防同类事故的发生、确保建筑施工行业安全有着非常重要的意义。下面是发生在湖南省长沙市建筑施工行业的一起起重伤害事故。

湖南省长沙市"上海城"住宅小区二期建设工程
"12·27"起重伤害重大事故调查报告

2008 年 12 月 27 日 7 时 30 分，长沙市韶山南路 633 号的"上海城"住宅小区二期建设工程 19 栋工地发生一起因施工升降机吊笼坠落的起重伤害事故，造成 18 人死亡，1 人受伤，直接经济损失 686.2 万元(不含事故罚款)。

事故发生后，各级政府及有关部门非常重视。国家安监总局、质监总局、建设部立即派人到了事故现场。省委副书记、省长周强等领导立即作了批示。省委常委、副省长徐宪平同志亲率省直有关部门、长沙市人民政府、雨花区人民政府的领导迅速赶到事故现场,组织指挥事故救援等工作。

事故发生后,湖南省人民政府依法成立了事故调查组。调查组组长由湖南省安监局副巡视员吴官保同志担任。调查组成员单位有:湖南省安监局、省监察厅、省公安厅、省建设厅、省质监局、省总工会、长沙市人民政府,同时邀请了湖南省人民检察院参加事故调查。事故调查协办单位有:长沙市监察局、市安监局、市公安局、市总工会。

调查组经过调查取证、技术认定、查阅资料、综合分析,查明了事故发生的原因和经过,认定了事故性质,提出了事故防范措施,对事故责任者提出了处理建议。现将有关情况报告如下:

一、事故概述

(一)事故发生时间:2008 年 12 月 27 日 7 点 30 分。

(二)事故发生地点、设备:长沙市韶山南路 633 号"上海城"住宅小区二期建设工程 19 栋工地,事故设备是 SCD200/200 施工升降机。

(三)事故发生单位:

1. 湖南泰升工程机械制造有限公司(以下简称"泰升公司");

2. 长沙纵横置业发展有限公司(以下简称"纵横置业公司");

3. 湖南东方红建设集团有限公司(以下简称"东方红公司");

4. 湖南中湘建设工程监理咨询有限公司(以下简称"中湘监理公司")。

(四)事故类别:起重伤害。

(五)事故伤亡人数:18 人死亡、1 人受伤。

(六)事故直接经济损失:686.2 万元(不含事故罚款)。

二、基本情况

(一)相关单位基本情况:

1. 工程建设单位:纵横置业公司

纵横置业公司是一家房地产开发企业,法定代表人何纳新,董事长侯吉联,总经理张君枫。取得了省建设厅颁发的房地产开发企业资质证书,长沙市工商局颁发的企业法人营业执照。

纵横置业公司开发的"上海城"二期,共有 9 栋(分别为 19~27)建安工程。事故发生在 19 栋,19 栋设计建筑面积 32617.27 m²,地上 33 层,地下 1 层,建筑高度 99 m。19 栋取得了长沙市规划管理局颁发的建设工程规划许可证,长沙市建设委员会颁发的建设工程施工许可证,长沙市房屋产权管理局颁发的商品房预售许可证。

纵横置业公司与湖南东方红建设集团有限公司签订了《建设工程施工合同》,约定了安全施工事项;与湖南中湘建设工程监理咨询有限公司签订了《建设工程委托监理合同》,合同中没有委托安全监理。公司明确其工程部负责安全监督工作。

2. 工程施工单位:东方红公司

东方红公司,法定代表人雷希文,总经理雷孝忠,取得了长沙市工商局颁发的企业法人营业执照,省建设厅颁发的安全生产许可证,建设部颁发的房屋建筑工程施工总承包壹级资质。

东方红公司专门成立了"上海城"二期建设指挥部，郑智洪为指挥部负责人；成立了"上海城"二期19栋项目部，唐起兴为19栋项目部副经理（项目承包人），负责全盘管理工作；与唐起兴签订了工程项目责任承包合同，合同中明确了安全生产职责。

东方红公司依法建立了安全管理机构，公司设立了安全科，项目部设安全领导小组，配专职安全员。

东方红公司建立了安全管理制度、安全责任制、安全技术操作规程等。在建筑起重机械管理方面制定了两个文件：一个是明确了建筑起重机械设备安全管理机构及人员职责，另一个是租赁起重机械设备的管理制度。

3. 工程监理单位：中湘监理公司

中湘监理公司，是湖南第一工业设计研究院下属企业，法定代表人唐智勇，总经理李威彬，取得了长沙市工商局颁发的企业法人营业执照，建设部颁发的工程监理企业资质证书，甲级监理企业。

中湘监理公司成立了"上海城"项目监理部，总监理工程师蒋四君。中湘监理公司制定了"上海城"施工监理规划，监理部根据监理规划制定了分项的监理实施细则。经查监理记录、监理日志等资料齐全。

4. 工程安全监督管理单位：长沙市建筑工程安全监察站（以下简称"长沙市建筑安监站"）

长沙市建筑安监站是长沙市建设委员会下属的事业单位，取得了长沙市事业单位登记管理局颁发的事业单位法人证书，业务范围包括建筑工程安全监督和建筑工程安全现场监督执法。

长沙市建筑安监站，在收到长沙市建委在2007年12月29日的《建筑工程施工监督工作联系函》后，于2008年1月14日开始实施监督并下达了《建筑工程安全监督通知书》。

5. 施工升降机的制造、出租、安装单位：泰升公司

泰升公司，法定代表人、董事长周志成，总经理周亮。取得了湖南省工商局颁发的企业法人营业执照，国家质监总局颁发的3种特种设备制造许可证，3种特种设备是：SSD60×60、SC200/200、SCD200/200。

19栋施工升降机是以泰升公司的名义出租、安装的。2008年9月1日，泰升公司与东方红公司19栋项目部签订了《SC型施工电梯租赁合同》。合同约定：型号为SC200/200，泰升公司对出租电梯提供安装、维修、拆除服务及操作人员。泰升公司与东方红公司19栋项目部没有另外签订安装合同。

泰升公司自知没有施工升降机安装资质，于是，在2008年3月26日，与衡阳市安装公司签订了《建筑设备安装安全生产联营协定》，有效期1年。约定：泰升公司可承接SSD60×60、SC200/200、SCD200/200的安装施工，泰升公司应接受衡阳市安装公司的质量、安全监督和检查；衡阳市安装公司提供安全生产许可证、技术力量及管理体系作为合作内容。

衡阳市安装公司（现名：衡阳天利安装工程有限公司），有起重设备安装工程专业承包叁级资质，法定代表人李治平，取得了衡阳市工商局颁发的企业法人营业执照，省建设厅颁发的安全生产许可证，省建设厅颁发的建筑企业资质证书。

经查，泰升公司私刻衡阳市安装公司的公章，将衡阳市安装公司的证书资料加盖衡阳市

安装公司的公章后提供给了 19 栋项目部，并以衡阳市安装公司及有关人员的名义制定了此台施工升降机的安装、拆除方案，出示了安装验收报告等。

（二）安全管理情况

"上海城"第二期工程建设中，成立了由建设单位、施工单位、监理单位人员组成的"上海城"工程质量、安全、进度、文明施工检查督促组。纵横实业公司是组长单位，中湘监理公司、东方红公司是副组长单位，规定每周星期五进行检查打分。经查，制定了 11 项检查评分表，检查有汇总记录，每月有评比结果和奖励。但是，物料提升机（人货电梯）检查评分表内容不完整，不符合《建筑施工安全检查标准》（JGJ59－99）规定，特别是忽视了司机、拆装队伍资质、附着等方面的检查评分。

长沙市建筑安监站，从 2008 年 1 月 14 日起实施监督。经查，到工地现场监督检查有 25 次，下达隐患整改通知书、停工通知书、不良行为告知书共 9 份。其中，在 10 月 14 日的隐患整改通知单中提出了 19 栋施工升降机的问题——"人货电梯未装设配重，已投入使用，存在安全隐患"。

长沙市建筑安监站在规范建筑施工起重机械设备使用方面下达了两个文件：一个是 2008 年 10 月 17 日发的，要求全市开展建筑施工起重机械设备专项整治；另一个是 2008 年 11 月 21 日发的，要求全市开展建筑施工起重机械设备使用登记。

（三）事故现场情况

经勘察，事故现场的情况是：右吊笼停在 15 层，其对重砸碎弹簧缓冲装置后脱离导轨架，倒在左吊笼围栏门口；左吊笼，以及导轨顶端第 58—63 共 6 个标准节、天轮坠落在地面上，其对重没有脱离导轨，比较平稳地落在弹簧缓冲装置上；从下往上第 9、13 号附着和脚手架被碰坏；留在空中导轨架上的第 57 个标准节顶上，右吊笼侧的两个螺孔及周围母材完好无损，左吊笼侧的一个螺孔处母材被拉断，另一个螺孔处母材有变形；吊笼铭牌上标的是 SCD200/200 施工升降机，出厂编号是 200808001。

（四）施工升降机情况

1. 施工升降机的销售、出租、安装、顶升情况

销售、出租情况。泰升公司业务员谈展找到"上海城"19 栋项目部负责人唐起兴销售施工升降机时，唐起兴提出"不想买，只想租赁设备"。于是泰升公司的周志成就找到杨烈（不是泰升公司职工），提出让杨烈购买设备，再以泰升公司名义出租。2008 年 9 月 1 日，杨烈代表泰升公司与东方红公司 19 栋项目部签订了《SC 型施工电梯租赁合同》，合同约定：型号为 SC200/200。2008 年 9 月 5 日，杨烈与泰升公司签订了《SC 型施工电梯销售合同》，合同约定：型号为 SC200/200，高度 100 m，120 m 配重铁钢丝绳，交货地点是"上海城"19 栋项目部。

安装、顶升情况。该施工升降机的安装、顶升工作，湖南泰升工程机械制造有限公司承包给了高海清。高海清将施工升降机第一次安装到 45 m（30 个标准节）后，由国家建机检验中心进行了安装验收，并出具了检验合格的《建筑机械安装质量检测报告》；随着建筑物的升高，后来进行了 6 次顶升，最后一次顶升在 2008 年 12 月 26 日。12 月 26 日 16 时至 22 时，高海清和高新强对施工升降机加了一道附着和 6 个标准节，升降机的高度已达 94.5 m，与 19 栋联接的附墙架（又称"附着"）共十三道。

2. 施工升降机的检验和验收情况

经查,事故施工升降机经过了两次检验和一次安装验收。一是泰升公司的出厂检验,二是湖南省特种设备检验中心的起重机制造监督检验,三是19栋施工升降机安装后,2008年9月22日,国家建筑城建机械质量监督检验中心进行了现场检测验收,并出具了《建筑机械安装质量检测报告》。两次设备检验和安装验收都是合格的。

按《建筑起重机械安全监督管理规定》(建设部令第166号,以下简称建设部令第166号)规定,施工升降机在安装附着后要进行验收。经查,6次顶升增加附着后都没有依法组织验收,高海清装完后就直接交给操作司机使用。

3.经专家鉴定,事故现场施工升降机型号是SCD200/200,不是SC200/200

SCD200/200施工升降机是双吊笼、具有对重、采用齿轮齿条啮合方式传动、用于输送人员和物料的垂直运输机械。

虽然租赁合同、销售合同约定的是SC200/200,产品合格证、制造监督检验证、安装质量检测报告写的也是SC200/200,但是,技术鉴定专家经过认真勘察和对比分析,认定现场设备是SCD200/200。其理由:一是现场设备是有配重的,二是出厂编号为200808001的监督检验原始资料与现场设备是相符的,监督检验项目表上的产品型号是SCD200/200。

4.施工升降机的使用单位

根据租赁合同约定的泰升公司负责施工升降机的维修和提供操作人员,以及19栋项目部利用施工升降机运输物料和从业人员的事实,实际使用单位有两个:一个是泰升公司,另一个是19栋项目部。

5.施工升降机的限乘人数

专家计算,此台施工升降机乘员在21人内都符合《施工升降机安全规程》(GB10055 - 2007)规定。

6.事故前运送了2人到29楼没有发生事故的原因

专家计算事故当天施工升降机载人时,如果左吊笼内乘员不超过8人是不会折断而发生坠落事故。详见《技术鉴定报告》

三、事故发生经过和事故救援情况

1.事故发生经过

12月26日22时,高海清和高新强对升降机进行顶升并加附着施工结束后,当晚由高冬秀操作,将吊笼上下试运行了几趟,当时高冬秀只发现电缆不像以往正常回位到电缆篮内,没有发现其他问题。

12月27日,早上5点多钟开始,欧三喜操作此施工升降机的左吊笼,两次运砂浆至22楼,然后将8人分别运到22楼(6人)和29楼(2人),接着又运18名民工到29楼,吊笼上升至85.5 m时,听到"喀"的响声,欧三喜提醒大家要注意安全,小心一点。此时,升降机标准节在85.5米处折断,左吊笼和85.5 m以上六个标准节一同坠落,导致事故发生。

2.事故救援过程

事故发生后,现场人员立即拨打了110、119、120。长沙市消防支队指挥中心接到报警后,立即出动了消防官兵和救援车辆到现场开展事故抢险救援。长沙市120医疗急救中心接到报警后,立即赶到现场将1名受伤人员送往医院抢救。公安部门接警后,迅速组织警力赶赴现场维持秩序,加强事故现场周边的警戒和防控。

　　事故发生后，各级政府和相关部门领导非常重视事故的救援工作。省委副书记、省长周强等领导当即作出了重要批示。省委常委、副省长徐宪平同志亲率省直有关部门领导、长沙市人民政府领导、雨花区人民政府领导迅速赶到事故现场，迅速启动应急救援预案，组织指挥事故救援工作。事故当天，国家安监总局、质监总局、建设部派人到事故现场调查了解情况。

　　经过各级各部门的合力救援，到 7 时 50 分，从事故现场成功救出 1 名重伤人员送医院抢救；到 9 时 20 分，找到 17 名遇难人员遗体；后来在清理事故现场时又发现 1 名遇难人员遗体；到 17 时 20 分，事故现场救援工作结束。此次事故共造成 18 人死亡，1 人重伤。

　　通过政府各相关部门以及东方红公司的共同努力，建设工地从业人员得到及时疏散，重伤人员得到了及时救治，18 名遇难人员的善后工作得到及时妥善处理，目前社会稳定。

四、事故造成的人员伤亡和直接经济损失

（一）人员伤亡情况

此次事故共造成 18 人死亡，1 人重伤，其中吊笼操作司机欧三喜重伤。

（二）事故直接经济损失

此次事故直接经济损失共计 686.2 万元（不含事故罚款）：

（1）人身伤亡所支出的费用 670.7 万元。其中：医疗费用 5 万元，丧葬及救济费用 650.7 万元，补助及救济费用 8 万元，歇工工资 7 万元。

（2）善后处理费用 5.5 万元。其中：现场抢救费用 1.5 万元，清理现场费用 2 万元，处理事故的事务性费用 2 万元。

（3）财产损失价值 10 万元。其中：固定资产损失价值 10 万元。

五、事故发生的原因和事故性质

（一）直接原因

（1）标准节没有上好联接螺栓，没有按规定加附着。技术鉴定专家从事故现场取证照片、材质化验、力学分析、工况计算证实，第 57 与 58 标准节的左吊笼侧的两个联接螺栓，一个上好了，另一个螺杆没带螺帽；右吊笼侧的两个联接螺栓都没上。第十三个附着以上的自由端高度为 12.75 m，超过使用说明书中要求≤7.5 m 的规定。

（2）12 月 26 日施工升降机导轨架增加附着后，泰升公司、19 栋项目部、东方红公司都没有组织验收就投入使用。当左吊笼通过没有上好联接螺栓的位置后，因左吊笼的自重力和 19 名乘员的重力产生的偏心力矩大于标准节的稳定力矩，导致事故发生。

（二）间接原因

（1）泰升公司方面的原因。一是违规租赁，将没有首次出租备案的施工升降机出租，在签订租赁合同中没有依法明确租赁双方的安全责任，没有建立出租施工升降机的安全技术档案。二是违法安装，没有安装资质违法承接安装业务，又违法将安装业务承包给无资质的高海清，以包代管；违法私刻衡阳市安装公司公章并以该公司及有关人员的名义制定此台施工升降机的安装、拆除方案，出示安装验收报告等。三是作为施工升降机使用单位之一，增加附着后没有按建设部令第 166 号的规定组织验收就移交操作司机使用。

（2）19 栋项目部方面的原因。一是以包代管，将安装、维修、拆除服务及操作人员全部包给泰升公司。二是不依法履行安全职责，没有及时制止和纠正安装人员、操作司机无特种证上岗的违法行为；12月26日升降机顶升过程无专职设备管理人员、无专职安全生产管理人员现场监督，没有及时消除故障和事故隐患。三是作为施工升降机使用单位之一，违法使用未经首次出租备案、未经使用登记的升降机，升降机加附着后没有依法组织出租、安装、监理等有关单位验收，也没有委托具有相应资质的检验检测机构验收就投入使用。

（3）纵横置业公司方面的原因。一是安全检查评比中没有执行建设部颁布的标准——《建筑施工安全检查标准》。组织制定的物料提升机（人货电梯）检查评比表与建设部标准中的"外用电梯（人货两用电梯）检查评分表"不一致，没有对操作司机资质、拆装队伍资质、附着等方面进行检查。二是在组织的安全检查中没有发现、消除19栋施工升降机存在的安全隐患，没有对照建设部令第166号要求检查、纠正各相关单位在19栋施工升降机中存在的违法行为。

（4）东方红公司方面的原因。一是公司指挥部没有按公司的规定认真把好租赁设备的资料备案审查关和安全管理关，导致19栋安装、使用的施工升降机未进行首次出租备案、未进行使用登记。二是对指挥部和19栋项目部管理不到位，没有及时发现、制止和纠正施工升降机顶升、使用中存在的违法行为。如：施工升降机，12月26日顶升时现场没人监督，没有进行经常性和定期的检查、维护和保养记录，以及安装人员和操作司机无特种作业人员操作证上岗等。三是安装、增加附着后没有依照建设部令第166号的规定组织验收。

（5）中湘监理公司方面的原因。一是资料审核中没有发现出租的施工升降机未进行首次备案；二是没有对未进行使用登记的施工升降机，以及施工升降机没有进行经常性和定期的检查、维护和保养记录等提出监理意见。三是对施工升降机加附着后未经验收就投入使用没有提出监理意见。

（6）长沙市建筑安监站方面的原因。一是没有发现并纠正"上海城"19栋建设工地使用未进行首次出租备案、未进行使用登记的施工升降机；且施工升降机加附着后未经验收就投入使用的违法行为。二是没有及时依法查处无资质的安装单位、无资质的安装人员、无资质的操作司机等违法行为。

（7）长沙市建委方面的原因。没有按照建设部令第166号的规定落实好施工升降机到建设行政主管部门进行首次备案和使用登记的要求，导致2008年8月生产、9月份首次安装在"上海城"19栋建设工地的施工升降机未经首次出租备案和使用登记一直在使用。没有及时指导、督促长沙市建筑安监站查处"上海城"19栋建设工地存在的违法租赁、安装、使用施工升降机等违法行为。

（三）事故性质

经调查认定，这是一起责任事故。

六、事故责任认定以及对事故责任者的处理建议

（一）建议移送公安机关追究刑事责任的人员

（1）高海清，负责19栋施工升降机的安装、顶升、维护、聘请司机等工作。无资质证擅自从事施工升降机的安装、升节和维护；12月26日，不按安装方案和说明书的要求进行顶升和加附着，导致第57与58个标准节的联接螺栓没上好，第十三个附着以上的独立高度超过规定（独立高度：实际12.75 m，要求≤7.5 m），设备不具备安全条件；加附着后未要求使用

单位组织验收就直接移交操作司机使用;发生事故后逃逸。对本次事故负直接责任,建议移送公安机关依法追究刑事责任。

(2)高新强,高海清聘请的19栋施工升降机顶升人员。无资质证从事施工升降机顶升;12月26日顶升中,没上好第57与58标准节之间的联接螺栓,第十三个附着以上的独立高度超高,设备不具备安全条件;发生事故后逃逸。对本次事故负直接责任,建议移送公安机关依法追究刑事责任。

(3)周志成,泰升公司法定代表人、董事长。违反建设部令第166号等有关国家规定,首次出租施工升降机未到建设行政管理部门备案,明知自己无资质却承接施工升降机安装业务,并以包代管,将特种设备的安装、拆卸、维护转包给无资质的高海清,施工升降机顶升增加附着后不依法组织验收,导致设备不具备安全条件而发生事故;私刻衡阳市安装公司公章,并以其公司及有关人员的名字伪造安装和拆卸方案、安装验收合格等相关资料。对本次事故负主要责任,建议移送公安机关依法追究刑事责任。

(4)唐起兴,东方红公司“上海城”二期19栋项目部副经理(项目承包人),负责全盘管理工作。违反建设部令第166号等国家有关规定,违法使用未进行首次出租备案、未办理使用登记的施工升降机,违法将安装、维修、拆除服务及操作人员全部包给无资质的泰升公司并以包代管,不依法履行职责,在12月26日的施工升降机顶升过程未派专人监督,没有组织检查并纠正施工升降机安装人员、操作司机无特种证上岗的违法行为,施工升降机顶升增加附着后不依法组织验收,导致设备不具备安全条件而发生事故。对本次事故负主要责任,建议移送公安机关依法追究刑事责任。

(5)谭应芝,东方红公司“上海城”二期19栋项目部施工员,未依法执行建设部令第166号等国家有关规定,允许未办理使用登记、顶升增加附着后没有组织验收的施工升降机一直使用,通知安装单位、安装人员对施工升降机顶升时不进行监督检查,没有建立施工升降机的经常性和定期的检查、维护和保养记录等。对本次事故负主要责任,建议移送公安机关依法追究刑事责任。

(6)汤国政,中湘监理公司“上海城”监理部设备监理员,未依法执行建设部令第166号等国家有关规定,将未进行首次出租备案的施工升降机通过安装验收,对未办理使用登记、顶升增加附着后未经验收就投入使用的施工升降机没有依法提出监理意见,没有督促施工升降机使用单位进行经常性和定期的检查、维护和保养。对本次事故负主要责任,建议移送公安机关依法追究刑事责任。

(7)董铁勋,中共党员,中湘监理公司“上海城”监理部19栋监理员,未依法执行建设部令第166号等国家有关规定,对未办理使用登记、顶升增加附着后未经验收就投入使用的施工升降机没有依法提出监理意见,对操作司机无资质、顶升过程无人监督等违法行为没有及时检查发现和制止。对本次事故负主要责任,建议移送公安机关依法追究刑事责任。

(二)建议给予政纪、党纪处分的人员

(1)吴顺奇,中共党员,东方红公司安全科科长,公司派驻“上海城”指挥部的安全管理人员,公司明确的建筑起重机械设备安全管理总负责人。因安全管理不力,贯彻落实建设部令第166号不力,使19栋项目部、19栋施工升降机管理中存在的违法行为没有及时纠正。对本次事故负重要责任,参照《安全生产领域违法违纪行为政纪处分暂行规定》第十二、十七条的规定,建议撤销职务;根据《中国共产党纪律处分条例》第一百三十三条的规定,建议给予党内严重警告处分。

(2)郑智洪，中共党员，东方红公司"上海城"指挥部负责人，监督检查19栋项目部贯彻落实建设部令第166号不力，导致19栋项目部、19栋施工升降机管理中存在的问题没有及时解决，违法行为没有及时纠正。对本次事故负重要责任，参照《安全生产领域违法违纪行为政纪处分暂行规定》第十二、十七条的规定，建议撤销职务；根据《中国共产党纪律处分条例》第一百三十三条的规定，建议给予党内严重警告处分。

(3)蒋四君，中湘监理公司"上海城"监理部总监，对监理部工作人员管理不力，对未经首次备案、未经使用登记、顶升增加附着后未经验收的施工升降机的使用没有依法提出监理意见。对本次事故负重要责任，参照《安全生产领域违法违纪行为政纪处分暂行规定》第十二、十七条的规定，建议撤销职务。

(4)李智，聘用人员，长沙市建筑安监站二科监督一组组员，在"上海城"二期施工监管中因工作不力而发生事故，未经首次出租备案、未经使用登记的施工升降机一直在使用。对本次事故负重要责任，建议依法解除聘用。

(5)秦大田，中共党员，长沙市建筑安监站二科监督一组组长，没有及时组织依法查处19栋施工升降机在首次出租备案、使用登记、使用等环节中的违法行为，未经首次出租备案、未经使用登记的施工升降机一直在使用。对本次事故负重要责任，参照《安全生产领域违法违纪行为政纪处分暂行规定》第四、十七条的规定，建议依法给予行政撤职处分；根据《中国共产党纪律处分条例》第一百三十三条的规定，建议给予党内严重警告处分。

(6)刘小虎，中共党员，长沙市建筑安监站二科科长，对监督一组领导不力，没有及时组织依法查处19栋施工升降机在首次出租备案、使用登记、使用等环节中的违法行为。对本次事故负重要责任，参照《安全生产领域违法违纪行为政纪处分暂行规定》第四、十七条的规定，建议由长沙市建筑安监站依法给予行政撤职处分；根据《中国共产党纪律处分条例》第一百三十三条的规定，建议给予党内严重警告处分。

(7)文德华，中共党员，长沙市建筑安监站主任科员(原安监站副站长，协助一组工作)，没有及时组织依法查处19栋施工升降机在首次出租备案、使用登记、使用等环节中的违法行为。对本次事故负重要责任，参照《安全生产领域违法违纪行为政纪处分暂行规定》第四条的规定，建议依法给予行政记大过处分。

(8)田野，中共党员，长沙市建筑安监站副站长，对建设部令第166号的贯彻落实不力，对二科管理不严，没有及时组织查处施工升降机在首次出租备案、使用登记、使用等环节中的违法行为。对本次事故负主要领导责任，参照《安全生产领域违法违纪行为政纪处分暂行规定》第四条的规定，建议依法给予行政降级处分。

(9)陈杰刚，中共党员，长沙市建筑安监站站长，对建设部令第166号的贯彻落实不力，对二科管理不严，没有及时组织查处施工升降机在首次出租备案、使用登记、使用等环节中的违法行为。对本次事故负重要领导责任，参照《安全生产领域违法违纪行为政纪处分暂行规定》第四条的规定，建议依法给予行政记大过处分，建议免去站长职务。

(10)杨志坚，中共党员，长沙市建委副主任，对建设部令第166号的贯彻落实不力，安全监督执法不严、不规范。对本次事故负重要领导责任，根据《安全生产领域违法违纪行为政纪处分暂行规定》第四条的规定，建议依法给予行政记大过处分。

(11)陈鲁青，中共党员，长沙市建委主任，对建设部令第166号的贯彻落实不力，安全监督执法不严、不规范。对本次事故负领导责任，根据《安全生产领域违法违纪行为政纪处分暂行规定》第四条的规定，建议依法给予行政记大过处分。

（三）建议依法给予行政处罚的人员（单位）

（1）泰升公司，对事故发生负有责任，根据《生产安全事故报告和调查处理条例》第三十七条规定，建议由省安监局依法给予罚款 150 万元的行政处罚；根据《企业法人登记管理条例》规定，建议由省工商局，依法收缴私刻的"衡阳市安装公司"公章，重新规范经营范围，依法给予停业整顿的行政处罚。

（2）纵横置业公司，对事故发生负有责任，根据《生产安全事故报告和调查处理条例》第三十七、四十条规定，建议由省安监局依法给予罚款 100 万元的行政处罚；建议由省建设厅依法就有关证照给予行政处罚。

（3）东方红公司，对事故发生负有责任，根据《生产安全事故报告和调查处理条例》第三十七、四十条规定，建议由省安监局依法给予罚款 70 万元的行政处罚；建议由省建设厅依法就有关证照给予行政处罚。

（4）中湘监理公司，对事故发生负有责任，根据《生产安全事故报告和调查处理条例》第三十七、四十条规定，建议由省安监局依法给予罚款 50 万元的行政处罚；建议由省建设厅依法就有关证照给予行政处罚。

（5）衡阳市安装公司，出租、出借单位和个人资质，根据《建筑法》第六十六条、《生产安全事故报告和调查处理条例》第四十条规定，建议由省建设厅，依法没收违法所得，依法就有关证照给予行政处罚。

（6）周亮，泰升公司总经理，督促、检查安全生产工作不力，没有及时消除事故隐患，根据《生产安全事故报告和调查处理条例》第三十八条规定，建议由省安监局依法给予罚款上年收入的 60% 的行政处罚。

（7）雷孝忠，东方红公司总经理，督促、检查安全生产工作不力，没有及时消除事故隐患，根据《生产安全事故报告和调查处理条例》第三十八条规定，建议由省安监局依法给予罚款上年收入的 60% 的行政处罚。

（8）肖建平，纵横置业公司工程部经理，根据《安全生产违法行为行政处罚办法》第四十四条规定，建议由省安监局依法给予罚款 0.9 万元的行政处罚。

（9）张君枫，纵横置业公司总经理，督促、检查安全生产工作不力，没有及时消除事故隐患，根据《生产安全事故报告和调查处理条例》第三十八条规定，建议由省安监局依法给予罚款上年收入的 60% 的行政处罚。

（10）李威彬，中湘监理公司总经理，督促、检查安全生产工作不力，没有及时消除事故隐患，根据《生产安全事故报告和调查处理条例》第三十八条规定，建议由省安监局依法给予罚款上年收入的 60% 的行政处罚。

（四）建议长沙市人民政府向省人民政府写出深刻检查。

七、事故防范和整改措施

（1）事故施工升降机的处置。因施工升降机只有右吊笼和部分标准节未受损，已不能继续使用，由东方红公司请具有资质的单位进行拆除。拆除前，负责拆除的单位必须依法制定安全可靠的拆除方案和应急救援预案，拆除方案和应急救援预案要经东方红公司、中湘监理公司共同审核通过，并报纵横置业公司、长沙市建筑安监站后方可实施。拆除时，纵横置业公司、东方红公司、中湘监理公司、长沙市建筑安监站要派人现场监督，防范事故发生。拆除后，由湖南省特检中心、长沙市建筑安监站共同监督出租单位——泰升公司进行报废处理。

（2）泰升公司，没有特种设备安装资质，严禁承接、从事特种设备的安装业务。同时，要将私刻的"衡阳市安装公司"公章上交省工商局，依法进行整顿，切实加强内部管理，做到提供给用户的销售合同、产品合格证、制造监督检验证书等资料与设备本身一致。出租设备时，要按照166号令的规定认真履行自己的职责。

（3）衡阳市安装公司，要认真汲取教训，依法与泰升公司解除联营协定，规范管理，禁止以任何方式出租、出借单位和个人的资质。

（4）纵横置业公司，要严格按照《建筑施工安全检查标准》（JGJ59－99）规定进行安全检查、评比，切实加强对施工升降机的监管，杜绝在施工工地出现施工升降机操作司机无资质、拆装队伍无资质、增加附着不组织验收等违法行为。全方位地开展安全检查，在组织的安全检查中要认真对照建设部令第166号的要求督促各相关单位进行落实，严防事故发生。

（5）东方红公司，要认真履行建设部令第166号赋予的职责，进一步规范建筑起重机械的承租、使用、验收工作。要特别重视：在签订租赁合同时，要明确租赁双方的安全责任；严格督促项目部设置建筑起重机械设备的管理机构或者配备专职的设备管理人员；要与有资质的单位专门签订安装、维修、拆除服务合同；依法建立制度，确保建筑起重机械设备得到经常性和定期的检查、维护和保养，并有相关的记录；认真审核把关和监督检查，防止未经首次出租备案、未经使用登记的建筑起重机械投入使用，防止增加附着的起重机械不经验收投入使用，防止安装人员、起重司机无特种作业证上岗等。

（6）中湘监理公司，要认真履行建设部令第166号赋予的职责，认真审核把关建筑起重机械的各种证书、证明文件、施工方案、应急预案等资料，认真监督安装单位执行建筑起重机械安装、拆卸工程专项施工方案，认真监督检查建筑起重机械的使用情况。

（7）长沙市建筑安监站，在实施建筑工程安全监督工作中，要切实加强对建筑起重机械的租赁、安装、拆卸、使用情况的监督；切实加强队伍建设，增强监管力量，规范执法行为，提高依法监管的素质。

（8）长沙市政府、市建委，要加大贯彻落实建设部令第166号的力度，坚决杜绝未经首次出租备案、未经使用登记的建筑起重机械投入使用，坚决杜绝无安装资质的单位承接建筑起重机械的安装、拆除业务，坚决杜绝无特种作业证的人从事特殊工种工作；要认真调研长沙市建筑领域的安全行政执法情况，按照《建设行政处罚程序暂行规定》（建设部令第66号），进一步规范长沙市建筑安监站的职能、职责，加大执法力度，防止类似事故再发生。

湖南省长沙市"上海城"住宅小区二期建设工程
"12·27"起重伤害重大事故调查组

【案例分析】

在这起事故的调查处理中，我们对事故类别、事故调查组的组成以及相关主体的行政责任和刑事责任分析如下：

1. 这起事故是属于高处坠落还是起重伤害？根据企业职工伤亡事故分类（GB 6441—1986）规定，起重伤害事故是指在进行各种起重作业（包括吊运、安装、检修、试验）中发生的重物（包括吊具、吊重或吊臂）坠落、夹挤、物体打击、起重机倾翻、触电等事故。而高处坠落是指在坠落高度基准面 2 m 以上（含 2 m）作业而坠落的事故。这起事故是由于起重（施工电梯）设备故障引起的事故，而不是因人站立在超过基准面 2 米以上作业导致的事故，因此，这起事故应该确定为起重伤害。

2. 关于事故调查组的组成。这起事故中，省建设厅、省质监局作为负有安全生产监督管理职责的有关部门参与事故调查。另外，由于事故调查处理工作的需要，该起事故配备调查协办单位，由长沙市监察局、市安监局、市公安局、市总工会等予以协办。

3. 根据《条例》第三十七条规定："事故发生单位对事故发生负有责任的，依照下列规定处以罚款：（一）发生一般事故的，处 10 万元以上 20 万元以下的罚款；（二）发生较大事故的，处 20 万元以上 50 万元以下的罚款；（三）发生重大事故的，处 50 万元以上 200 万元以下的罚款；（四）发生特别重大事故的，处 200 万元以上 500 万元以下的罚款。"在这起事故中，泰升公司、纵横置业公司、东方红公司及中湘监理公司均对这起事故的发生负有责任，因此，均应根据该条规定处以相应罚款，这一行政执法并不违反"一事不二罚"原则。

4. 高海清的刑事责任分析。高海清的行为涉嫌构成重大责任事故罪，重大责任事故罪是指在生产、作业中违反有关安全管理的规定，或者强令他人违章冒险作业，因而发生重大伤亡事故或者造成其他严重后果的行为。从犯罪构成来分析，高海清作为直接从事生产、作业人员，负责 19 栋施工升降机的安装、顶升、维护、聘请司机等工作，无资质证擅自从事施工升降机的安装、升节和维护；12 月 26 日，不按安装方案和说明书的要求进行顶升和加附着，导致第 57 与 58 个标准节的联接螺栓没上好，第十三个附着以上的独立高度超过规定（独立高度：实际 12.75 m，要求≤7.5 m），设备不具备安全条件；加附着后未要求使用单位组织验收就直接移交操作司机使用，从而导致重大事故发生，因此，其行为已符合重大责任事故罪的构成要件，构成重大责任事故罪。

案例 6：社会公共安全事故调查处理典型案例分析

随着社会经济和城市建设的飞速发展，安全问题已渐渐显露出弊端，其中公共安全问题就表现得尤为严重。公共安全是指多数人的生命、健康和公私财产的安全。它包含信息安全，食品安全，公共卫生安全，公众出行规律安全、避难者行为安全，人员疏散的场地安全、建筑安全、城市生命线安全，恶意和非恶意的人身安全和人员疏散等。近年来，公共安全问题——校车安全隐患事件在全国各地频频出现。校车安全事故，按照类别来划分，它属于其他事故；按照行业来分类，它属于道路交通事故。根据《条例》规定，在生产经营活动中发生的道路交通事故，仍应属于生产安全事故，它的调查处理应根据《条例》的规定执行。以下是发生在湖南省长沙市岳麓区的一起道路交通（校车）安全事故。

长沙市岳麓区"7.10"重大道路交通（校车）事故调查报告

2014 年 7 月 10 日 16 时 35 分许，湘潭市雨湖区响塘乡乐乐旺幼儿园驾驶员郑友华驾驶湘 CG5210 校车在送长沙的幼儿回家途中，车辆坠入长沙市岳麓区含浦街道干子村石塘水塘，导致发生 11 人死亡，直接经济损失 657 万余元的重大道路交通事故。

事故发生后，中央政治局委员、国务院副总理刘延东，国务委员、公安部长郭声琨，国务委员王勇，国家安监总局局长杨栋梁，副局长王德学，省委书记徐守盛，省长杜家毫，副省长李友志、盛茂林、张剑飞等领导同志分别作出指示批示，要求全力做好人员搜救工作，核清伤亡人数，查明事故原因，依法依规严肃处理，认真吸取事故教训，举一反三，切实加强道路交通特别是校车安全管理，深入开展道路安全隐患排查治理，坚决遏制类似事故再次发生。

根据《生产安全事故报告和调查处理条例》(国务院令第 493 号)等有关法律法规的规定，2014 年 7 月 11 日，省人民政府批准成立了由省安监局牵头，省监察厅、省公安厅、省总工会、省教育厅、省交通运输厅、省质监局、长沙市人民政府和湘潭市人民政府有关人员组成的长沙市岳麓区"7·10"重大道路交通事故调查组(以下简称"事故调查组")，由省安监局副局长杨国庆担任事故调查组组长；同时邀请省人民检察院派员参加了事故调查工作。

事故调查组按照"四不放过"和"科学严谨、依法依规、实事求是、注重实效"的原则，通过现场勘察、调查取证和技术鉴定，查明了事故发生的经过、原因、人员伤亡和直接经济损失情况，分析了事故责任，认定了事故的性质，提出了对有关责任人员(单位)的处理和事故防范措施建议。现将有关情况报告如下：

一、基本情况

(一)事故相关人员(单位)、车辆的基本情况

1. 驾驶人情况

郑友华，男，1963 年 1 月 23 日出生，系湘潭市雨湖区响塘乡乐乐旺幼儿园校车驾驶员(住湘潭县云湖桥镇史家坳村荷叶组 428 号)，2010 年 8 月 14 日取得准驾 C1 车型驾驶证，驾驶证号为 430321196301231597，有效期 10 年。2013 年 8 月 18 日获得了校车驾驶资格。

经调查：驾驶人郑友华在事发时无酒驾、毒驾、疲劳驾驶、猝死和拨打手持电话等妨碍安全驾驶的情形，未发现有仇视、报复社会的思想动机及其他异常反常的情形。

2. 肇事车辆情况

湘 CG5210 小型普通客车系湘潭市雨湖区响塘乡乐乐旺幼儿园自备校车，车辆识别代号：LZWACAGA394132513，发动机号：904336059，核载 8 人。2009 年 4 月 30 日车辆初次登记，几经转让，2013 年 8 月 8 日转移登记给乐乐旺幼儿园，检验有效期至 2014 年 10 月 31 日。该车于 2013 年 7 月 10 日经长沙梅花汽车制造有限公司整改合格，后经湘潭市学生用车管理工作领导小组于 2013 年 9 月 1 日审查合格，第一次核发了校车使用许可决定书(证号：A201300032〔A〕，车辆登记校车号牌为湘 CG5210，有效期至 2014 年 3 月 31 日)。该车经乐乐旺幼儿园申报、湘潭市雨湖区教育局、湘潭市交警支队雨湖大队和湘潭市公路运输管理局河西运管所审核，其行驶线路为"响塘乡烧汤河村—公河村"，沿途停靠站点为烧汤河村部、益佳村部和公河村部，开行时间分别为 7 时 30 分和 16 时 30 分。乐乐旺幼儿园根据幼儿的分布情况擅自增加了"新湖村—计家坝—陈家湾—石湖(干子村)"的运行线路，每天开行时间为 6 时 30 分和 15 时 30 分。2014 年 4 月 11 日，湘潭市学生用车管理工作领导小组对该车再次审查合格，第二次核发了校车使用许可决定书(证号：A201300205〔A〕，有效期至 2014 年 9 月 30 日)。此次审查过程中，乐乐旺幼儿园向湘潭市交警支队雨湖大队报告湘 CG5210 校车

的 2 条实际运行线路，即在原来审核线路的基础上增加了"新湖村—计家坝—陈家湾—石湖（干子村）"的运行线路，每天开行时间分别为 6 时 30 分和 15 时 30 分。新增线路没有经过教育、交通等部门和当地政府的审核。

经调查：该车每月 16 日均到湘潭市交警支队雨湖大队五中队进行车辆安全检查，没有发现车辆安全问题。该车的车载卫星定位装置因欠费于 2014 年 6 月 19 日起就中断了数据上传，湘潭市交警支队雨湖大队的车辆监控平台不能实时反映车辆的运行情况，一直显示为停滞状态。

事故车辆被打捞出水后，经现场勘查，车身着黄色校车标志，车顶有四个黄色警示灯，前挡风玻璃龟裂内陷，前挡风玻璃右上角粘贴有检验合格标志、保险标志，车辆左右前门玻璃呈摇下打开状态，其余门窗及玻璃关闭完好，车辆左前保险杠有破损；车辆座椅靠背前倾、底座骨架有裂痕。经技术鉴定，车辆转向、制动、整改等均符合 GB7258 标准、湘公交传发〔2013〕154 号和湘教通〔2013〕82 号文件对车辆的技术规定。车辆前挡风玻璃龟裂内陷、左前保险杠的破损均系车辆入水过程中冲击和碰撞所致。车辆座椅断裂问题系车辆在冲出路面坠入水塘的过程中，车内乘员挤压座椅造成。

事故发生后，经湖南省汽车摩托车（整车）产品质量监督检验授权站技术鉴定，事故时车速为 32 km/h。

3. 湘潭市雨湖区响塘乡乐乐旺幼儿园的基本情况

湘潭市雨湖区响塘乡乐乐旺幼儿园（以下简称"乐乐旺幼儿园"）由王长海、王霓裳父女于 2010 年共同创办，王长海全额出资，2011 年 4 月 12 日经湘潭市雨湖区教育局批准取得《民办学校办学许可证》，2012 年 5 月 7 日取得《民办非企业单位登记证书》，2012 年 5 月 11 日取得《组织机构代码证》，机构代码为：59104455 - 7，其法定代表人王霓裳（女，身份证号：430321198308110543），有效期至 2016 年 5 月 11 日；注册住所为响塘乡烧汤河村（2013 年烧汤河村更名为金侨村），实际控制人为王长海（身份证号：430321195512090558），园长为黄喜颜，现有学生 120 人（其中长沙籍 55 人、湘潭籍 65 人），教职员工 13 人；校车 3 台（湘CG5210，核载 8 人，湘 CF9650，核载 7 人，湘 C11258，核载 18 人）。

经调查：该园法定代表人王霓裳在幼儿园开办之初参与过相关工作，之后随丈夫在益阳和长沙等地生活，没有参与幼儿园的管理，没有履行法定代表人职责。

4. 长沙梅花汽车制造有限公司基本情况

该公司设立于 2000 年 2 月 23 日，注册住所为长沙市长沙县江背镇，法定代表人张君伟，注册资本 900 万元，有限责任公司，企业法人营业执照注册号为 430121000000468（2 - 1）S，经营范围：从事客车、校车的制造、改装、销售等，组织机构代码 74835084 - 4。该公司与乐乐旺幼儿园于 2013 年 7 月签定了《非标校车整改协议》，约定由长沙梅花汽车制造有限公司将五菱小型普通客车湘 CG5210（原车牌号湘 CE3960）整改为符合相关技术标准的非标校车，整改内容包括校车标志灯、停车指示牌、车载卫星定位装置以及逃生锥、干粉灭火器、急救箱等安全设备。其中车载卫星定位装置包括"北斗车行一网通 ONE05（校车版）"硬件以及 2 个监控摄像头，该设备采用移动公司的移动数据流量卡，能提供车辆的定位和实时监控信息，整改费用为 10024 元（含一年数据流量费）。2013 年 7 月 7 日，长沙梅花汽车制造有限公司完成对车辆的整改并将车辆交付给王长海，2013 年 7 月 10 日开具《校车整改专用合格证》。

经调查：湘 CG5210 校车的卫星定位装置于 2014 年 6 月 19 日停止了数据传输（数据流量

卡欠费），其后不能实时显示车辆定位和相关信息。该公司在2014年6月19日湘CG5210校车的数据流量卡欠费停止数据传输时，未及时向乐乐旺幼儿园、湖南新空间系统技术有限公司进行提示和说明。

5. 湖南新空间系统技术有限公司基本情况

该公司设立于1998年1月28日，注册住所为长沙市芙蓉区芙蓉中路二段1号碧云天10楼A、B、C号房，系有限责任公司，法定代表人钟进，注册资本500万元，企业法人营业执照注册号为430000000058710（2－1）S，经营范围：第二类增值电信业务中的信息服务业务、生产及经销电子计算机及软件、机械电子设备等；组织机构代码18380353－4，软件企业登记号为湘R－2003－0027，软件企业认定证书编号为湘R－2003－0290。湖南新空间系统技术有限公司与长沙梅花汽车制造有限公司签定了《"同心金象"乘用车信息智能化合作协议》，约定双方为非标校车整改项目合作单位。湖南新空间系统技术有限公司向长沙梅花汽车制造有限公司整改的非标校车提供车载终端，负责智能监控中心平台的运营、维护和技术保障。2013年7月7日，新空间系统技术有限公司派人到湘潭的校车整改点向湘CG5210安装了车载卫星定位装置（北斗车行—网通ONE05）的硬件以及2个监控摄像头，设备于当天安装调试并通过功能检测合格，交付乐乐旺幼儿园负责人王长海。

经调查：该公司未按合同约定提供1年的湘CG5210校车卫星定位装置数据流量传输。在2014年6月19日湘CG5210校车的卫星定位装置数据停止传输时，未向长沙梅花汽车制造有限公司、乐乐旺幼儿园进行提示和说明。

（二）事故发生地的基本情况和车辆落水状况

事发地位于长沙市岳麓区含浦街道干子村，该村处于长沙与湘潭两市的交界位置，紧邻长沙市宁乡县道林镇、湘潭市雨湖区响塘乡。事发路段位于长沙市岳麓区含浦街道干子村石塘水塘的坝基机耕道，石塘水塘水面约16.5亩，水深约6 m，塘基距水面1.7 m；坝基机耕道路面有效宽度2.3 m，砂石路面，路面不平整，道路两侧均有杂草，西侧杂草宽1.7 m，高0.3～0.9 m，东侧杂草宽0.7 m，高0.31～1.5 m，事故路段无防护设施，无交通标牌。

事发前，车辆沿坝基机耕道由西往北左转弯，微下坡，坡长15.5 m，坡度为7.16%，校车转弯后（转弯半径25.2 m）在坝基机耕道上直行17.8 m落水（坝基全长67.3 m）。校车在水中形态为头南尾北、四轮着塘底、距坝基垂直距离10.3 m、距落水点距离11 m。

二、事故发生经过和应急救援情况

（一）事故发生经过

在幼儿园开学期间，郑友华驾驶湘CG5210五菱牌校车负责公河村线路和石塘线路上幼儿的接送，上午和下午各3趟。石塘线路上有15名左右幼儿，郑友华在该线路上每天接、送各一趟，超员成为一种常态。

7月10日，郑友华驾驶湘CG5210校车5时33分至7时接完第一趟（石塘线路），7时至7时51分接完第二趟，7时51分至8时30分接完第三趟，返回幼儿园。之后，郑友华前往距乐乐旺幼儿园300米左右的金侨三角坪超市打麻将。11时30分左右返回乐乐旺幼儿园吃中饭、午睡。当日16时，乐乐旺幼儿园放学，幼儿在幼师的组织下坐上校车，童聪、肖建阳2名幼师和周天乐等13名幼儿登上了核载8人的校车湘CG5210。16时01分，郑友华驾驶湘CG5210校车（实载16人）从幼儿园出发，送长沙市岳麓区含浦街道干子村和宁乡县道林镇烧汤村的幼儿回家，于 16:07、16:17、16:24、16:28 和 16:30 左右沿途分别送完刘康康、周天乐、蒋宇银、杨柏倩、杨广等 5 名幼儿后，车辆行经长沙市岳麓区含浦街道干子村石塘水塘坝基机耕道时，坠入水塘，造成车内 11 人全部溺水死亡。

（二）事故报告情况

7 月 10 日 19 时 16 分 57 秒，湘潭市公安局警令部接处警中心第一次接到乐乐旺幼儿园一辆校车和 8 名幼儿失联的报警。之后，接多起类似报警。19 时 47 分，接到处警指令的湘潭市公安局雨湖区分局响塘派出所两名民警赶到乐乐旺幼儿园，与报警人吴方会合，并沿校车可能行经的线路找寻。19 时 51 分，湘潭市公安局警令部接处警中心与长沙市公安局警令部指挥中心沟通。20 时 10 分，湘潭市公安局警令部接处警中心接到报警人吴芬报告，在长沙市岳麓区含浦街道干子村一水塘内发现失踪校车。20 时 22 分，长沙市公安局警令部指挥中心接到湘潭市公安局警令部接处警中心反馈的事故相关信息，长沙、湘潭警方迅速组织人力赶赴现场救援，并报告了当地政府及省政府应急办。

（三）事故救援情况

接到事故报告后，省政府、长沙市、湘潭市政府、雨湖区和岳麓区政府立即启动应急预案。省人民政府副省长张剑飞第一时间率省政府办公厅副主任赵清云、省安监局副局长李大剑、省教育厅副厅长葛建中和省公安厅交通管理局局长唐国栋等省直部门负责人赶赴事故现场。长沙市人民政府市长胡衡华、副市长夏建平、副市长兼公安局长李介德、湘潭市市委副书记李江南、常务副市长谈文胜、副市长苏健全、副市长戴德清等和雨湖区、岳麓区相关负责人陆续赶赴事故现场，组织指导事故应急救援和善后处理工作。

事故发生后，长沙、湘潭两市迅速调集消防、医疗等部门参与事故救援。长沙市调集了海事局水警大队、蓝天水上救援队参与水下救援工作。7 月 11 日 3 时 30 分，湘 CG5210 校车被打捞出水，车内有 9 名遇难者；救援人员再次下水搜寻，4 时 50 分，发现 2 名遇难者，至此，车上 11 人全部被打捞上岸。5 时 50 分，事故现场清理完毕。

事故发生后，长沙市、湘潭市人民政府高度重视事故善后处理工作，安排善后处理专门班子进行一对一的协商，与遇难者家属分别签订了赔偿协议并及时进行了赔付，对遇难者进行了妥善安葬。当地社会秩序稳定。

三、事故原因分析及事故性质认定

（一）直接原因

郑友华驾驶超员的湘 CG5210 校车（核载 8 人、实载 11 人）在临水、窄路、弯道和下坡机耕道上违法超速（限速 20 km/h、事故时 32 km/h）和不按照审核线路行驶，违反安全驾驶操作规范，导致校车冲出路面坠入水塘。

（二）间接原因

1. 湘潭市雨湖区响塘乡乐乐旺幼儿园安全管理主体责任不落实，安全管理工作严重缺失。一是法定代表人王霓裳长期不在岗，安全管理主体责任落实不到位。二是安全管理流于形式，对校车驾驶人及随车照管幼师的安全教育培训不到位。没有及时纠正郑友华违法超员驾驶行为。三是未经审核批准，擅自增加郑友华校车跨区域行车线路，导致校车在不具备安全通行条件的道路上行驶。四是没有认真解决校车与生源数量的供需矛盾，办园的安全基本条件欠缺，招生数量近三年始终保持在 100 人以上，只有三台校车（核载总数 33 人），无法满足需求。

2. 长沙梅花汽车制造有限公司提供实时监控服务不到位

该公司在对湘 CG5210 五菱小型普通客车进行非标校车整改时，给车辆安装车载卫星定位设备实时监控 1 年服务期未满时，提前 20 天中止实时数据传输，没有向乐乐旺幼儿园提示和说明情况，导致车辆卫星定位系统监控失效、事发时不能及时提供车辆位置、监管部门不能对校车实施动态监管，对事故的发生负有责任。

3. 湖南新空间系统技术有限公司提供定位监控服务不到位

该公司未按合同约定为校车提供 1 年的车载卫星定位装置数据流量费，提前 20 天中止数据传输，没有向长沙梅花汽车制造有限公司、乐乐旺幼儿园提示和说明情况，导致车辆卫星定位系统监控失效、事发时不能及时提供车辆位置、监管部门不能对校车实施动态监管，与长沙梅花汽车制造有限公司共同承担导致车辆卫星定位系统监控失效的责任。

4. 湘潭市教育主管部门安全监管不力

(1)湘潭市雨湖区响塘乡中心校对乐乐旺幼儿园的日常监管和校车安全管理检查工作不到位。对乐乐旺幼儿园法人代表王霓裳长期不在岗的情况督促整改不力；对乐乐旺幼儿园长期存在的校车超员超速等违法行为没有采取有效措施予以制止，也没有向上级部门报告。

(2)湘潭市雨湖区教育局贯彻落实校车安全管理相关法律法规及上级文件精神不到位，对校车安全管理和安全隐患排查工作督促指导不力。未建立校车安全管理举报平台；在校车使用许可过程中，对校车使用许可申请材料提出初审意见后，未按规定程序报送湘潭市教育局；对幼儿园及校车安全的日常监管及安全检查不深入，未能发现乐乐旺幼儿园校车长期存在的超员、不按审核线路行驶等安全隐患。

(3)湘潭市教育局对雨湖区教育局开展校车安全管理工作督促指导不力。在校车使用许可过程中，未严格执行(湘教通〔2013〕82 号)规定的市辖区校车使用许可程序，没有审核校车许可申报材料，违规将盖好市校车领导小组公章的《校车使用许可决定书》下发给各县市区校车办自行填写。

5. 湘潭市公安交警部门对校车的安全监管不到位

湘潭市交警支队及下属雨湖大队和五中队贯彻落实校车安全管理相关法律法规不到位，对校车安全的监督管理工作不到位；对乐乐旺幼儿园湘 CG5210 校车长期超速、超员和不按审核线路行驶的问题监管不力。

6. 湘潭市道路运输管理局落实校车安全管理不到位

湘潭市道路运输管理局河西所对湘潭市交通运输局交办的湘潭市雨湖区校车使用许可审核工作执行不到位，对乐乐旺幼儿园校车行驶线路等没有进行认真审核和实地勘察。

7. 湘潭市雨湖区人民政府及响塘乡人民政府落实校车属地管理职责不力

(1)雨湖区响塘乡人民政府落实校车安全管理相关制度不到位，对校车安全隐患排查治理不力。一是没有制定详细的校车管理制度；二是没有协调组织乡中心联校和交警五中队对校车进行专项安全检查，发现校车有超员超速现象没有及时向上级政府和监管部门报告，对乐乐旺幼儿园属地安全监管工作不到位。

(2)雨湖区人民政府落实校车安全管理相关法律法规及上级文件精神不到位；对区教育局等职能部门督促履行校车安全管理职责不到位；对市级相关职能部门协调不够；没有及时修改完善区校车管理相关制度。

8. 长沙市岳麓区含浦街道办事处及干子村落实校车安全属地管理职责不力

（1）长沙市岳麓区含浦街道办事处"打非治违"工作和校车安全管理工作落实不到位。未发现外地校车长期在辖区内接送幼儿，并超速超员行驶的问题；对干子村村委会开展交通安全管理工作督促指导不力，校车安全管理宣传不到位。

（2）长沙市岳麓区含浦街道干子村落实校车安全管理工作不到位，对校车安全知识宣传不到位，对重大安全隐患采取措施不力。

9. 长沙市交警支队岳麓大队对校车安全监管工作存在漏洞

长沙市交警支队岳麓大队及八中队对乐乐旺幼儿园校车长期超速、超员及不按审核线路行驶的问题监管不力。

（三）事故性质

经调查认定，该事故是一起重大道路交通安全责任事故。

四、对事故有关责任人员及责任单位的处理建议

（一）由司法机关立案追究刑事责任的人员

（1）王霓裳，乐乐旺幼儿园法定代表人，涉嫌重大责任事故罪。长沙市岳麓区公安分局于 7 月 12 日对其刑事拘留。

（2）王长海，中共党员，乐乐旺幼儿园实际控制人，涉嫌重大责任事故罪。长沙市岳麓区公安分局于 7 月 12 日对其刑事拘留。

（3）杨强，中共党员，雨湖区教育局监察室主任、安全政策法规股股长，雨湖区校车办的专干。涉嫌玩忽职守罪。2014 年 8 月 11 日，湘潭市雨湖区检察院决定对其立案侦查。

（4）章华，中共党员，湘潭市交警支队雨湖大队五中队队长，校车户籍化管理的责任民警。涉嫌玩忽职守罪。2014 年 8 月 13 日，湘潭市雨湖区检察院决定对其立案侦查。

上述人员待司法机关作出处理结论后，再给予相应的党纪政纪处分。其他国家机关工作人员涉嫌渎职等职务犯罪的，由检察机关依法查处。

（二）在事故中死亡、不予追究责任的人员

郑友华，乐乐旺幼儿园校车湘 CG5210 驾驶人，驾驶超员的校车违法超速和不按审核线路行驶、违反安全驾驶操作规范，导致车辆冲出路面坠入水塘，对事故发生负有直接责任。

（三）建议给予党纪政纪处分的人员

（1）姜丙乾，中共党员，长沙市交警支队岳麓大队八中队中队长。在组织和具体负责辖区内校车运行的监督管理工作中，履职不到位，对湘 CG5210 校车的日常监管不力，未及时发现、依法查处和有效纠正该车在岳麓区域运行中长期存在的超员、超速和不按审核线路行驶的违法违规行为，对事故的发生负有直接监管责任，依据《行政机关公务员处分条例》第二十条的规定，建议给予其行政记大过处分。

（2）周建文，中共党员，长沙市交警支队岳麓大队副大队长。分管法制、事故预防处理和联系八中队。督促指导八中队开展校车安全监管工作不到位；未及时发现和依法查处湘 CG5210 校车在岳麓区运行过程中长期存在的超员、超速和不按审核线路行驶的违法违规行为，对事故的发生负有重要领导责任，依据《行政机关公务员处分条例》第二十条的规定，建议给予其行政记过处分。

（3）张佳，中共党员，长沙市交警支队岳麓大队副大队长。分管交通秩序管理工作。对校车安全监管工作组织、领导不力，未及时发现和依法查处湘 CG5210 校车在岳麓区域运行过程中长期存在的超员、超速及不按审核线路行驶的违法违规行为，对事故的发生负有重要领导责任，依据《行政机关公务员处分条例》第十五条及第二十条的规定，建议给予其行政警告处分。

（4）刘浩军，中共党员，2014 年 3 月任长沙市岳麓区含浦街道干子村党支部书记，主持干子村全面工作。对乐乐旺幼儿园校车超员行驶的违法行为进行过劝阻，但没有及时将问题向上级有关部门报告，也没有采取措施予以制止。对事故的发生负有主要领导责任，依据《中国共产党纪律处分条例》第一百三十三条的规定，建议给予其党内严重警告处分。

（5）李戒，中共党员，长沙市岳麓区含浦街道党工委委员、人武部长，分管道路交通安全等工作。对干子村村委会开展交通安全管理工作督促指导不力，对辖区内村组道路安全隐患排查处理不到位，对事故的发生负有主要领导责任，事故发生后已免除所任职务，依据《中国共产党纪律处分条例》第一百三十三条的规定，建议给予其党内严重警告处分。

（6）夏峰，中共党员，岳麓区含浦街道办事处主任，主管街道行政工作。对本辖区内幼儿异地就读且需要校车接送的情况没有召集街道有关部门进行专项研究和部署，也没有上报有关部门；对事故的发生负有重要领导责任，依据《行政机关公务员处分条例》第二十条的规定，建议给予其行政警告处分。

（7）冯友庚，湘潭市雨湖区响塘乡中心校副校长，负责校车安全管理工作。对响塘乡乐乐旺幼儿园及校车安全管理工作监管不到位，对乐乐旺幼儿园的日常安全检查不深入，对幼儿园法人代表王霓裳长期不在岗的情况没有采取措施予以纠正；对校车长期超员和不按审核路线行驶等安全隐患虽然向中心校反映过，但是没有采取强力措施予以制止，对事故的发生负有直接监管责任，依据《事业单位工作人员处分暂行规定》第十七条的规定，建议给予其降低岗位等级处分。

（8）赵延荣，中共党员，响塘乡中心校校长，主持中心校全面工作。对响塘乡校车安全监管工作不到位，对乐乐旺幼儿园校车长期存在超员、不按审核线路行驶的安全隐患没有采取措施及时整改；对乐乐旺幼儿园法人代表王霓裳长期不在岗的情况没有及时处置整改。对事故的发生负有直接监管责任，依据《中国共产党纪律处分条例》第一百三十三条及《事业单位工作人员处分暂行规定》第十七条的规定，建议给予其撤销党内职务、行政撤职处分。

（9）屈志辉，湘潭市雨湖区教育局副局长、雨湖区学生用车工作领导小组办公室副主任，分管区教育局安全工作。贯彻落实校车安全法律法规和政策文件规定不到位；没有建立校车安全举报网络平台，对幼儿园的日常安全检查不深入；对幼儿园园长的安全培训力度不够。对事故的发生负有主要领导责任，事故发生后已免除所任职务，依据《行政机关公务员处分条例》第二十条的规定，建议给予其行政降级处分。

（10）谭先玉，中共党员，湘潭市雨湖区教育局党委书记、局长，区校车领导小组副组长、区校车办主任，主持区教育局全面工作。对校车办岗位职责没有以正式文件印发；没有建立校车安全举报网络平台；协调各部门推进校车安全管理工作不到位，导致机制不顺畅。对事故的发生负有重要领导责任，依据《行政机关公务员处分条例》第二十条的规定，建议给予其行政记大过处分。

（11）周利光，中共党员，湘潭市交警支队雨湖大队副大队长，分管车驾管、交通安全宣传及校车 GPS 监控信息平台等工作。督促指导下级及五中队落实校车安全管理工作及校车交通安全宣传工作不到位。对下级没有实地审核勘查校车行驶路线工作失察，对校车 GPS 监管平台发现校车存在超速及只能看到驾驶员而不能看到车内全貌的情况未查处整改失察。对事故的发生负有主要领导责任，事故发生后已免除所任职务，依据《行政机关公务员处分条例》第二十条的规定，建议给予其行政记大过处分。

（12）刘明华，中共党员，湘潭市交警支队雨湖大队队长。在主持雨湖交警大队工作中，对校车安全监管工作督促指导不力。未及时发现和依法查处湘 CG5210 校车运行中长期存在的超员、超速和不按审核线路行驶的违法违规行为；未及时研究解决大队校车 GPS 监管信息平台中发现的视频监控不能有效运行等异常问题；向调查组提供不实的《校车 GPS 监管信息平台管理制度》文件。对事故的发生负有重要领导责任，依据《行政机关公务员处分条例》第二十条的规定，建议给予其行政记过处分。

（13）陈抗，农工党员，湘潭市道路运输管理局河西所所长。在具体承办湘 CG5210 校车的使用许可审核工作中，对《湘潭市校车使用许可、校车标牌核发申请表》上规定校车的"行驶线路、开行时间、停靠站点"等信息没有进行认真审查和实地勘察，审核工作流于形式，对事故的发生负有直接监管责任，依据《行政机关公务员处分条例》第二十条的规定，建议给予其行政记过处分。

（14）周卫平，中共党员，湘潭市道路运输管理局副局长，分管湘潭市道路运输管理局河西运管所。对校车安全管理相关法律、法规和上级文件精神落实不到位，对湘潭市道路运输管理局河西所审核乐乐旺幼儿园事故校车工作不到位等情况失察。对事故的发生负有重要领导责任，依据《行政机关公务员处分条例》第十五条及第二十条规定，建议给予其行政警告处分。

（15）张大春，中共党员，湘潭市雨湖区响塘乡安全生产监督管理办公室主任。发现校车超员等安全隐患问题后没有及时向上级领导和有关部门报告，对事故的发生负有监管责任，依据《事业单位工作人员处分暂行规定》第十七条的规定，建议给予其行政警告处分。

（16）蒋益平，中共党员，湘潭市雨湖区响塘乡党委委员，分管组织、道路交通、学校幼儿园及校车安全等工作。没有将辖区范围内校车超员的安全隐患情况及时向上级及监管部门书面报告，没有协调上级主管部门和乡中心联校对校车安全隐患进行整治；在校车安全隐患排查中没有及时发现校车擅自改变规定线路行驶等重大安全隐患问题；在发现校车超员现象后没有采取有效措施整治校车超员超速行驶等问题，对事故的发生负有主要领导责任，依据《中国共产党纪律处分条例》第一百三十三条的规定，建议给予其党内严重警告处分。

（17）彭忠良，中共党员，湘潭市雨湖区响塘乡党委副书记、乡长，主持乡政府全面工作。落实校车安全管理工作不到位，没有按照上级有关校车管理文件和《雨湖区中小学、幼儿园安全用车管理工作实施方案》精神及时成立乡校车管理工作领导小组，没有认真督促下级深入排查校车超员、擅自改变行车线路行驶等重大安全隐患问题，对事故的发生负有重要领导责任，依据《行政机关公务员处分条例》第二十条的规定，建议给予其行政记过处分。

（18）张赞群，中共党员，湘潭市雨湖区响塘乡党委书记，主持响塘乡全面工作。没有及时督促乡政府成立校车管理工作领导小组，没有及时健全监督管理机制，没有专题部署校车安全隐患整治工作；没有认真督促下级深入排查校车超员、擅自改变行车线路行驶等重大安全隐患问题，对事故的发生负有重要领导责任，依据《中国共产党纪律处分条例》第一百三十三条的规定，建议给予其党内警告处分。

(19)向泽华,中共党员,湘潭市教育局安全保卫科科长。负责湘潭市学生用车工作领导小组办公室日常工作。没有严格执行湘教通〔2013〕82号文件规定的市辖区校车使用许可程序,没有审核校车许可申报材料,违规将盖好市校车领导小组公章的《校车使用许可决定书》下发给各县市区校车办自行填写。对校车安全事故的发生负有重要领导责任,依据《行政机关公务员处分条例》第二十条的规定,建议给予其行政警告处分。

(20)邓幼苗,中共党员,湘潭市交警支队党委委员、副支队长,分管秩序科。对雨湖交警大队执法检查工作指导督促不力,对雨湖交警大队未及时发现湘CG5210校车运行中长期存在的超员、超速和不按审核线路行驶的违法违规行为失察。对事故的发生负有重要领导责任,依据《行政机关公务员处分条例》第十五条及第二十条的规定,建议给予其行政警告处分。

(21)袁典凡,中共党员,湘潭市雨湖区人民政府党组成员、副区长,分管教育工作。贯彻执行上级有关校车管理的精神不全面,没有进一步督促、健全完善校车管理相关制度;没有及时督促区教育局和基层政府全面排除学生用车安全隐患,对校车安全事故的发生负有重要领导责任,事故发生后已免除所任职务,依据《行政机关公务员处分条例》第十五条及第二十条的规定,建议给予其行政警告处分。

(四)相关处罚建议

1.乐乐旺幼儿园安全管理主体责任不落实,对事故发生负有责任,建议由湘潭市人民政府督促相关职能部门依法吊销乐乐旺幼儿园有关资质和证照。

2.长沙梅花汽车制造有限公司和湖南新空间系统科技有限公司提供定位监控服务不到位,对事故发生负有责任,建议由省安全生产监督管理局分别对其依法查处。

(五)其他处理建议

1.责成雨湖区人民政府向湘潭市人民政府作出深刻检查。

2.责成岳麓区人民政府向长沙市人民政府作出深刻检查。

3.责成湘潭市人民政府、长沙市人民政府分别向省人民政府作出深刻检查。

五、事故防范措施建议

(一)学校幼儿园要进一步落实安全管理主体责任

学校幼儿园要认真履行安全管理主体责任,主要负责人应严格履职安全管理职责。一要提高全员安全意识,坚持持证上岗制度,加强对管理人员、校车司机、教师和幼儿的安全教育培训力度,提高全员的安全技能和应急救援能力。二要加强校车管理,严禁校车不按审批线路行驶,对校车跨区域接送学生的,应向生源所在地教育、交警和交通部门申报备案,从源头上杜绝校车超员和不按审批线路行驶的安全隐患。同时要建立健全校车使用、保养、行驶路线管理台账以及幼儿上下车登记台账。三要加大安全保障资金的投入,建立校园视频监控系统和校车监控平台,实时监控幼儿上下车过程,并对校车接送幼儿过程实施全程卫星定位监控,防止校车超员、超速、不按审批线路行驶等问题发生。

(二)湘潭市、长沙市的教育部门要进一步强化行业安全监管责任

各级教育行政主管部门要深入学习习近平总书记关于安全生产的重要讲话精神,牢固树立"生命至上、安全第一"的理念,严格落实"管行业必管安全"的要求,认真履行对学校幼儿园的安全监管职责。一要充分发挥校车安全管理领导小组的组织协调作用,建立定期协商机

制，认真分析本地区学校分布、学生出行及校车发展情况，分析研判校车交通安全管理工作形势，研究解决校车安全管理方面问题和薄弱环节，全面部署安排联合执法行动；二要严把校车资质审查关，对报审的校车要确定司机、行驶线路、随车管照人员、接送的学生等情况进行现场审查，合理规划运行线路，公示相关情况，接受社会监督，加强对幼儿上下学接送情况的动态监管；三要建立并运行校车安全监控平台，落实对校车的动态实时监控，加强对在用校车的规范化管理，确保校车营运安全。

（三）湘潭市、长沙市的公安交警部门要进一步加强对校车的安全监管

各级公安交警部门要深刻吸取事故教训，切实增强做好校车安全生产工作的紧迫感、责任感和使命感，加强校车交通安全监管。一是加强对校车行经路段的巡查，特别是加强对民办学校幼儿园校车的检查力度，坚决制止不符合安全规定和存在安全隐患的车辆接送学生，从源头上治理校车超员、超速和不按审批线路行驶的安全隐患，堵塞安全监管漏洞；二是加强基层交通安全管理服务站的建设，在交警管理力度较弱的地区组建交通安全协管员队伍，研究由市、县级政府给予相应资金的保障措施，解决偏远、农村乡镇交通安全失管失控的问题；三是加强对校车整改情况的查验，严格按校车标准对车辆状况进行审查，确保非标校车整改符合规范要求。四要加强对长沙梅花汽车制造有限公司和湖南新空间系统科技有限公司的管理，加大对整改校车的质量监督、严格检查验收标准和加大考核力度，提高服务质量。

（四）湘潭市、长沙市的交通运输部门要进一步加大对校车安全管理力度

湘潭市、长沙市的交通运输部门要认真履行校车安全管理职责，一要认真审核校车资质的申报材料，实地勘查校车的行驶线路，对不符合校车通行条件的路段，不得批准通行；二要对辖区已审批同意通行校车的农村道路进行交通安全隐患排查，彻查各类事故隐患路段，消除安全死角，特别是急弯陡坡、临水临崖等重点路段的安全隐患；三要加大对农村道路安全隐患的整治力度和经费投入，要认真研究、合理增设道路防护设施和交通安全警示标志，加大对校车行经的路段的维护力度，保障车辆通行条件，一时难以改造到位的危险路段，要落实相关管制措施，加强安全防范，防止类似事故重演。

（五）湘潭市、长沙市人民政府要进一步落实校车安全管理责任，加强体制机制建设

湘潭市、长沙市人民政府要认真研究并制定切实可行的校车安全管理实施办法和细则，一要进一步明确校车安全管理职责、理顺管理关系、创新管理模式，将监管审批与执法监督相统一，切实解决监管盲区问题，要加强政策研究，缩短非标校车使用过渡期，力争在2015年底前全面解决使用非标校车的问题。二要组织教育、公安和交通运输等相关部门迅速开展校车安全隐患排查治理行动，按照"全覆盖、零容忍、严执法、重实效"的总体要求，认真检查事故易发的重点地段、要害部位、关键环节，查隐患、促整改、强基础、防事故。三要合理配置教育资源，合理布局中小学校和幼儿园，保障学生就近入学，减少学校幼儿园校车使用需要，从源头上预防和减少校车事故。四要深入落实县级领导包乡镇、包交通主干道，乡镇干部包村，村（居）委会干部包车辆、包路段、包驾驶人的包保责任制，形成县、乡、村三级联动、层层落实的道路交通安全管理责任制，保障车辆通行安全。五要加强对校车交通安全的宣传教育，充分运用社会力量推动建立校车交通安全社会化管理机制，形成学校、家庭、社会三位一体的共建共管新模式。

湖南省人民政府长沙市岳麓区"7·10"重大道路交通（校车）事故调查组
2014年8月

[案例分析]

对于该起事故，我们从事故性质、事故等级、事故调查权、事故调查组的组成等方面分析如下：

1. 由于该起事故是乐乐旺幼儿园校车在营运过程中发生的事故，因此，该起事故属于生产安全事故，它的调查处理应依照《条例》规定执行。

2. 《条例》第三条规定："造成 10 人以上 30 人以下，或者 50 人以上 100 人以下重伤，或者 5000 万元以上 1 亿元以下直接经济损失的事故"为重大事故。该起事故死亡 11 人，应为重大事故，而不是特别重大事故（根据《道路交通事故登记划分标准的通知》，指一次造成死亡 3 人以上，或者重伤 11 人以上，或者死亡 1 人，同时重伤 8 人以上，或者死亡 2 人，同时重伤 5 人以上，或者财产损失 6 万元以上的事故）。

3. 该起事故的调查权为湖南省人民政府。如前所述，该起事故为重大事故，根据《条例》第十九条规定，重大事故由省级人民政府或省级人民政府授权或委托有关部门组织事故调查组进行调查。

4. 根据《条例》第二十二条规定："根据事故的具体情况，事故调查组由有关人民政府、安全生产监督管理部门、负有安全生产监督管理职责的有关部门、监察机关、公安机关以及工会派人组成，并应当邀请人民检察院派人参加。"这起事故中，事故车辆单位所属地为湘潭市，但事故发生地点在长沙市，因此，有关人民政府既包括长沙市人民政府，也包括湘潭市人民政府；这起事故属于校车运营安全事故，省教育厅、省交通运输厅及省质监局作为负有安全生产监督管理职责的有关部门参与这起事故的调查处理，故这起事故调查组由省安监局牵头，省监察厅、省公安厅、省总工会、省教育厅、省交通运输厅、省质监局、长沙市人民政府和湘潭市人民政府有关人员组成，并邀请湖南省人民检察院参加。

5. 造成这起道路交通事故的直接原因是驾驶员郑某违反安全驾驶操作规范，在临水、窄路、弯道和下坡机耕道上违法超速（限速 20 km/h、事故时 32 km/h）和不按照审核线路行驶。间接原因则包括教育原因和管理原因。

6. 在这起事故中，王某、杨某等人的行为涉嫌刑事犯罪，因此，事故调查组应将王某等人移交司法机关进行处理。而姜某、周某等人的行为构成行政违法，应由有关部门对其追究行政责任。乐乐幼儿园除应受到教育行政部门的行政处罚外，还应对死者家属承担民事赔偿责任，其赔偿额度可由双方进行协商；协商不成，则根据《最高人民法院关于审理人身损害赔偿案件适用法律若干问题的司法解释》《侵权行为法》等来确定。

附录一　生产安全事故调查处理相关法律法规

在我国现行法律体系中，调整生产安全事故调查处理的规范性文件丰富而健全，它包括法律、行政法规、地方性法规、部门规章、党纪处分规定及国家标准等，本书收录的相关规定遵循以下原则：

第一、有利于教学。本书主要为教学培训用书，为了使受教育者更全面地了解生产安全事故调查处理的相关法律规定，本书尽量将安全生产基本法律规范全部收录。另外，与教学相关的生产安全事故调查处理行政法规、地方性法规和部门规章等均予以精选。

第二、有利于指导实践。本书除了用于教学外，还可作为工具用书。本书为解决生产安全事故调查处理过程中的实际问题，将《最高人民法院、最高人民检察院关于办理危害矿山生产安全刑事案件具体应用法律若干问题的解释》《最高人民法院关于审理非法采矿、破坏性采矿刑事案件具体应用法律若干问题的解释》《生产安全事故报告和调查处理条例》《生产安全事故罚款处罚规定（试行）》《最高人民法院关于审理人身损害赔偿案件适用法律若干问题的司法解释》等具有实际指导意义的法律法规予以收录。

第三、适时性原则。法律规范的新旧更替是社会发展的正常现象，本书为体现适时性，剔除了被修改的法律法规，收录了现行有效的法律法规，如 2014 年修订的《安全生产法》《生产安全事故罚款处罚规定（试行）》《工伤保险条例》等。

第四、根据法律规范的不同层级予以收录。我国现行法律体系是由不同层级的法律规范构成的，法律层级的划分体现了法的阶级本质，也具有实践指导意义，因此，本书在收录时按照由高到低层级即安全生产法律、行政法规及部门规章、相关标准予以收录。

1. 相关法律

中华人民共和国安全生产法（2014 年修正）

（2002 年 6 月 29 日第九届全国人民代表大会常务委员会第二十八次会议通过，根据 2014 年 8 月 31 日第十二届全国人民代表大会常务委员会《中华人民共和国安全生产法》修正）

目　录

第一章　总　则

第二章　生产经营单位的安全生产保障

第三章　从业人员的权利和义务

第四章　安全生产的监督管理

第五章　生产安全事故的应急救援与调查处理

第六章　法律责任

第七章　附　则

第一章　总　则

第一条　为了加强安全生产工作，防止和减少生产安全事故，保障人民群众生命和财产安全，促进经济社会持续健康发展，制定本法。

第二条　在中华人民共和国领域内从事生产经营活动的单位（以下统称生产经营单位）的安全生产，适用本法；有关法律、行政法规对消防安全和道路交通安全、铁路交通安全、水上交通安全、民用航空安全以及核与辐射安全、特种设备安全另有规定的，适用其规定。

第三条　安全生产工作应当以人为本，坚持安全发展，坚持安全第一、预防为主、综合治理的方针，强化和落实生产经营单位的主体责任，建立生产经营单位负责、职工参与、政府监管、行业自律和社会监督的机制。

第四条　生产经营单位必须遵守本法和其他有关安全生产的法律、法规，加强安全生产管理，建立、健全安全生产责任制和安全生产规章制度，改善安全生产条件，推进安全生产标准化建设，提高安全生产水平，确保安全生产。

第五条　生产经营单位的主要负责人对本单位的安全生产工作全面负责。

第六条　生产经营单位的从业人员有依法获得安全生产保障的权利，并应当依法履行安全生产方面的义务。

第七条　工会依法对安全生产工作进行监督。

生产经营单位的工会依法组织职工参加本单位安全生产工作的民主管理和民主监督，维护职工在安全生产方面的合法权益。生产经营单位制定或者修改有关安全生产的规章制度，应当听取工会的意见。

第八条　国务院和县级以上地方各级人民政府应当根据国民经济和社会发展规划制定安全生产规划，并组织实施。安全生产规划应当与城乡规划相衔接。

国务院和县级以上地方各级人民政府应当加强对安全生产工作的领导，支持、督促各有关部门依法履行安全生产监督管理职责，建立健全安全生产工作协调机制，及时协调、解决安全生产监督管理中存在的重大问题。

乡、镇人民政府以及街道办事处、开发区管理机构等地方人民政府的派出机关应当按照职责，加强对本行政区域内生产经营单位安全生产状况的监督检查，协助上级人民政府有关部门依法履行安全生产监督管理职责。

第九条　国务院安全生产监督管理部门依照本法，对全国安全生产工作实施综合监督管理；县级以上地方各级人民政府安全生产监督管理部门依照本法，对本行政区域内安全生产工作实施综合监督管理。

国务院有关部门依照本法和其他有关法律、行政法规的规定，在各自的职责范围内对有关行业、领域的安全生产工作实施监督管理；县级以上地方各级人民政府有关部门依照本法和其他有关法律、法规的规定，在各自的职责范围内对有关行业、领域的安全生产工作实施监督管理。

安全生产监督管理部门和对有关行业、领域的安全生产工作实施监督管理的部门，统称负有安全生产监督管理职责的部门。

第十条　国务院有关部门应当按照保障安全生产的要求，依法及时制定有关的国家标准或者行业标准，并根据科技进步和经济发展适时修订。

生产经营单位必须执行依法制定的保障安全生产的国家标准或者行业标准。

第十一条　各级人民政府及其有关部门应当采取多种形式，加强对有关安全生产的法律、法规和安全生产知识的宣传，增强全社会的安全生产意识。

第十二条　有关协会组织依照法律、行政法规和章程，为生产经营单位提供安全生产方面的信息、培训等服务，发挥自律作用，促进生产经营单位加强安全生产管理。

第十三条　依法设立的为安全生产提供技术、管理服务的机构，依照法律、行政法规和执业准则，接受生产经营单位的委托为其安全生产工作提供技术、管理服务。

生产经营单位委托前款规定的机构提供安全生产技术、管理服务的，保证安全生产的责任仍由本单位负责。

第十四条　国家实行生产安全事故责任追究制度，依照本法和有关法律、法规的规定，追究生产安全事故责任人员的法律责任。

第十五条　国家鼓励和支持安全生产科学技术研究和安全生产先进技术的推广应用，提高安全生产水平。

第十六条　国家对在改善安全生产条件、防止生产安全事故、参加抢险救护等方面取得显著成绩的单位和个人，给予奖励。

第二章　生产经营单位的安全生产保障

第十七条　生产经营单位应当具备本法和有关法律、行政法规和国家标准或者行业标准规定的安全生产条件；不具备安全生产条件的，不得从事生产经营活动。

第十八条　生产经营单位的主要负责人对本单位安全生产工作负有下列职责：

（一）建立、健全本单位安全生产责任制；

（二）组织制定本单位安全生产规章制度和操作规程；

（三）保证本单位安全生产投入的有效实施；

（四）督促、检查本单位的安全生产工作，及时消除生产安全事故隐患；

（五）组织制定并实施本单位的生产安全事故应急救援预案；

（六）及时、如实报告生产安全事故。

（七）组织制定并实施本单位安全生产教育和培训计划

第十九条　生产经营单位的安全生产责任制应当明确各岗位的责任人员、责任范围和考核标准等内容。

生产经营单位应当建立相应的机制，加强对安全生产责任制落实情况的监督考核，保证安全生产责任制的落实。

第二十条　生产经营单位应当具备的安全生产条件所必需的资金投入，由生产经营单位的决策机构、主要负责人或者个人经营的投资人予以保证，并对由于安全生产所必需的资金投入不足导致的后果承担责任。

有关生产经营单位应当按照规定提取和使用安全生产费用，专门用于改善安全生产条件。安全生产费用在成本中据实列支。安全生产费用提取、使用和监督管理的具体办法由国务院财政部门会同国务院安全生产监督管理部门征求国务院有关部门意见后制定。

第二十一条　矿山、金属冶炼、建筑施工、道路运输单位和危险物品的生产、经营、储存单位，应当设置安全生产管理机构或者配备专职安全生产管理人员。

前款规定以外的其他生产经营单位，从业人员超过一百人的，应当设置安全生产管理机构或者配备专职安全生产管理人员；从业人员在一百人以下的，应当配备专职或者兼职的安全生产管理人员。

第二十二条　生产经营单位的安全生产管理机构以及安全生产管理人员履行下列职责：

（一）组织或者参与拟订本单位安全生产规章制度、操作规程和生产安全事故应急救援预案

（二）组织或者参与本单位安全生产教育和培训，如实记录安全生产教育和培训情况；

（三）督促落实本单位重大危险源的安全管理措施；

（四）组织或者参与本单位应急救援演练；

（五）检查本单位的安全生产状况，及时排查生产安全事故隐患，提出改进安全生产管理的建议；

（六）制止和纠正违章指挥、强令冒险作业、违反操作规程的行为；

（七）督促落实本单位安全生产整改措施。

第二十三条　生产经营单位的安全生产管理机构以及安全生产管理人员应当恪尽职守，依法履行职责。

生产经营单位作出涉及安全生产的经营决策，应当听取安全生产管理机构以及安全生产管理人员的意见。

生产经营单位不得因安全生产管理人员依法履行职责而降低其工资、福利等待遇或者解除与其订立的劳动合同。

危险物品的生产、储存单位以及矿山、金属冶炼单位的安全生产管理人员的任免，应当告知主管的负有安全生产监督管理职责的部门。

第二十四条　生产经营单位的主要负责人和安全生产管理人员必须具备与本单位所从事的生产经营活动相应的安全生产知识和管理能力。

危险物品的生产、经营、储存单位以及矿山、金属冶炼、建筑施工、道路运输单位的主要负责人和安全生产管理人员，应当由主管的负有安全生产监督管理职责的部门对其安全生产知识和管理能力考核合格。考核不得收费。

危险物品的生产、储存单位以及矿山、金属冶炼单位应当有注册安全工程师从事安全生产管理工作。鼓励其他生产经营单位聘用注册安全工程师从事安全生产管理工作。注册安全工程师按专业分类管理，具体办法由国务院人力资源和社会保障部门、国务院安全生产监督管理部门会同国务院有关部门制定。

第二十五条　生产经营单位应当对从业人员进行安全生产教育和培训，保证从业人员具备必要的安全生产知识，熟悉有关的安全生产规章制度和安全操作规程，掌握本岗位的安全操作技能，了解事故应急处理措施，知悉自身在安全生产方面的权利和义务。未经安全生产教育和培训合格的从业人员，不得上岗作业。

生产经营单位使用被派遣劳动者的，应当将被派遣劳动者纳入本单位从业人员统一管理，对被派遣劳动者进行岗位安全操作规程和安全操作技能的教育和培训。劳务派遣单位应当对被派遣劳动者进行必要的安全生产教育和培训。

生产经营单位应当建立安全生产教育和培训档案，如实记录安全生产教育和培训的时间、内容、参加人员以及考核结果等情况。

第二十六条　生产经营单位采用新工艺、新技术、新材料或者使用新设备，必须了解、掌握其安全技术特性，采取有效的安全防护措施，并对从业人员进行专门的安全生产教育和培训。

第二十七条　生产经营单位的特种作业人员必须按照国家有关规定经专门的安全作业培训，取得相应资格，方可上岗作业。

特种作业人员的范围由国务院负安全生产监督管理部门会同国务院有关部门确定。

第二十八条　生产经营单位新建、改建、扩建工程项目（以下统称建设项目）的安全设施，必须与主体工程同时设计、同时施工、同时投入生产和使用。安全设施投资应当纳入建设项目概算。

第二十九条　矿山、金属冶炼建设项目和用于生产、储存、装卸危险物品的建设项目，应当按照国家有关规定进行安全评价。

第三十条　建设项目安全设施的设计人、设计单位应当对安全设施设计负责。

矿山、金属冶炼建设项目和用于生产、储存、装卸危险物品的建设项目的安全设施设计应当按照国家有关规定报经有关部门审查，审查部门及其负责审查的人员对审查结果负责。

第三十一条　矿山、金属冶炼建设项目和用于生产、储存、装卸危险物品的建设项目的施工单位必须按照批准的安全设施设计施工，并对安全设施的工程质量负责。

矿山、金属冶炼建设项目和用于生产、储存危险物品的建设项目竣工投入生产或者使用前，应当由建设单位负责组织对安全设施进行验收；验收合格后，方可投入生产和使用。安全生产监督管理部门应当加强对建设单位验收活动和验收结果的监督核查。

第三十二条　生产经营单位应当在有较大危险因素的生产经营场所和有关设施、设备上，设置明显的安全警示标志。

第三十三条　安全设备的设计、制造、安装、使用、检测、维修、改造和报废，应当符合国家标准或者行业标准。

生产经营单位必须对安全设备进行经常性维护、保养，并定期检测，保证正常运转。维护、保养、检测应当作好记录，并由有关人员签字。

第三十四条　生产经营单位使用的危险物品的容器、运输工具，以及涉及人身安全、危险性较大的海洋石油开采特种设备和矿山井下特种设备，必须按照国家有关规定，由专业生产单位生产，并经具有专业资质的检测、检验机构检测、检验合格，取得安全使用证或者安全标志，方可投入使用。检测、检验机构对检测、检验结果负责。

第三十五条　国家对严重危及生产安全的工艺、设备实行淘汰制度，具体目录由国务院安全生产监督管理部门会同国务院有关部门制定并公布。法律、行政法规对目录的制定另有规定的，适用其规定。

省、自治区、直辖市人民政府可以根据本地区实际情况制定并公布具体目录，对前款规定以外的危及生产安全的工艺、设备予以淘汰。

生产经营单位不得使用应当淘汰的危及生产安全的工艺、设备。

第三十六条　生产、经营、运输、储存、使用危险物品或者处置废弃危险物品的，由有关主管部门依照有关法律、法规的规定和国家标准或者行业标准审批并实施监督管理。

生产经营单位生产、经营、运输、储存、使用危险物品或者处置废弃危险物品，必须执行有关法律、法规和国家标准或者行业标准，建立专门的安全管理制度，采取可靠的安全措施，接受有关主管部门依法实施的监督管理。

第三十七条　生产经营单位对重大危险源应当登记建档，进行定期检测、评估、监控，并制定应急预案，告知从业人员和相关人员在紧急情况下应当采取的应急措施。

生产经营单位应当按照国家有关规定将本单位重大危险源及有关安全措施、应急措施报有关地方人民政府安全生产监督管理部门和有关部门备案。

第三十八条　生产经营单位应当建立健全生产安全事故隐患排查治理制度，采取技术、管理措施，及时发现并消除事故隐患。事故隐患排查治理情况应当如实记录，并向从业人员通报。

县级以上地方各级人民政府负有安全生产监督管理职责的部门应当建立健全重大事故隐患治理督办制度，督促生产经营单位消除重大事故隐患。

第三十九条　生产、经营、储存、使用危险物品的车间、商店、仓库不得与员工宿舍在同一座建筑物内，并应当与员工宿舍保持安全距离。

生产经营场所和员工宿舍应当设有符合紧急疏散要求、标志明显、保持畅通的出口。禁止锁闭、封堵生产经营场所或者员工宿舍的出口。

第四十条　生产经营单位进行爆破、吊装以及国务院安全生产监督管理部门会同国务院有关部门规定的其他危险作业，应当安排专门人员进行现场安全管理，确保操作规程的遵守和安全措施的落实。

第四十一条　生产经营单位应当教育和督促从业人员严格执行本单位的安全生产规章制度和安全操作规程；并向从业人员如实告知作业场所和工作岗位存在的危险因素、防范措施以及事故应急措施。

第四十二条　生产经营单位必须为从业人员提供符合国家标准或者行业标准的劳动防护用品，并监督、教育从业人员按照使用规则佩戴、使用。

第四十三条　生产经营单位的安全生产管理人员应当根据本单位的生产经营特点，对安全生产状况进行经常性检查；对检查中发现的安全问题，应当立即处理；不能处理的，应当及时报告本单位有关负责人，有关负责人应当及时处理。检查及处理情况应当如实记录在案。

生产经营单位的安全生产管理人员在检查中发现重大事故隐患，依照前款规定向本单位有关负责人报告，有关负责人不及时处理的，安全生产管理人员可以向主管的负有安全生产监督管理职责的部门报告，接到报告的部门应当依法及时处理。

第四十四条　生产经营单位应当安排用于配备劳动防护用品、进行安全生产培训的经费。

第四十五条　两个以上生产经营单位在同一作业区域内进行生产经营活动，可能危及对方生产安全的，应当签订安全生产管理协议，明确各自的安全生产管理职责和应当采取的安全措施，并指定专职安全生产管理人员进行安全检查与协调。

第四十六条　生产经营单位不得将生产经营项目、场所、设备发包或者出租给不具备安全生产条件或者相应资质的单位或者个人。

生产经营项目、场所发包或者出租给其他单位的，生产经营单位应当与承包单位、承租单位签订专门的安全生产管理协议，或者在承包合同、租赁合同中约定各自的安全生产管理职责；生产经营单位对承包单位、承租单位的安全生产工作统一协调、管理，定期进行安全检查，发现安全问题的，应当及时督促整改。

第四十七条　生产经营单位发生生产安全事故时，单位的主要负责人应当立即组织抢救，并不得在事故调查处理期间擅离职守。

第四十八条　生产经营单位必须依法参加工伤保险，为从业人员缴纳保险费。

国家鼓励生产经营单位投保安全生产责任保险。

第三章　从业人员的安全生产权利义务

第四十九条　生产经营单位与从业人员订立的劳动合同，应当载明有关保障从业人员劳动安全、防止职业危害的事项，以及依法为从业人员办理工伤保险的事项。

生产经营单位不得以任何形式与从业人员订立协议，免除或者减轻其对从业人员因生产安全事故伤亡依法应承担的责任。

第五十条　生产经营单位的从业人员有权了解其作业场所和工作岗位存在的危险因素、防范措施及事故应急措施，有权对本单位的安全生产工作提出建议。

第五十一条　从业人员有权对本单位安全生产工作中存在的问题提出批评、检举、控告；有权拒绝违章指挥和强令冒险作业。

生产经营单位不得因从业人员对本单位安全生产工作提出批评、检举、控告或者拒绝违章指挥、强令冒险作业而降低其工资、福利等待遇或者解除与其订立的劳动合同。

第五十二条　从业人员发现直接危及人身安全的紧急情况时，有权停止作业或者在采取可能的应急措施后撤离作业场所。

生产经营单位不得因从业人员在前款紧急情况下停止作业或者采取紧急撤离措施而降低其工资、福利等待遇或者解除与其订立的劳动合同。

第五十三条　因生产安全事故受到损害的从业人员，除依法享有工伤保险外，依照有关民事法律尚有获得赔偿的权利的，有权向本单位提出赔偿要求。

第五十四条　从业人员在作业过程中，应当严格遵守本单位的安全生产规章制度和操作规程，服从管理，正确佩戴和使用劳动防护用品。

第五十五条　从业人员应当接受安全生产教育和培训，掌握本职工作所需的安全生产知识，提高安全生产技能，增强事故预防和应急处理能力。

第五十六条　从业人员发现事故隐患或者其他不安全因素，应当立即向现场安全生产管理人员或者本单位负责人报告；接到报告的人员应当及时予以处理。

第五十七条　工会有权对建设项目的安全设施与主体工程同时设计、同时施工、同时投入生产和使用进行监督，提出意见。

工会对生产经营单位违反安全生产法律、法规，侵犯从业人员合法权益的行为，有权要求纠正；发现生产经营单位违章指挥、强令冒险作业或者发现事故隐患时，有权提出解决的建议，生产经营单位应当及时研究答复；发现危及从业人员生命安全的情况时，有权向生产经营单位建议组织从业人员撤离危险场所，生产经营单位必须立即作出处理。

工会有权依法参加事故调查，向有关部门提出处理意见，并要求追究有关人员的责任。

第五十八条　生产经营单位使用被派遣劳动者的，被派遣劳动者享有本法规定的从业人员的权利，并应当履行本法规定的从业人员的义务。

第四章　安全生产的监督管理

第五十九条　县级以上地方各级人民政府应当根据本行政区域内的安全生产状况，组织有关部门按照职责分工，对本行政区域内容易发生重大生产安全事故的生产经营单位进行严格检查。

安全生产监督管理部门应当按照分类分级监督管理的要求，制定安全生产年度监督检查计划，并按照年度监督检查计划进行监督检查，发现事故隐患，应当及时处理。

第六十条　负有安全生产监督管理职责的部门依照有关法律、法规的规定，对涉及安全生产的事项需要审查批准（包括批准、核准、许可、注册、认证、颁发证照等，下同）或者验收的，必须严格依照有关法律、法规和国家标准或者行业标准规定的安全生产条件和程序进行审查；不符合有关法律、法规和国家标准或者行业标准规定的安全生产条件的，不得批准或者验收通过。对未依法取得批准或者验收合格的单位擅自从事有关活动的，负责行政审批的部门发现或者接到举报后应当立即予以取缔，并依法予以处理。对已经依法取得批准的单位，负责行政审批的部门发现其不再具备安全生产条件的，应当撤销原批准。

第六十一条　负有安全生产监督管理职责的部门对涉及安全生产的事项进行审查、验收，不得收取费用；不得要求接受审查、验收的单位购买其指定品牌或者指定生产、销售单位的安全设备、器材或者其他产品。

第六十二条　安全生产监督管理部门和其他负有安全生产监督管理职责的部门依法开展安全生产行政执法工作，对生产经营单位执行有关安全生产的法律、法规和国家标准或者行业标准的情况进行监督检查，行使以下职权：

（一）进入生产经营单位进行检查，调阅有关资料，向有关单位和人员了解情况；

（二）对检查中发现的安全生产违法行为，当场予以纠正或者要求限期改正；对依法应当给予行政处罚的行为，依照本法和其他有关法律、行政法规的规定作出行政处罚决定；

（三）对检查中发现的事故隐患，应当责令立即排除；重大事故隐患排除前或者排除过程中无法保证安全的，应当责令从危险区域内撤出作业人员，责令暂时停产停业或者停止使用相关设施、设备；重大事故隐患排除后，经审查同意，方可恢复生产经营和使用；

（四）对有根据认为不符合保障安全生产的国家标准或者行业标准的设施、设备、器材以及违法生产、储存、使用、经营、运输的危险物品予以查封或者扣押，对违法生产、储存、使用、经营危险物品的作业场所予以查封，并依法作出处理决定。

监督检查不得影响被检查单位的正常生产经营活动。

第六十三条　生产经营单位对负有安全生产监督管理职责的部门的监督检查人员（以下统称安全生产监督检查人员）依法履行监督检查职责，应当予以配合，不得拒绝、阻挠。

第六十四条　安全生产监督检查人员应当忠于职守，坚持原则，秉公执法。

安全生产监督检查人员执行监督检查任务时，必须出示有效的监督执法证件；对涉及被检查单位的技术秘密和业务秘密，应当为其保密。

第六十五条　安全生产监督检查人员应当将检查的时间、地点、内容、发现的问题及其处理情况，作出书面记录，并由检查人员和被检查单位的负责人签字；被检查单位的负责人拒绝签字的，检查人员应当将情况记录在案，并向负有安全生产监督管理职责的部门报告。

第六十六条　负有安全生产监督管理职责的部门在监督检查中，应当互相配合，实行联合检查；确需分别进行检查的，应当互通情况，发现存在的安全问题应当由其他有关部门进行处理的，应当及时移送其他有关部门并形成记录备查，接受移送的部门应当及时进行处理。

第六十七条　负有安全生产监督管理职责的部门依法对存在重大事故隐患的生产经营单位作出停产停业、停止施工、停止使用相关设施或者设备的决定，生产经营单位应当依法执行，及时消除事故隐患。生产经营单位拒不执行，有发生生产安全事故的现实危险的，在保证安全的前提下，经本部门主要负责人批准，负有安全生产监督管理职责的部门可以采取通知有关单位停止供电、停止供应民用爆炸物品等措施，强制生产经营单位履行决定。通知应当采用书面形式，有关单位应当予以配合。

负有安全生产监督管理职责的部门依照前款规定采取停止供电措施，除有危及生产安全的紧急情形外，应当提前二十四小时通知生产经营单位。生产经营单位依法履行行政决定、采取相应措施消除事故隐患的，负有安全生产监督管理职责的部门应当及时解除前款规定的措施。

第六十八条　监察机关依照行政监察法的规定，对负有安全生产监督管理职责的部门及其工作人员履行安全生产监督管理职责实施监察。

第六十九条　承担安全评价、认证、检测、检验的机构应当具备国家规定的资质条件，并对其作出的安全评价、认证、检测、检验的结果负责。

第七十条　负有安全生产监督管理职责的部门应当建立举报制度，公开举报电话、信箱或者电子邮件地址，受理有关安全生产的举报；受理的举报事项经调查核实后，应当形成书面材料；需要落实整改措施的，报经有关负责人签字并督促落实。

第七十一条　任何单位或者个人对事故隐患或者安全生产违法行为，均有权向负有安全生产监督管理职责的部门报告或者举报。

第七十二条　居民委员会、村民委员会发现其所在区域内的生产经营单位存在事故隐患或者安全生产违法行为时，应当向当地人民政府或者有关部门报告。

第七十三条　县级以上各级人民政府及其有关部门对报告重大事故隐患或者举报安全生产违法行为的有功人员，给予奖励。具体奖励办法由国务院安全生产监督管理部门会同国务院财政部门制定。

第七十四条　新闻、出版、广播、电影、电视等单位有进行安全生产公益宣传教育的义务，有对违反安全生产法律、法规的行为进行舆论监督的权利。

第七十五条　负有安全生产监督管理职责的部门应当建立安全生产违法行为信息库，如实记录生产经营单位的安全生产违法行为信息；对违法行为情节严重的生产经营单位，应当向社会公告，并通报行业主管部门、投资主管部门、国土资源主管部门、证券监督管理机构以及有关金融机构。

第五章　生产安全事故的应急救援与调查处理

第七十六条　国家加强生产安全事故应急能力建设，在重点行业、领域建立应急救援基地和应急救援队伍，鼓励生产经营单位和其他社会力量建立应急救援队伍，配备相应的应急救援装备和物资，提高应急救援的专业化水平。

国务院安全生产监督管理部门建立全国统一的生产安全事故应急救援信息系统，国务院有关部门建立健全相关行业、领域的生产安全事故应急救援信息系统。

　　第七十七条　县级以上地方各级人民政府应当组织有关部门制定本行政区域内特大生产安全事故应急救援预案，建立应急救援体系。

　　第七十八条　生产经营单位应当制定本单位生产安全事故应急救援预案，与所在地县级以上地方人民政府组织制定的生产安全事故应急救援预案相衔接，并定期组织演练。

　　第七十九条　危险物品的生产、经营、储存单位以及矿山、金属冶炼、城市轨道交通运营、建筑施工单位应当建立应急救援组织；生产经营规模较小的，可以不建立应急救援组织，但应当指定兼职的应急救援人员。

　　危险物品的生产、经营、储存、运输单位以及矿山、金属冶炼、城市轨道交通运营、建筑施工单位应当配备必要的应急救援器材、设备和物资，并进行经常性维护、保养，保证正常运转。

　　第八十条　生产经营单位发生生产安全事故后，事故现场有关人员应当立即报告本单位负责人。

　　单位负责人接到事故报告后，应当迅速采取有效措施，组织抢救，防止事故扩大，减少人员伤亡和财产损失，并按照国家有关规定立即如实报告当地负有安全生产监督管理职责的部门，不得隐瞒不报、谎报或者迟报，不得故意破坏事故现场、毁灭有关证据。

　　第八十一条　负有安全生产监督管理职责的部门接到事故报告后，应当立即按照国家有关规定上报事故情况。负有安全生产监督管理职责的部门和有关地方人民政府对事故情况不得隐瞒不报、谎报或者迟报。

　　第八十二条　有关地方人民政府和负有安全生产监督管理职责的部门的负责人接到生产安全事故报告后，应当按照生产安全事故应急救援预案的要求立即赶到事故现场，组织事故抢救。

　　参与事故抢救的部门和单位应当服从统一指挥，加强协同联动，采取有效的应急救援措施，并根据事故救援的需要采取警戒、疏散等措施，防止事故扩大和次生灾害的发生，减少人员伤亡和财产损失。

　　事故抢救过程中应当采取必要措施，避免或者减少对环境造成的危害。

　　任何单位和个人都应当支持、配合事故抢救，并提供一切便利条件。

　　第八十三条　事故调查处理应当按照科学严谨、依法依规、实事求是、注重实效的原则，及时、准确地查清事故原因，查明事故性质和责任，总结事故教训，提出整改措施，并对事故责任者提出处理意见。事故调查报告应当依法及时向社会公布。事故调查和处理的具体办法由国务院制定。

　　事故发生单位应当及时全面落实整改措施，负有安全生产监督管理职责的部门应当加强监督检查。

　　第八十四条　生产经营单位发生生产安全事故，经调查确定为责任事故的，除了应当查明事故单位的责任并依法予以追究外，还应当查明对安全生产的有关事项负有审查批准和监督职责的行政部门的责任，对有失职、渎职行为的，依照本法第七十七条的规定追究法律责任。

　　第八十五条　任何单位和个人不得阻挠和干涉对事故的依法调查处理。

　　第八十六条　县级以上地方各级人民政府安全生产监督管理部门应当定期统计分析本行政区域内发生生产安全事故的情况，并定期向社会公布。

第六章　法律责任

第八十七条　负有安全生产监督管理职责的部门的工作人员，有下列行为之一的，给予降级或者撤职的处分；构成犯罪的，依照刑法有关规定追究刑事责任：

（一）对不符合法定安全生产条件的涉及安全生产的事项予以批准或者验收通过的；

（二）发现未依法取得批准、验收的单位擅自从事有关活动或者接到举报后不予取缔或者不依法予以处理的；

（三）对已经依法取得批准的单位不履行监督管理职责，发现其不再具备安全生产条件而不撤销原批准或者发现安全生产违法行为不予查处的；

（四）在监督检查中发现重大事故隐患，不依法及时处理的。

负有安全生产监督管理职责的部门的工作人员有前款规定以外的滥用职权、玩忽职守、徇私舞弊行为的，依法给予处分；构成犯罪的，依照刑法有关规定追究刑事责任。

第八十八条　负有安全生产监督管理职责的部门，要求被审查、验收的单位购买其指定的安全设备、器材或者其他产品的，在对安全生产事项的审查、验收中收取费用的，由其上级机关或者监察机关责令改正，责令退还收取的费用；情节严重的，对直接负责的主管人员和其他直接责任人员依法给予处分。

第八十九条　承担安全评价、认证、检测、检验工作的机构，出具虚假证明的，没收违法所得；违法所得在十万元以上的，并处违法所得二倍以上五倍以下的罚款；没有违法所得或者违法所得不足十万元的，单处或者并处十万元以上二十万元以下的罚款；对其直接负责的主管人员和其他直接责任人员处二万元以上五万元以下的罚款；给他人造成损害的，与生产经营单位承担连带赔偿责任；构成犯罪的，依照刑法有关规定追究刑事责任。

对有前款违法行为的机构，吊销其相应资质。

第九十条　生产经营单位的决策机构、主要负责人或者个人经营的投资人不依照本法规定保证安全生产所必需的资金投入，致使生产经营单位不具备安全生产条件的，责令限期改正，提供必需的资金；逾期未改正的，责令生产经营单位停产停业整顿。

有前款违法行为，导致发生生产安全事故的，对生产经营单位的主要负责人给予撤职处分，对个人经营的投资人处二万元以上二十万元以下的罚款；构成犯罪的，依照刑法有关规定追究刑事责任。

第九十一条　生产经营单位的主要负责人未履行本法规定的安全生产管理职责的，责令限期改正；逾期未改正的，处二万元以上五万元以下的罚款，责令生产经营单位停产停业整顿。

生产经营单位的主要负责人有前款违法行为，导致发生生产安全事故的，给予撤职处分；构成犯罪的，依照刑法有关规定追究刑事责任。

生产经营单位的主要负责人依照前款规定受刑事处罚或者撤职处分的，自刑罚执行完毕或者受处分之日起，五年内不得担任任何生产经营单位的主要负责人；对重大、特别重大生产安全事故负有责任的，终身不得担任本行业生产经营单位的主要负责人。

第九十二条　生产经营单位的主要负责人未履行本法规定的安全生产管理职责，导致发生生产安全事故的，由安全生产监督管理部门依照下列规定处以罚款：

（一）发生一般事故的，处上一年年收入百分之三十的罚款；

（二）发生较大事故的，处上一年年收入百分之四十的罚款；

（三）发生重大事故的，处上一年年收入百分之六十的罚款；

（四）发生特别重大事故的，处上一年年收入百分之八十的罚款。

第九十三条　生产经营单位的安全生产管理人员未履行本法规定的安全生产管理职责的，责令限期改正；导致发生生产安全事故的，暂停或者撤销其与安全生产有关的资格；构成犯罪的，依照刑法有关规定追究刑事责任。

第九十四条　生产经营单位有下列行为之一的，责令限期改正，可以处五万元以下的罚款；逾期未改正的，责令停产停业整顿，并处五万元以上十万元以下的罚款，对其直接负责的主管人员和其他直接责任人员处一万元以上二万元以下的罚款：

（一）未按照规定设置安全生产管理机构或者配备安全生产管理人员的；

（二）危险物品的生产、经营、储存单位以及矿山、金属冶炼、建筑施工、道路运输单位的主要负责人和安全生产管理人员未按照规定经考核合格的；

（三）未按照规定对从业人员、被派遣劳动者、实习学生进行安全生产教育和培训，或者未按照规定如实告知有关的安全生产事项的；

（四）未如实记录安全生产教育和培训情况的；

（五）未将事故隐患排查治理情况如实记录或者未向从业人员通报的；

（六）未按照规定制定生产安全事故应急救援预案或者未定期组织演练的；

（七）特种作业人员未按照规定经专门的安全作业培训并取得相应资格，上岗作业的。

第九十五条　生产经营单位有下列行为之一的，责令停止建设或者停产停业整顿，限期改正；逾期未改正的，处五十万元以上一百万元以下的罚款，对其直接负责的主管人员和其他直接责任人员处二万元以上五万元以下的罚款；构成犯罪的，依照刑法有关规定追究刑事责任：

（一）未按照规定对矿山、金属冶炼建设项目或者用于生产、储存、装卸危险物品的建设项目进行安全评价的；

（二）矿山、金属冶炼建设项目或者用于生产、储存、装卸危险物品的建设项目没有安全设施设计或者安全设施设计未按照规定报经有关部门审查同意的；

（三）矿山、金属冶炼建设项目或者用于生产、储存、装卸危险物品的建设项目的施工单位未按照批准的安全设施设计施工的；

（四）矿山、金属冶炼建设项目或者用于生产、储存危险物品的建设项目竣工投入生产或者使用前，安全设施未经验收合格的。

第九十六条　生产经营单位有下列行为之一的，责令限期改正，可以处五万元以下的罚款；逾期未改正的，处五万元以上二十万元以下的罚款，对其直接负责的主管人员和其他直接责任人员处一万元以上二万元以下的罚款；情节严重的，责令停产停业整顿；构成犯罪的，依照刑法有关规定追究刑事责任：

（一）未在有较大危险因素的生产经营场所和有关设施、设备上设置明显的安全警示标志的；

（二）安全设备的安装、使用、检测、改造和报废不符合国家标准或者行业标准的；

（三）未对安全设备进行经常性维护、保养和定期检测的；

（四）未为从业人员提供符合国家标准或者行业标准的劳动防护用品的；

（五）危险物品的容器、运输工具，以及涉及人身安全、危险性较大的海洋石油开采特种设备和矿山井下特种设备未经具有专业资质的机构检测、检验合格，取得安全使用证或者安全标志，投入使用的；

（六）使用应当淘汰的危及生产安全的工艺、设备的。

第九十七条　未经依法批准，擅自生产、经营、运输、储存、使用危险物品或者处置废弃危险物品的，依照有关危险物品安全管理的法律、行政法规的规定予以处罚；构成犯罪的，依照刑法有关规定追究刑事责任。

第九十八条　生产经营单位有下列行为之一的，责令限期改正，可以处十万元以下的罚款；逾期未改正的，责令停产停业整顿，并处十万元以上二十万元以下的罚款，对其直接负责的主管人员和其他直接责任人员处二万元以上五万元以下的罚款；构成犯罪的，依照刑法有关规定追究刑事责任：

（一）生产、经营、运输、储存、使用危险物品或者处置废弃危险物品，未建立专门安全管理制度、未采取可靠的安全措施的；

（二）对重大危险源未登记建档，或者未进行评估、监控，或者未制定应急预案的；

（三）进行爆破、吊装以及国务院安全生产监督管理部门会同国务院有关部门规定的其他危险作业，未安排专门人员进行现场安全管理的；

（四）未建立事故隐患排查治理制度的。

第九十九条　生产经营单位未采取措施消除事故隐患的，责令立即消除或者限期消除；生产经营单位拒不执行的，责令停产停业整顿，并处十万元以上五十万元以下的罚款，对其直接负责的主管人员和其他直接责任人员处二万元以上五万元以下的罚款。

第一百条　生产经营单位将生产经营项目、场所、设备发包或者出租给不具备安全生产条件或者相应资质的单位或者个人的，责令限期改正，没收违法所得；违法所得十万元以上的，并处违法所得二倍以上五倍以下的罚款；没有违法所得或者违法所得不足十万元的，单处或者并处十万元以上二十万元以下的罚款；对其直接负责的主管人员和其他直接责任人员处一万元以上二万元以下的罚款；导致发生生产安全事故给他人造成损害的，与承包方、承租方承担连带赔偿责任。

生产经营单位未与承包单位、承租单位签订专门的安全生产管理协议或者未在承包合同、租赁合同中明确各自的安全生产管理职责，或者未对承包单位、承租单位的安全生产统一协调、管理的，责令限期改正，可以处五万元以下的罚款，对其直接负责的主管人员和其他直接责任人员可以处一万元以下的罚款；逾期未改正的，责令停产停业整顿。

第一百零一条　两个以上生产经营单位在同一作业区域内进行可能危及对方安全生产的生产经营活动，未签订安全生产管理协议或者未指定专职安全生产管理人员进行安全检查与协调的，责令限期改正，可以处五万元以下的罚款，对其直接负责的主管人员和其他直接责任人员可以处一万元以下的罚款；逾期未改正的，责令停产停业。

第一百零二条　生产经营单位有下列行为之一的，责令限期改正，可以处五万元以下的罚款，对其直接负责的主管人员和其他直接责任人员可以处一万元以下的罚款；逾期未改正的，责令停产停业整顿；构成犯罪的，依照刑法有关规定追究刑事责任：

（一）生产、经营、储存、使用危险物品的车间、商店、仓库与员工宿舍在同一座建筑内，或者与员工宿舍的距离不符合安全要求的；

（二）生产经营场所和员工宿舍未设有符合紧急疏散需要、标志明显、保持畅通的出口，或者锁闭、封堵生产经营场所或者员工宿舍出口的。

第一百零三条 生产经营单位与从业人员订立协议，免除或者减轻其对从业人员因生产安全事故伤亡依法应承担的责任的，该协议无效；对生产经营单位的主要负责人、个人经营的投资人处二万元以上十万元以下的罚款。

第一百零四条 生产经营单位的从业人员不服从管理，违反安全生产规章制度或者操作规程的，由生产经营单位给予批评教育，依照有关规章制度给予处分；构成犯罪的，依照刑法有关规定追究刑事责任。

第一百零五条 违反本法规定，生产经营单位拒绝、阻碍负有安全生产监督管理职责的部门依法实施监督检查的，责令改正；拒不改正的，处二万元以上二十万元以下的罚款；对其直接负责的主管人员和其他直接责任人员处一万元以上二万元以下的罚款；构成犯罪的，依照刑法有关规定追究刑事责任。

第一百零六条 生产经营单位的主要负责人在本单位发生生产安全事故时，不立即组织抢救或者在事故调查处理期间擅离职守或者逃匿的，给予降级、撤职的处分，并由安全生产监督管理部门处上一年年收入百分之六十至百分之一百的罚款；对逃匿的处十五日以下拘留；构成犯罪的，依照刑法有关规定追究刑事责任。

生产经营单位的主要负责人对生产安全事故隐瞒不报、谎报或者迟报的，依照前款规定处罚。

第一百零七条 有关地方人民政府、负有安全生产监督管理职责的部门，对生产安全事故隐瞒不报、谎报或者迟报的，对直接负责的主管人员和其他直接责任人员依法给予处分；构成犯罪的，依照刑法有关规定追究刑事责任。

第一百零八条 生产经营单位不具备本法和其他有关法律、行政法规和国家标准或者行业标准规定的安全生产条件，经停产停业整顿仍不具备安全生产条件的，予以关闭；有关部门应当依法吊销其有关证照。

第一百零九条 发生生产安全事故，对负有责任的生产经营单位除要求其依法承担相应的赔偿等责任外，由安全生产监督管理部门依照下列规定处以罚款：

（一）发生一般事故的，处二十万元以上五十万元以下的罚款；

（二）发生较大事故的，处五十万元以上一百万元以下的罚款；

（三）发生重大事故的，处一百万元以上五百万元以下的罚款；

（四）发生特别重大事故的，处五百万元以上一千万元以下的罚款；情节特别严重的，处一千万元以上二千万元以下的罚款。

第一百一十条 本法规定的行政处罚，由安全生产监督管理部门和其他负有安全生产监督管理职责的部门按照职责分工决定。予以关闭的行政处罚由负有安全生产监督管理职责的部门报请县级以上人民政府按照国务院规定的权限决定；给予拘留的行政处罚由公安机关依照治安管理处罚法的规定决定。

第一百一十一条 生产经营单位发生生产安全事故造成人员伤亡、他人财产损失的，应当依法承担赔偿责任；拒不承担或者其负责人逃匿的，由人民法院依法强制执行。

生产安全事故的责任人未依法承担赔偿责任，经人民法院依法采取执行措施后，仍不能对受害人给予足额赔偿的，应当继续履行赔偿义务；受害人发现责任人有其他财产的，可以随时请求人民法院执行。

第七章　附　则

第一百一十二条　本法下列用语的含义：

危险物品，是指易燃易爆物品、危险化学品、放射性物品等能够危及人身安全和财产安全的物品。

重大危险源，是指长期地或者临时地生产、搬运、使用或者储存危险物品，且危险物品的数量等于或者超过临界量的单元(包括场所和设施)。

第一百一十三条　本法规定的生产安全一般事故、较大事故、重大事故、特别重大事故的划分标准由国务院规定。

国务院安全生产监督管理部门和其他负有安全生产监督管理职责的部门应当根据各自的职责分工，制定相关行业、领域重大事故隐患的判定标准。

第一百一十四条　本法自 2002 年 11 月 1 日起施行。

中华人民共和国刑法修正案(六)
(部　分)

(2006 年 6 月 29 日第十届全国人民代表大会常务委员会第二十二次会议通过)

一、将刑法第一百三十四条修改为："在生产、作业中违反有关安全管理的规定，因而发生重大伤亡事故或者造成其他严重后果的，处三年以下有期徒刑或者拘役；情节特别恶劣的，处三年以上七年以下有期徒刑。

"强令他人违章冒险作业，因而发生重大伤亡事故或者造成其他严重后果的，处五年以下有期徒刑或者拘役；情节特别恶劣的，处五年以上有期徒刑。"

二、将刑法第一百三十五条修改为："安全生产设施或者安全生产条件不符合国家规定，因而发生重大伤亡事故或者造成其他严重后果的，对直接负责的主管人员和其他直接责任人员，处三年以下有期徒刑或者拘役；情节特别恶劣的，处三年以上七年以下有期徒刑。"

三、在刑法第一百三十五条后增加一条，作为第一百三十五条之一："举办大型群众性活动违反安全管理规定，因而发生重大伤亡事故或者造成其他严重后果的，对直接负责的主管人员和其他直接责任人员，处三年以下有期徒刑或者拘役；情节特别恶劣的，处三年以上七年以下有期徒刑。"

四、在刑法第一百三十九条后增加一条，作为第一百三十九条之一："在安全事故发生后，负有报告职责的人员不报或者谎报事故情况，贻误事故抢救，情节严重的，处三年以下有期徒刑或者拘役；情节特别严重的，处三年以上七年以下有期徒刑。"

五、将刑法第一百六十一条修改为："依法负有信息披露义务的公司、企业向股东和社会公众提供虚假的或者隐瞒重要事实的财务会计报告，或者对依法应当披露的其他重要信息不按照规定披露，严重损害股东或者其他人利益，或者有其他严重情节的，对其直接负责的主管人员和其他直接责任人员，处三年以下有期徒刑或者拘役，并处或者单处二万元以上二十万元以下罚金。"

六、在刑法第一百六十二条之一后增加一条，作为第一百六十二条之二："公司、企业通过隐匿财产、承担虚构的债务或者以其他方法转移、处分财产，实施虚假破产，严重损害债权人或者其他人利益的，对其直接负责的主管人员和其他直接责任人员，处五年以下有期徒刑或者拘役，并处或者单处二万元以上二十万元以下罚金。"

二十一、本修正案自公布之日起施行。

中华人民共和国矿山安全法
中华人民共和国主席令
第 65 号

《中华人民共和国矿山安全法》已由中华人民共和国第七届全国人民代表大会常务委员会第二十八次会议于 1992 年 11 月 7 日通过，现予公布，自 1993 年 5 月 1 日起施行。

中华人民共和国主席　杨尚昆
一九九二年十一月七日

中华人民共和国矿山安全法

第一章　总　则

第一条　为了保障矿山生产安全，防止矿山事故，保护矿山职工人身安全，促进采矿业的发展，制定本法。

第二条　在中华人民共和国领域和中华人民共和国管辖的其他海域从事矿产资源开采活动，必须遵守本法。

第三条　矿山企业必须具有保障安全生产的设施，建立、健全安全管理制度，采取有效措施改善职工劳动条件，加强矿山安全管理工作，保证安全生产。

第四条　国务院劳动行政主管部门对全国矿山安全工作实施统一监督。

县级以上地方各级人民政府劳动行政主管部门对本行政区域内的矿山安全工作实施统一监督。

县级以上人民政府管理矿山企业的主管部门对矿山安全工作进行管理。

第五条　国家鼓励矿山安全科学技术研究，推广先进技术，改进安全设施，提高矿山安全生产水平。

第六条　对坚持矿山安全生产，防止矿山事故，参加矿山抢险救护，进行矿山安全科学技术研究等方面取得显著成绩的单位和个人，给予奖励。

第二章　矿山建设的安全保障

第七条　矿山建设工程的安全设施必须和主体工程同时设计、同时施工、同时投入生产和使用。

第八条　矿山建设工程的设计文件，必须符合矿山安全规程和行业技术规范，并按照国家规定经管理矿山企业的主管部门批准；不符合矿山安全规程和行业技术规范的，不得批准。

矿山建设工程安全设施的设计必须有劳动行政主管部门参加审查。

矿山安全规程和行业技术规范，由国务院管理矿山企业的主管部门制定。

第九条　矿山设计下列项目必须符合矿山安全规程和行业技术规范：

（一）矿井的通风系统和供风量、风质、风速；

（二）露天矿的边坡角和台阶的宽度、高度；

（三）供电系统；

（四）提升、运输系统；

（五）防水、排水系统和防火、灭火系统；

（六）防瓦斯系统和防尘系统；

（七）有关矿山安全的其他项目。

第十条　每个矿井必须有两个以上能行人的安全出口，出口之间的直线水平距离必须符合矿山安全规程和行业技术规范。

第十一条　矿山必须有与外界相通的、符合安全要求的运输和通讯设施。

第十二条　矿山建设工程必须按照管理矿山企业的主管部门批准的设计文件施工。

矿山建设工程安全设施竣工后，由管理矿山企业的主管部门验收，并须有劳动行政主管部门参加；不符合矿山安全规程和行业技术规范的，不得验收，不得投入生产。

第三章　矿山开采的安全保障

第十三条　矿山开采必须具备保障安全生产的条件，执行开采不同矿种的矿山安全规程和行业技术规范。

第十四条　矿山设计规定保留的矿柱、岩柱，在规定的期限内，应当予以保护，不得开采或者毁坏。

第十五条　矿山使用的有特殊安全要求的设备、器材、防护用品和安全检测仪器，必须符合国家安全标准或者行业安全标准；不符合国家安全标准或者行业安全标准的，不得使用。

第十六条　矿山企业必须对机电设备及其防护装置、安全检测仪器，定期检查、维修，保证使用安全。

第十七条　矿山企业必须对作业场所中的有毒有害物质和井下空气含氧量进行检测，保证符合安全要求。

第十八条　矿山企业必须对下列危害安全的事故隐患采取预防措施：

（一）冒顶、片帮、边坡滑落和地表塌陷；

（二）瓦斯爆炸、煤尘爆炸；

（三）冲击地压、瓦斯突出、井喷；

（四）地面和井下的火灾、水害；

（五）爆破器材和爆破作业发生的危害；

（六）粉尘、有毒有害气体、放射性物质和其他有害物质引起的危害；

（七）其他危害。

第十九条矿山企业对使用机械、电气设备，排土场、矸石山、尾矿库和矿山闭坑后可能引起的危害，应当采取预防措施。

第四章　矿山企业的安全管理

第二十条　矿山企业必须建立、健全安全生产责任制。

矿长对本企业的安全生产工作负责。

第二十一条　矿长应当定期向职工代表大会或者职工大会报告安全生产工作，发挥职工代表大会的监督作用。

第二十二条　矿山企业职工必须遵守有关矿山安全的法律、法规和企业规章制度。

矿山企业职工有权对危害安全的行为，提出批评、检举和控告。

第二十三条　矿山企业工会依法维护职工生产安全的合法权益，组织职工对矿山安全工作进行监督。

第二十四条　矿山企业违反有关安全的法律、法规，工会有权要求企业行政方面或者有关部门认真处理。

矿山企业召开讨论有关安全生产的会议，应当有工会代表参加，工会有权提出意见和建议。

第二十五条　矿山企业工会发现企业行政方面违章指挥、强令工人冒险作业或者生产过程中发现明显重大事故隐患和职业危害，有权提出解决的建议；发现危及职工生命安全的情况时，有权向矿山企业行政方面建议组织职工撤离危险现场，矿山企业行政方面必须及时作出处理决定。

第二十六条　矿山企业必须对职工进行安全教育、培训；未经安全教育、培训的，不得上岗作业。

矿山企业安全生产的特种作业人员必须接受专门培训，经考核合格取得操作资格证书的，方可上岗作业。

第二十七条　矿长必须经过考核，具备安全专业知识，具有领导安全生产和处理矿山事故的能力。

矿山企业安全工作人员必须具备必要的安全专业知识和矿山安全工作经验。

第二十八条　矿山企业必须向职工发放保障安全生产所需的劳动防护用品。

第二十九条　矿山企业不得录用未成年人从事矿山井下劳动。

矿山企业对女职工按照国家规定实行特殊劳动保护，不得分配女职工从事矿山井下劳动。

第三十条　矿山企业必须制定矿山事故防范措施，并组织落实。

第三十一条　矿山企业应当建立由专职或者兼职人员组成的救护和医疗急救组织，配备必要的装备、器材和药物。

第三十二条　矿山企业必须从矿产品销售额中按照国家规定提取安全技术措施专项费用。安全技术措施专项费用必须全部用于改善矿山安全生产条件，不得挪作他用。

第五章　矿山安全的监督和管理

第三十三条　县级以上各级人民政府劳动行政主管部门对矿山安全工作行使下列监督职责：

（一）检查矿山企业和管理矿山企业的主管部门贯彻执行矿山安全法律、法规的情况；

（二）参加矿山建设工程安全设施的设计审查和竣工验收；

（三）检查矿山劳动条件和安全状况；

（四）检查矿山企业职工安全教育、培训工作；

（五）监督矿山企业提取和使用安全技术措拖专项费用的情况；

（六）参加并监督矿山事故的调查和处理；

（七）法律、行政法规规定的其他监督职责。

第三十四条　县级以上人民政府管理矿山企业的主管部门对矿山安全工作行使下列管理职责：

（一）检查矿山企业贯彻执行矿山安全法律、法规的情况；

（二）审查批准矿山建设工程安全设施的设计；

（三）负责矿山建设工程安全设施的竣工验收；

（四）组织矿长和矿山企业安全工作人员的培训工作；

（五）调查和处理重大矿山事故；

（六）法律、行政法规规定的其他管理职责。

第三十五条　劳动行政主管部门的矿山安全监督人员有权进入矿山企业，在现场检查安全状况；发现有危及职工安全的紧急险情时，应当要求矿山企业立即处理。

第六章　矿山事故处理

第三十六条　发生矿山事故，矿山企业必须立即组织抢救，防止事故扩大，减少人员伤亡和财产损失，对伤亡事故必须立即如实报告劳动行政主管部门和管理矿山企业的主管部门。

第三十七条　发生一般矿山事故，由矿山企业负责调查和处理。

发生重大矿山事故，由政府及其有关部门、工会和矿山企业按照行政法规的规定进行调查和处理。

第三十八条　矿山企业对矿山事故中伤亡的职工按照国家规定给予抚恤或者补偿。

第三十九条　矿山事故发生后，应当尽快消除现场危险，查明事故原因，提出防范措施。现场危险消除后，方可恢复生产。

第七章　法律责任

第四十条　违反本法规定，有下列行为之一的，由劳动行政主管部门责令改正，可以并处罚款；情节严重的，提请县级以上人民政府决定责令停产整顿；对主管人员和直接责任人员由其所在单位或者上级主管机关给予行政处分：

（一）未对职工进行安全教育、培训，分配职工上岗作业的；

（二）使用不符合国家安全标准或者行业安全标准的设备、器材、防护用品、安全检测仪器的；

（三）未按照规定提取或者使用安全技术措施专项费用的；

（四）拒绝矿山安全监督人员现场检查或者在被检查时隐瞒事故隐患、不如实反映情况的；

（五）未按照规定及时、如实报告矿山事故的。

第四十一条　矿长不具备安全专业知识的，安全生产的特种作业人员未取得操作资格证书上岗作业的，由劳动行政主管部门责令限期改正；逾期不改正的，提请县级以上人民政府决定责令停产，调整配备合格人员后，方可恢复生产。

第四十二条　矿山建设工程安全设施的设计未经批准擅自施工的，由管理矿山企业的主管部门责令停止施工；拒不执行的，由管理矿山企业的主管部门提请县级以上人民政府决定由有关主管部门吊销其采矿许可证和营业执照。

第四十三条　矿山建设工程的安全设施未经验收或者验收不合格擅自投入生产的，由劳动行政主管部门会同管理矿山企业的主管部门责令停止生产，并由劳动行政主管部门处以罚款；拒不停止生产的，由劳动行政主管部门提请县级以上人民政府决定由有关主管部门吊销其采矿许可证和营业执照。

第四十四条　已经投入生产的矿山企业，不具备安全生产条件而强行开采的，由劳动行政主管部门会同管理矿山企业的主管部门责令限期改进；逾期仍不具备安全生产条件的，由劳动行政主管部门提请县级以上人民政府决定责令停产整顿或者由有关主管部门吊销其采矿许可证和营业执照。

第四十五条　当事人对行政处罚决定不服的，可以在接到处罚决定通知之日起十五日内向作出处罚决定的机关的上一级机关申请复议；当事人也可以在接到处罚决定通知之日起十五日内直接向人民法院起诉。

复议机关应当在接到复议申请之日起六十日内作出复议决定。当事人对复议决定不服的，可以在接到复议决定之日起十五日内向人民法院起诉。复议机关逾期不作出复议决定的，当事人可以在复议期满之日起十五日内向人民法院起诉。

当事人逾期不申请复议也不向人民法院起诉、又不履行处罚决定的，作出处罚决定的机关可以申请人民法院强制执行。

第四十六条　矿山企业主管人员违章指挥、强令工人冒险作业，因而发生重大伤亡事故的，依照刑法第一百一十四条的规定追究刑事责任。

第四十七条　矿山企业主管人员对矿山事故隐患不采取措施，因而发生重大伤亡事故的，比照刑法第一百八十七条的规定追究刑事责任。

第四十八条　矿山安全监督人员和安全管理人员滥用职权、玩忽职守、徇私舞弊，构成犯罪的，依法追究刑事责任；不构成犯罪的，给予行政处分。

第八章　附　则

第四十九条　国务院劳动行政主管部门根据本法制定实施条例，报国务院批准施行。

省、自治区、直辖市人民代表大会常务委员会可以根据本法和本地区的实际情况，制定实施办法。

第五十条　本法自 1993 年 5 月 1 日起施行。

中华人民共和国建筑法
中华人民共和国主席令
第四十六号

《全国人民代表大会常务委员会关于修改〈中华人民共和国建筑法〉的决定》已由中华人民共和国第十一届全国人民代表大会常务委员会第二十次会议于 2011 年 4 月 22 日通过,现予公布,自 2011 年 7 月 1 日起施行。

中华人民共和国主席　胡锦涛

2011 年 4 月 22 日

中华人民共和国建筑法

(1997 年 11 月 1 日第八届全国人民代表大会常务委员会第二十八次会议通过根据 2011 年 4 月 22 日第十一届全国人民代表大会常务委员会第二十次会议《关于修改〈中华人民共和国建筑法〉的决定》修正)

第一章　总　则

第一条　为了加强对建筑活动的监督管理,维护建筑市场秩序,保证建筑工程的质量和安全,促进建筑业健康发展,制定本法。

第二条　在中华人民共和国境内从事建筑活动,实施对建筑活动的监督管理,应当遵守本法。

本法所称建筑活动,是指各类房屋建筑及其附属设施的建造和与其配套的线路、管道、设备的安装活动。

第三条　建筑活动应当确保建筑工程质量和安全,符合国家的建筑工程安全标准。

第四条　国家扶持建筑业的发展,支持建筑科学技术研究,提高房屋建筑设计水平,鼓励节约能源和保护环境,提倡采用先进技术、先进设备、先进工艺、新型建筑材料和现代管理方式。

第五条　从事建筑活动应当遵守法律、法规,不得损害社会公共利益和他人的合法权益。

任何单位和个人都不得妨碍和阻挠依法进行的建筑活动。

第六条　国务院建设行政主管部门对全国的建筑活动实施统一监督管理。

第二章　建筑许可

第一节　建筑工程施工许可

第七条　建筑工程开工前,建设单位应当按照国家有关规定向工程所在地县级以上人民政府建设行政主管部门申请领取施工许可证;但是,国务院建设行政主管部门确定的限额以下的小型工程除外。

按照国务院规定的权限和程序批准开工报告的建筑工程,不再领取施工许可证。

第八条　申请领取施工许可证,应当具备下列条件:

(一)已经办理该建筑工程用地批准手续;

(二)在城市规划区的建筑工程,已经取得规划许可证;

(三)需要拆迁的,其拆迁进度符合施工要求;

(四)已经确定建筑施工企业;

(五)有满足施工需要的施工图纸及技术资料;

(六)有保证工程质量和安全的具体措施;

(七)建设资金已经落实;

(八)法律、行政法规规定的其他条件。

建设行政主管部门应当自收到申请之日起十五日内,对符合条件的申请颁发施工许可证。

第九条　建设单位应当自领取施工许可证之日起三个月内开工。因故不能按期开工的,应当向发证机关申请延期;延期以两次为限,每次不超过三个月。既不开工又不申请延期或者超过延期时限的,施工许可证自行废止。

第十条　在建的建筑工程因故中止施工的,建设单位应当自中止施工之日起一个月内,向发证机关报告,并按照规定做好建筑工程的维护管理工作。

建筑工程恢复施工时,应当向发证机关报告;中止施工满一年的工程恢复施工前,建设单位应当报发证机关核验施工许可证。

第十一条　按照国务院有关规定批准开工报告的建筑工程,因故不能按期开工或者中止施工的,应当及时向批准机关报告情况。因故不能按期开工超过六个月的,应当重新办理开工报告的批准手续。

第二节　从业资格

第十二条　从事建筑活动的建筑施工企业、勘察单位、设计单位和工程监理单位，应当具备下列条件：

（一）有符合国家规定的注册资本；

（二）有与其从事的建筑活动相适应的具有法定执业资格的专业技术人员；

（三）有从事相关建筑活动所应有的技术装备；

（四）法律、行政法规规定的其他条件。

第十三条　从事建筑活动的建筑施工企业、勘察单位、设计单位和工程监理单位，按照其拥有的注册资本、专业技术人员、技术装备和已完成的建筑工程业绩等资质条件，划分为不同的资质等级，经资质审查合格，取得相应等级的资质证书后，方可在其资质等级许可的范围内从事建筑活动。

第十四条　从事建筑活动的专业技术人员，应当依法取得相应的执业资格证书，并在执业资格证书许可的范围内从事建筑活动。

第三章　建筑工程发包与承包

第一节　一般规定

第十五条　建筑工程的发包单位与承包单位应当依法订立书面合同，明确双方的权利和义务。

发包单位和承包单位应当全面履行合同约定的义务。不按照合同约定履行义务的，依法承担违约责任。

第十六条　建筑工程发包与承包的招标投标活动，应当遵循公开、公正、平等竞争的原则，择优选择承包单位。

建筑工程的招标投标，本法没有规定的，适用有关招标投标法律的规定。

第十七条　发包单位及其工作人员在建筑工程发包中不得收受贿赂、回扣或者索取其他好处。

承包单位及其工作人员不得利用向发包单位及其工作人员行贿、提供回扣或者给予其他好处等不正当手段承揽工程。

第十八条　建筑工程造价应当按照国家有关规定，由发包单位与承包单位在合同中约定。公开招标发包的，其造价的约定，须遵守招标投标法律的规定。

发包单位应当按照合同的约定，及时拨付工程款项。

第二节　发包

第十九条　建筑工程依法实行招标发包，对不适于招标发包的可以直接发包。

第二十条　建筑工程实行公开招标的，发包单位应当依照法定程序和方式，发布招标公告，提供载有招标工程的主要技术要求、主要的合同条款、评标的标准和方法以及开标、评标、定标的程序等内容的招标文件。

开标应当在招标文件规定的时间、地点公开进行。开标后应当按照招标文件规定的评标标准和程序对标书进行评价、比较，在具备相应资质条件的投标者中，择优选定中标者。

第二十一条　建筑工程招标的开标、评标、定标由建设单位依法组织实施，并接受有关行政主管部门的监督。

第二十二条　建筑工程实行招标发包的，发包单位应当将建筑工程发包给依法中标的承包单位。建筑工程实行直接发包的,发包单位应当将建筑工程发包给具有相应资质条件的承包单位。

第二十三条　政府及其所属部门不得滥用行政权力,限定发包单位将招标发包的建筑工程发包给指定的承包单位。

第二十四条　提倡对建筑工程实行总承包,禁止将建筑工程肢解发包。

建筑工程的发包单位可以将建筑工程的勘察、设计、施工、设备采购一并发包给一个工程总承包单位,也可以将建筑工程勘察、设计、施工、设备采购的一项或者多项发包给一个工程总承包单位;但是,不得将应当由一个承包单位完成的建筑工程肢解成若干部分发包给几个承包单位。

第二十五条　按照合同约定,建筑材料、建筑构配件和设备由工程承包单位采购的,发包单位不得指定承包单位购入用于工程的建筑材料、建筑构配件和设备或者指定生产厂、供应商。

第三节　承　包

第二十六条　承包建筑工程的单位应当持有依法取得的资质证书,并在其资质等级许可的业务范围内承揽工程。

禁止建筑施工企业超越本企业资质等级许可的业务范围或者以任何形式用其他建筑施工企业的名义承揽工程。禁止建筑施工企业以任何形式允许其他单位或者个人使用本企业的资质证书、营业执照,以本企业的名义承揽工程。

第二十七条　大型建筑工程或者结构复杂的建筑工程,可以由两个以上的承包单位联合共同承包。共同承包的各方对承包合同的履行承担连带责任。

两个以上不同资质等级的单位实行联合共同承包的,应当按照资质等级低的单位的业务许可范围承揽工程。

第二十八条　禁止承包单位将其承包的全部建筑工程转包给他人,禁止承包单位将其承包的全部建筑工程肢解以后以分包的名义分别转包给他人。

第二十九条　建筑工程总承包单位可以将承包工程中的部分工程发包给具有相应资质条件的分包单位;但是,除总承包合同中约定的分包外,必须经建设单位认可。施工总承包的,建筑工程主体结构的施工必须由总承包单位自行完成。

建筑工程总承包单位按照总承包合同的约定对建设单位负责;分包单位按照分包合同的约定对总承包单位负责。总承包单位和分包单位就分包工程对建设单位承担连带责任。

禁止总承包单位将工程分包给不具备相应资质条件的单位。禁止分包单位将其承包的工程再分包。

第四章　建筑工程监理

第三十条　国家推行建筑工程监理制定。

国务院可以规定实行强制监理的建筑工程的范围。

第三十一条　实行监理的建筑工程,由建设单位委托具有相应资质条件的工程监理单位监理。建设单位与其委托的工程监理单位应当订立书面委托监理合同。

第三十二条　建筑工程监理应当依照法律、行政法规及有关的技术标准、设计文件和建筑工程承包合同,对承包单位在施工质量、建设工期和建设资金使用等方面,代表建设单位实施监督。

工程监理人员认为工程施工不符合工程设计要求、施工技术标准和合同约定的,有权要求建筑施工企业改正。

工程监理人员发现工程设计不符合建筑工程质量标准或者合同约定的质量要求的,应当报告建设单位要求设计单位改正。

第三十三条　实施建筑工程监理前,建设单位应当将委托的工程监理单位、监理的内容及监理权限,书面通知被监理的建筑施工企业。

第三十四条　工程监理单位应当在其资质等级许可的监理范围内,承担工程监理业务。

工程监理单位应当根据建设单位的委托,客观、公正地执行监理任务。

工程监理单位与被监理工程的承包单位以及建筑材料、建筑构配件和设备供应单位不得有隶属关系或者其他利害关系。

工程监理单位不得转让工程监理业务。

第三十五条　工程监理单位不按照委托监理合同的约定履行监理义务,对应当监督检查的项目不检查或者不按照规定检查,给建设单位造成损失的,应当承担相应的赔偿责任。

工程监理单位与承包单位串通,为承包单位谋取非法利益,给建设单位造成损失的,应当与承包单位承担连带赔偿责任。

第五章　建筑安全生产管理

第三十六条　建筑工程安全生产管理必须坚持安全第一、预防为主的方针,建立健全安全生产的责任制度和群防群治制度。

第三十七条　建筑工程设计应当符合按照国家规定制定的建筑安全规程和技术规范,保证工程的安全性能。

第三十八条　建筑施工企业在编制施工组织设计时,应当根据建筑工程的特点制定相应的安全技术措施;对专业性较强的工程项目,应当编制专项安全施工组织设计,并采取安全技术措施。

第三十九条　建筑施工企业应当在施工现场采取维护安全、防范危险、预防火灾等措施;有条件的,应当对施工现场实行封闭管理。

施工现场对毗邻的建筑物、构筑物和特殊作业环境可能造成损害的,建筑施工企业应当采取安全防护措施。

第四十条　建设单位应当向建筑施工企业提供与施工现场相关的地下管线资料,建筑施工企业应当采取措施加以保护。

第四十一条　建筑施工企业应当遵守有关环境保护和安全生产的法律、法规的规定,采取控制和处理施工现场的各种粉尘、废气、废水、固体废物以及噪声、振动对环境的污染和危害的措施。

第四十二条　有下列情形之一的,建设单位应当按照国家有关规定办理申请批准手续:

(一)需要临时占用规划批准范围以外场地的;

(二)可能损坏道路、管线、电力、邮电通讯等公共设施的;

(三)需要临时停水、停电、中断道路交通的;

(四)需要进行爆破作业的;

（五）法律、法规规定需要办理报批手续的其他情形。

第四十三条　建设行政主管部门负责建筑安全生产的管理，并依法接受劳动行政主管部门对建筑安全生产的指导和监督。

第四十四条　建筑施工企业必须依法加强对建筑安全生产的管理，执行安全生产责任制度，采取有效措施，防止伤亡和其他安全生产事故的发生。

建筑施工企业的法定代表人对本企业的安全生产负责。

第四十五条　施工现场安全由建筑施工企业负责。实行施工总承包的，由总承包单位负责。分包单位向总承包单位负责，服从总承包单位对施工现场的安全生产管理。

第四十六条　建筑施工企业应当建立健全劳动安全生产教育培训制度，加强对职工安全生产的教育培训；未经安全生产教育培训的人员，不得上岗作业。

第四十七条　建筑施工企业和作业人员在施工过程中，应当遵守有关安全生产的法律、法规和建筑行业安全规章、规程，不得违章指挥或者违章作业。作业人员有权对影响人身健康的作业程序和作业条件提出改进意见，有权获得安全生产所需的防护用品。作业人员对危及生命安全和人身健康的行为有权提出批评、检举和控告。

第四十八条　建筑施工企业应当依法为职工参加工伤保险缴纳工伤保险费。鼓励企业为从事危险作业的职工办理意外伤害保险，支付保险费。

第四十九条　涉及建筑主体和承重结构变动的装修工程，建设单位应当在施工前委托原设计单位或者具有相应资质条件的设计单位提出设计方案；没有设计方案的，不得施工。

第五十条　房屋拆除应当由具备保证安全条件的建筑施工单位承担，由建筑施工单位负责人对安全负责。

第五十一条　施工中发生事故时，建筑施工企业应当采取紧急措施减少人员伤亡和事故损失，并按照国家有关规定及时向有关部门报告。

第六章　建筑工程质量管理

第五十二条　建筑工程勘察、设计、施工的质量必须符合国家有关建筑工程安全标准的要求，具体管理办法由国务院规定。

有关建筑工程安全的国家标准不能适应确保建筑安全的要求时，应当及时修订。

第五十三条　国家对从事建筑活动的单位推行质量体系认证制度。从事建筑活动的单位根据自愿原则可以向国务院产品质量监督管理部门或者国务院产品质量监督管理部门授权的部门认可的认证机构申请质量体系认证。经认证合格的，由认证机构颁发质量体系认证证书。

第五十四条　建设单位不得以任何理由，要求建筑设计单位或者建筑施工企业在工程设计或者施工作业中，违反法律、行政法规和建筑工程质量、安全标准，降低工程质量。

建筑设计单位和建筑施工企业对建设单位违反前款规定提出的降低工程质量的要求，应当予以拒绝。

第五十五条　建筑工程实行总承包的，工程质量由工程总承包单位负责，总承包单位将建筑工程分包给其他单位的，应当对分包工程的质量与分包单位承担连带责任。分包单位应当接受总承包单位的质量管理。

第五十六条　建筑工程的勘察、设计单位必须对其勘察、设计的质量负责。勘察、设计文件应当符合有关法律、行政法规的规定和建筑工程质量、安全标准、建筑工程勘察、设计技术规范以及合同的约定。设计文件选用的建筑材料、建筑构配件和设备，应当注明其规格、型号、性能等技术指标，其质量要求必须符合国家规定的标准。

第五十七条　建筑设计单位对设计文件选用的建筑材料、建筑构配件和设备，不得指定生产厂、供应商。

第五十八条　建筑施工企业对工程的施工质量负责。

建筑施工企业必须按照工程设计图纸和施工技术标准施工，不得偷工减料。工程设计的修改由原设计单位负责，建筑施工企业不得擅自修改工程设计。

第五十九条　建筑施工企业必须按照工程设计要求、施工技术标准和合同的约定，对建筑材料、建筑构配件和设备进行检验，不合格的不得使用。

第六十条　建筑物在合理使用寿命内，必须确保地基基础工程和主体结构的质量。

建筑工程竣工时，屋顶、墙面不得留有渗漏、开裂等质量缺陷；对已发现的质量缺陷，建筑施工企业应当修复。

第六十一条　交付竣工验收的建筑工程，必须符合规定的建筑工程质量标准，有完整的工程技术经济资料和经签署的工程保修书，并具备国家规定的其他竣工条件。

建筑工程竣工经验收合格后，方可交付使用；未经验收或者验收不合格的，不得交付使用。

第六十二条　建筑工程实行质量保修制度。

建筑工程的保修范围应当包括地基基础工程、主体结构工程、屋面防水工程和其他土建工程，以及电气管线、上下水管线的安装工程，供热、供冷系统工程等项目；保修的期限应当按照保证建筑物合理寿命年限内正常使用，维护使用者合法权益的原则确定。具体的保修范围和最低保修期限由国务院规定。

第六十三条　任何单位和个人对建筑工程的质量事故、质量缺陷都有权向建设行政主管部门或者其他有关部门进行检举、控告、投诉。

第七章　法律责任

第六十四条　违反本法规定，未取得施工许可证或者开工报告未经批准擅自施工的，责令改正，对不符合开工条件的责令停止施工，可以处以罚款。

第六十五条　发包单位将工程发包给不具有相应资质条件的承包单位的，或者违反本法规定将建筑工程肢解发包的，责令改正，处以罚款。

超越本单位资质等级承揽工程的，责令停止违法行为，处以罚款，可以责令停业整顿，降低资质等级；情节严重的，吊销资质证书；有违法所得的，予以没收。

未取得资质证书承揽工程的，予以取缔，并处罚款；有违法所得的，予以没收。

以欺骗手段取得资质证书的，吊销资质证书，处以罚款；构成犯罪的，依法追究刑事责任。

第六十六条　建筑施工企业转让、出借资质证书或者以其他方式允许他人以本企业的名义承揽工程的，责令改正，没收违法所得，并处罚款，可以责令停业整顿，降低资质等级；情节严重的，吊销资质证书。对因该项承揽工程不符合规定的质量标准造成的损失，建筑施工企业与使用本企业名义的单位或者个人承担连带赔偿责任。

第六十七条　承包单位将承包的工程转包的，或者违反本法规定进行分包的，责令改正，没收违法所得，并处罚款，可以责令停业整顿，降低资质等级；情节严重的，吊销资质证书。

承包单位有前款规定的违法行为的，对因转包工程或者违法分包的工程不符合规定的质量标准造成的损失，与接受转包或者分包的单位承担连带赔偿责任。

第六十八条　在工程发包与承包中索贿、受贿、行贿，构成犯罪的，依法追究刑事责任；不构成犯罪的，分别处以罚款，没收贿赂的财物，对直接负责的主管人员和其他直接责任人员给予处分。

对在工程承包中行贿的承包单位，除依照前款规定处罚外，可以责令停业整顿，降低资质等级或者吊销资质证书。

第六十九条　工程监理单位与建设单位或者建筑施工企业串通，弄虚作假、降低工程质量的，责令改正，处以罚款，降低资质等级或者吊销资质证书；有违法所得的，予以没收；造成损失的，承担连带赔偿责任；构成犯罪的，依法追究刑事责任。

工程监理单位转让监理业务的，责令改正，没收违法所得，可以责令停业整顿，降低资质等级；情节严重的，吊销资质证书。

第七十条　违反本法规定，涉及建筑主体或者承重结构变动的装修工程擅自施工的，责令改正，处以罚款；造成损失的，承担赔偿责任；构成犯罪的，依法追究刑事责任。

第七十一条　建筑施工企业违反本法规定，对建筑安全事故隐患不采取措施予以消除的，责令改正，可以处以罚款；情节严重的，责令停业整顿，降低资质等级或者吊销资质证书；构成犯罪的，依法追究刑事责任。

建筑施工企业的管理人员违章指挥、强令职工冒险作业，因而发生重大伤亡事故或者造成其他严重后果的，依法追究刑事责任。

第七十二条　建设单位违反本法规定，要求建筑设计单位或者建筑施工企业违反建筑工程质量、安全标准，降低工程质量的，责令改正，可以处以罚款；构成犯罪的，依法追究刑事责任。

第七十三条　建筑设计单位不按照建筑工程质量、安全标准进行设计的，责令改正，处以罚款；造成工程质量事故的，责令停业整顿，降低资质等级或者吊销资质证书，没收违法所得，并处罚款；造成损失的，承担赔偿责任；构成犯罪的，依法追究刑事责任。

第七十四条　建筑施工企业在施工中偷工减料的，使用不合格的建筑材料、建筑构配件和设备的，或者有其他不按照工程设计图纸或者施工技术标准施工的行为的，责令改正，处以罚款；情节严重的，责令停业整顿，降低资质等级或者吊销资质证书；造成建筑工程质量不符合规定的质量标准的，负责返工、修理，并赔偿因此造成的损失；构成犯罪的，依法追究刑事责任。

第七十五条　建筑施工企业违反本法规定，不履行保修义务或者拖延履行保修义务的，责令改正，可以处以罚款，并对在保修期内因屋顶、墙面渗漏、开裂等质量缺陷造成的损失，承担赔偿责任。

第七十六条　本法规定的责令停业整顿、降低资质等级和吊销资质证书的行政处罚，由颁发资质证书的机关决定；其他行政处罚，由建设行政主管部门或者有关部门依照法律和国务院规定的职权范围决定。

依照本法规定被吊销资质证书的，由工商行政管理部门吊销其营业执照。

第七十七条　违反本法规定，对不具备相应资质等级条件的单位颁发该等级资质证书的，由其上级机关责令收回所发的资质证书，对直接负责的主管人员和其他直接责任人员给予行政处分；构成犯罪的，依法追究刑事责任。

第七十八条　政府及其所属部门的工作人员违反本法规定，限定发包单位将招标发包的工程发包给指定的承包单位的，由上级机关责令改正；构成犯罪的，依法追究刑事责任。

第七十九条　负责颁发建筑工程施工许可证的部门及其工作人员对不符合施工条件的建筑工程颁发施工许可证的，负责工程质量监督检查或者竣工验收的部门及其工作人员对不合格的建筑工程出具质量合格文件或者按合格工程验收的，由上级机关责令改正，对责任人员给予行政处分；构成犯罪的，依法追究刑事责任；造成损失的，由该部门承担相应的赔偿责任。

第八十条　在建筑物的合理使用寿命内，因建筑工程质量不合格受到损害的，有权向责任者要求赔偿。

第八章　附　则

第八十一条　本法关于施工许可、建筑施工企业资质审查和建筑工程发包、承包、禁止转包，以及建筑工程监理、建筑工程安全和质量管理的规定，适用于其他专业建筑工程的建筑活动，具体办法由国务院规定。

第八十二条　建设行政主管部门和其他有关部门在对建筑活动实施监督管理中，除按照国务院有关规定收取费用外，不得收取其他费用。

第八十三条　省、自治区、直辖市人民政府确定的小型房屋建筑工程的建筑活动，参照本法执行。

依法核定作为文物保护的纪念建筑物和古建筑等的修缮，依照文物保护的有关法律规定执行。

抢险救灾及其他临时性房屋建筑和农民自建低层住宅的建筑活动，不适用本法。

第八十四条　军用房屋建筑工程建筑活动的具体管理办法，由国务院、中央军事委员会依据本法制定。

第八十五条　本法自 1998 年 3 月 1 日起施行。

最高人民法院、最高人民检察院关于办理危害矿山生产安全刑事案件具体应用法律若干问题的解释

《最高人民法院、最高人民检察院关于办理危害矿山生产安全刑事案件具体应用法律若干问题的解释》已于 2007 年 2 月 26 日由最高人民法院审判委员会第 1419 次会议、2007 年 2 月 27 日由最高人民检察院第十届检察委员会第 72 次会议通过，现予公布，自 2007 年 3 月 1 日起施行。

最高人民法院　最高人民检察院

二〇〇七年二月二十八日

为依法惩治危害矿山生产安全犯罪，保障矿山生产安全，根据刑法有关规定，现就办理此类刑事案件具体应用法律的若干问题解释如下：

第一条　刑法第一百三十四条第一款规定的犯罪主体，包括对矿山生产、作业负有组织、指挥或者管理职责的负责人、管理人员、实际控制人、投资人等人员，以及直接从事矿山生产、作业的人员。

第二条　刑法第一百三十四条第二款规定的犯罪主体，包括对矿山生产、作业负有组织、指挥或者管理职责的负责人、管理人员、实际控制人、投资人等人员。

第三条　刑法第一百三十五条规定的"直接负责的主管人员和其他直接责任人员"，是指对矿山安全生产设施或者安全生产条件不符合国家规定负有直接责任的矿山生产经营单位负责人、管理人员、实际控制人、投资人，以及对安全生产设施或者安全生产条件负有管理、维护职责的电工、瓦斯检查工等人员。

第四条　发生矿山生产安全事故，具有下列情形之一的，应当认定为刑法第一百三十四条、第一百三十五条规定的"重大伤亡事故或者其他严重后果"：

（一）造成死亡一人以上，或者重伤三人以上的；

（二）造成直接经济损失一百万元以上的；

（三）造成其他严重后果的情形。

具有下列情形之一的，应当认定为刑法第一百三十四条、第一百三十五条规定的"情节特别恶劣"：

（一）造成死亡三人以上，或者重伤十人以上的；

（二）造成直接经济损失三百万元以上的；

（三）其他特别恶劣的情节。

第五条　刑法第一百三十九条之一规定的"负有报告职责的人员"，是指矿山生产经营单位的负责人、实际控制人、负责生产经营管理的投资人以及其他负有报告职责的人员。

第六条在矿山生产安全事故发生后，负有报告职责的人员不报或者谎报事故情况，

贻误事故抢救，具有下列情形之一的，应当认定为刑法第一百三十九条之一规定的"情节严重"：

（一）导致事故后果扩大，增加死亡一人以上，或者增加重

伤三人以上，或者增加直接经济损失一百万元以上的；

（二）实施下列行为之一，致使不能及时有效开展事故抢救的：

1. 决定不报、谎报事故情况或者指使、串通有关人员不报、谎报事故情况的；

2. 在事故抢救期间擅离职守或者逃匿的；

3. 伪造、破坏事故现场，或者转移、藏匿、毁灭遇难人员尸体，或者转移、藏匿受伤人员的；

4. 毁灭、伪造、隐匿与事故有关的图纸、记录、计算机数据等资料以及其他证据的；

（三）其他严重的情节。

具有下列情形之一的，应当认定为刑法第一百三十九条之一规定的"情节特别严重"：

（一）导致事故后果扩大，增加死亡三人以上，或者增加重伤十人以上，或者增加直接经济损失三百万元以上的；

（二）采用暴力、胁迫、命令等方式阻止他人报告事故情况导致事故后果扩大的；

（三）其他特别严重的情节。

第七条　在矿山生产安全事故发生后，实施本解释第六条规定的相关行为，帮助负有报告职责的人员不报或者谎报事故情况，贻误事故抢救的，对组织者或者积极参加者，依照刑法第一百三十九条之一的规定，以共犯论处。

第八条　在采矿许可证被依法暂扣期间擅自开采的，视为刑法第三百四十三条第一款规定的"未取得采矿许可证擅自采矿"。

违反矿产资源法的规定，非法采矿或者采取破坏性的开采方法开采矿产资源，造成重大伤亡事故或者其他严重后果，同时构成刑法第三百四十三条规定的犯罪和刑法第一百三十四条或者第一百三十五条规定的犯罪的，依照数罪并罚的规定处罚。

第九条　国家机关工作人员滥用职权或者玩忽职守，危害矿山生产安全，具有下列情形之一，致使公共财产、国家和人民利益遭受重大损失的，依照刑法第三百九十七条的规定定罪处罚：

（一）对不符合矿山法定安全生产条件的事项予以批准或者验收通过的；

（二）对于未依法取得批准、验收的矿山生产经营单位擅自从事生产经营活动不依法予以处理的；

（三）对于已经依法取得批准的矿山生产经营单位不再具备安全生产条件而不撤销原批准或者发现违反安全生产法律法规的行为不予查处的；

（四）强令审核、验收部门及其工作人员实施本条第一项行为，或者实施其他阻碍下级部门及其工作人员依法履行矿山安全生产监督管理职责行为的；

（五）在矿山生产安全事故发生后，负有报告职责的国家机关工作人员不报或者谎报事故情况，贻误事故抢救的；

（六）其他滥用职权或者玩忽职守的行为。

第十条　以暴力、威胁方法阻碍矿山安全生产监督管理的，依照刑法第二百七十七条的规定，以妨害公务罪定罪处罚。

第十一条　国家工作人员违反规定投资入股矿山生产经营，构成本解释涉及的有关犯罪的，作为从重情节依法处罚。

第十二条　危害矿山生产安全构成犯罪的人，在矿山生产安全事故发生后，积极组织、参与事故抢救的，可以酌情从轻处罚。

最高人民法院 最高人民检察院 公安部
国家安全监管总局关于依法加强对涉嫌犯罪的非法生产经营烟花爆竹行为刑事责任追究的通知

安监总管三〔2012〕116号

各省、自治区、直辖市高级人民法院、人民检察院、公安厅（局）、安全生产监督管理局，新疆维吾尔自治区高级人民法院生产建设兵团分院，新疆生产建设兵团人民检察院、公安局、安全生产监督管理局：

近年来，一些地区非法生产、经营烟花爆竹问题十分突出，由此引发的事故时有发生，给人民群众生命财产安全造成严重危害。为依法严惩非法生产、经营烟花爆竹违法犯罪行为，现就依法加强对涉嫌犯罪的非法生产、经营烟花爆竹行为刑事责任追究有关要求通知如下：

一、非法生产、经营烟花爆竹及相关行为涉及非法制造、买卖、运输、邮寄、储存黑火药、烟火药，构成非法制造、买卖、运输、邮寄、储存爆炸物罪的，应当依照刑法第一百二十五条的规定定罪处罚；非法生产、经营烟花爆竹及相关行为涉及生产、销售伪劣产品或不符合安全标准产品，构成生产、销售伪劣产品罪或生产、销售不符合安全标准产品罪的，应当依照刑法第一百四十条、第一百四十六条的规定定罪处罚；非法生产、经营烟花爆竹及相关行为构成非法经营罪的，应当依照刑法第二百二十五条的规定定罪处罚。上述非法生产经营烟花爆竹行为的定罪量刑和立案追诉标准，分别按照《最高人民法院关于审理非法制造、买卖、运输枪支、弹药、爆炸物等刑事案件具体应用法律若干问题的解释》（法释〔2009〕18号）、《最高人民法院最高人民检察院关于办理生产、销售伪劣商品刑事案件具体应用法律若干问题的解释》（法释〔2001〕10号）、《最高人民检察院、公安部关于公安机关管辖的刑事案件立案追诉标准的规定（一）》（公通字〔2008〕36号）、《最高人民检察院、公安部关于公安机关管辖的刑事案件立案追诉标准的规定（二）》（公通字〔2010〕23号）等有关规定执行。

二、各相关行政执法部门在查处非法生产、经营烟花爆竹行为过程中，发现涉嫌犯罪，依法需要追究刑事责任的，应当依照《行政执法机关移送涉嫌犯罪案件的规定》（国务院令第310号）向公安机关移送，并配合公安机关做好立案侦查工作。公安机关应当依法对相关行政执法部门移送的涉嫌犯罪案件进行审查，认为有犯罪事实，需要追究刑事责任的，应当依法立案，并书面通知移送案件的部门；认为不需要追究刑事责任的，应当说明理由，并书面通知移送案件的部门。公安机关在治安管理工作中，发现非法生产、经营烟花爆竹行为涉嫌犯罪的，应当依法立案侦查。

三、检察机关对于公安机关提请批准逮捕、移送审查起诉的上述涉嫌犯罪的案件，对符合逮捕和提起公诉法定条件的，要依法予以批捕、起诉；要加强对移送、立案案件的监督，对应当移送而不移送、应当立案而不立案的，要及时监督。人民法院对于起诉到法院的上述涉嫌犯罪的案件，要按照宽严相济的政策，依法从快审判，对同时构成多项犯罪或屡次违法犯罪的，要从重处罚；上级人民法院要加强对下级人民法院审判工作的指导，保障依法及时审判。要坚持"以事实为根据，以法律为准绳"的原则，严把案件的事实关、证据关、程序关和适用法律关，切实做到事实清楚，证据确凿，定性准确，量刑适当。人民法院、人民检察院、公安机关、安全生产监督管理部门要积极沟通、相互配合，充分发挥联动机制功能，加大对相关犯罪案件查处、审判情况的宣传，充分发挥刑事审判和处罚的震慑作用，教育群众自觉抵制、检举揭发相关违法犯罪活动。

最高人民法院

最高人民检察院

公安部

国家安全监管总局

2012年9月6日

最高人民法院
关于审理非法采矿、破坏性采矿刑事案件
具体应用法律若干问题的解释

法释〔2003〕9 号

(2003 年 5 月 16 日最高人民法院审判委员会第 1270 次会议通过)

中华人民共和国最高人民法院公告

《最高人民法院关于审理非法采矿、破坏性采矿刑事案件具体应用法律若干问题的解释》已于 2003 年 5 月 16 日由最高人民法院审判委员会第 1270 次会议通过。现予公布,自 2003 年 6 月 3 日起施行。

二○○三年五月二十九日

为依法惩处非法采矿、破坏性采矿犯罪活动,根据刑法有关规定,现就审理这类刑事案件具体应用法律的若干问题解释如下:

第一条　违反矿产资源法的规定非法采矿,具有下列情形之一,经责令停止开采后拒不停止开采,造成矿产资源破坏的,依照刑法第三百四十三条第一款的规定,以非法采矿罪定罪处罚:

(一)未取得采矿许可证擅自采矿;

(二)擅自进入国家规划矿区、对国民经济具有重要价值的矿区和他人矿区范围采矿;

(三)擅自开采国家规定实行保护性开采的特定矿种。

第二条　具有下列情形之一的,属于本解释第一条第(一)项规定的"未取得采矿许可证擅自采矿":

(一)无采矿许可证开采矿产资源的;

(二)采矿许可证被注销、吊销后继续开采矿产资源的;

(三)超越采矿许可证规定的矿区范围开采矿产资源的;

(四)未按采矿许可证规定的矿种开采矿产资源的(共生、伴生矿种除外);

(五)其他未取得采矿许可证开采矿产资源的情形。

第三条　非法采矿造成矿产资源破坏的价值,数额在 5 万元以上的,属于刑法第三百四十三条第一款规定的"造成矿产资源破坏";数额在 30 万元以上的,属于刑法第三百四十三条第一款规定的"造成矿产资源严重破坏"。

第四条　刑法第三百四十三条第二款规定的破坏性采矿罪中"采取破坏性的开采方法开采矿产资源",是指行为人违反地质矿产主管部门审查批准的矿产资源开发利用方案开采矿产资源,并造成矿产资源严重破坏的行为。

第五条　破坏性采矿造成矿产资源破坏的价值,数额在 30 万元以上的,属于刑法第三百四十三条第二款规定的"造成矿产资源严重破坏"。

第六条　破坏性的开采方法以及造成矿产资源破坏或者严重破坏的数额,由省级以上地质矿产主管部门出具鉴定结论,经查证属实后予以认定。

第七条　多次非法采矿或者破坏性采矿构成犯罪，依法应当追诉的，或者一年内多次非法采矿或破坏性采矿未经处理的，造成矿产资源破坏的数额累计计算。

第八条　单位犯非法采矿罪和破坏性采矿罪的定罪量刑标准，按照本解释的有关规定执行。

第九条　各省、自治区、直辖市高级人民法院，可以根据本地区的实际情况，在 5 万元至 10 万元、30 万元至 50 万元的幅度内，确定执行本解释第三条、第五条的起点数额标准，并报最高人民法院备案。

人民检察院《关于加强行政机关与检察机关在重大责任事故调查处理中的联系和配合的暂行规定》的实施办法

（2007 年 10 月 23 日最高人民检察院第十届检察委员会第八十三次会议通过）

为认真执行《关于加强行政机关与检察机关在重大责任事故调查处理中的联系和配合的暂行规定》，规范检察机关参与重大责任事故调查和查办渎职等职务犯罪案件工作，根据有关法律和规定，结合检察工作实际，制定本办法：

一、检察机关参与行政机关对重大责任事故的调查，应当立足检察职能，在法定职权范围内开展工作，依法查办造成重大责任事故的国家机关工作人员渎职等职务犯罪，加强安全生产责任事故犯罪检察工作，促进严格执法、依法行政，维护国家利益和公民的合法权益，服务经济发展、促进社会和谐稳定。

二、国务院和地方各级人民政府或者其授权有关部门组成重大责任事故调查组，邀请检察机关参与调查的，检察机关应当派员参与调查；没有邀请检察机关参与调查的，检察机关要主动与同级人民政府或者政府授权的事故调查组牵头部门联系参与调查。

国务院和地方人民政府没有组成重大责任事故调查组，也没有授权有关部门成立重大责任事故调查组，有关职能部门依照法定程序开展事故调查的，事故发生地的检察机关可以根据事故性质和造成的危害后果，直接与有关职能部门联系参与调查工作。

检察机关要与事故调查组和有关职能部门加强联系沟通，分工合作，紧密配合。要支持事故调查组和有关职能部门依法开展调查工作，尊重事故调查组的组织协调。

三、检察机关参与重大责任事故调查工作的主要任务是：

（一）受理群众关于事故涉及的国家机关工作人员渎职等职务犯罪举报，接受事故调查组或者相关职能部门移交的案件线索；

（二）发现导致重大责任事故发生、涉嫌渎职犯罪的国家机关工作人员及其犯罪事实；

（三）查明犯罪事实，收集物证、书证、技术鉴定和视听资料证据，询问受害人、证人、讯问犯罪嫌疑人；

（四）审查逮捕、审查起诉，对重大生产安全事故刑事侦查、审判活动进行监督；

（五）开展法制宣传和预防犯罪工作。

检察机关参与重大责任事故调查中发现职务犯罪线索的，应当要求事故调查组或者相关职能部门及时移交相关证据材料。

四、检察机关对自己发现、事故调查组或者相关职能部门移交，或者群众举报的渎职、贪污贿赂等职务犯罪线索要认真进行审查，认为有犯罪事实，需要追究刑事责任的，应当及时立案。

重大责任事故性质已经确定，危害后果严重，认为有犯罪事实需要追究刑事责任，但尚不能确定犯罪嫌疑人的，可以决定以事立案。

五、检察机关参与重大责任事故调查的工作机制是：

（一）最高人民检察院和地方各级人民检察院的反渎职侵权部门是检察机关参与国务院以及地方人民政府对重大责任事故调查工作的职能部门。上级人民检察院反渎职侵权部门对下级人民检察院参与重大责任事故调查工作进行指导和督办。

（二）国务院或者国务院授权有关部门组成事故调查组的，由最高人民检察院派员，相关省级人民检察院指定一名副检察长参与调查工作；省级人民政府或者政府授权有关部门组成事故调查组的，省级人民检察院派员参与调查，相关地市级人民检察院指定一名副检察长参与调查工作；地市级人民政府或者政府授权组成事故调查组的，地市级人民检察院派员参与调查，相关县级人民检察院指定一名副检察长参与调查工作。

（三）重大责任事故所涉渎职侵权等职务犯罪案件原则上由犯罪嫌疑人工作单位所在地或者事故发生地人民检察院立案。

经检察长批准，上级人民检察院可以直接查办应当由下级人民检察院管辖的渎职侵权犯罪案件，或者组织本辖区相关检察院协同查办。上级人民检察院要支持下级人民检察院依法办案，对下级人民检察院参与重大责任事故调查和查办案件工作要及时进行指导；对下级人民检察院查办有困难的或者不宜由有管辖权的检察院查办的案件，上级人民检察院可以直接派员参办、督办或者指定其他人民检察院查办。对上级人民检察院参办、督办、交办的案件，承办案件的人民检察院要及时向上级人民检察院参办、督办的人员通报案件查办情况；对犯罪嫌疑人决定立案，采取拘留、逮捕等强制措施的，要同时书面报告上级人民检察院。

（四）需要向事故调查组或者组成事故调查组的相关部门通报案件查办情况以及立案和采取拘留、逮捕等强制措施的，原则上由对应级别的人民检察院负责。

六、发生重大责任事故以后，事故发生地县级人民检察院要及时派员了解情况并按照分级管辖原则逐级上报。发生一次死亡十人以上的重大安全事故的，应当立即层报最高人民检察院。

省级人民检察院要及时掌握本辖区发生的重大责任事故情况和事故发生地人民检察院派员参与重大责任事故调查情况、立案查办重大责任事故所涉渎职等职务犯罪案件情况。每季度向最高人民检察院渎职侵权检察厅列表报告。

地方各级人民检察院对县处级以上干部涉嫌渎职等职务犯罪立案的，要将立案决定书层报最高人民检察院渎职侵权检察厅备案。

七、检察机关对重大责任事故所涉渎职等职务犯罪嫌疑人决定立案侦查，或者采取拘留、逮捕等强制措施的，应当及时向事故调查组或者相关职能部门主要负责人通报。

犯罪嫌疑人正在参与事故抢险、调查和技术鉴定工作的，如果不具有《人民检察院刑事诉讼规则》第七十六条规定的可能自杀、逃跑、毁灭、伪造证据或者串供情形的，在事故抢险期间，一般不采取拘留、逮捕等强制措施。需要对犯罪嫌疑人进行讯问的，在征求事故调查组或者有关职能部门主要负责人的意见后，选择适当时机进行。

犯罪嫌疑人正在参与事故调查和技术鉴定工作的，应当建议事故调查组或者相关职能部门责令其中止调查取证或者技术鉴定工作。

组成事故调查组的相关部门及事故调查组主要负责人对检察机关决定立案，采取拘留、逮捕等强制措施持不同意见的，参与事故调查工作的检察人员要及时报告本部门领导或者分管检察长，根据领导指示做好沟通协调工作。沟通后意见仍不一致的，应当向上一级人民检察院报告，由上级人民检察院进行沟通、协调。

八、检察机关对犯罪嫌疑人决定撤销案件或者不起诉的，应当及时通报事故调查组或者相关职能部门；事故调查组已撤销的，应当通报相关主管部门。对需要追究党纪政纪责任的，应当移交有关主管机关处理。

九、反渎职侵权部门派员参加重大责任事故调查和查办渎职侵权犯罪案件过程中，发现与渎职行为相关的贪污贿赂犯罪线索的，可以并案侦查；与渎职行为无关的，应当移送反贪污贿赂部门办理；案情重大复杂的，应当报请检察长批准由反渎职侵权部门和反贪污贿赂部门共同组建联合办案组查办。

十、本办法自发布之日起施行。

最高人民检察院　公安部
关于公安机关管辖的刑事案件立案追诉标准的规定(一)部分
(公通字[2008]36号)

一、危害公共安全案

第一条　[失火案(刑法第一百一十五条第二款)]过失引起火灾，涉嫌下列情形之一的，应予立案追诉：

(一)导致死亡一人以上，或者重伤三人以上的；

(二)造成公共财产或者他人财产直接经济损失五十万元以上的；

(三)造成十户以上家庭的房屋以及其他基本生活资料烧毁的；

(四)造成森林火灾，过火有林地面积二公顷以上，或者过火疏林地、灌木林地、未成林地、苗圃地面积四公顷以上的；

(五)其他造成严重后果的情形。

本条和本规定第十五条规定的"有林地"、"疏林地"、"灌木林地"、"未成林地"、"苗圃地"，按照国家林业主管部门的有关规定确定。

第二条　[非法制造、买卖、运输、储存危险物质案(刑法第一百二十五条第二款)]非法制造、买卖、运输、储存毒害性、放射性、传染病病原体等物质，危害公共安全，涉嫌下列情形之一的，应予立案追诉：

(一)造成人员重伤或者死亡的；

(二)造成直接经济损失十万元以上的；

(三)非法制造、买卖、运输、储存毒鼠强、氟乙酰胺、氟乙酰钠、毒鼠硅、甘氟原粉、原液、制剂五十克以上，或者饵料二千克以上的；

(四)造成急性中毒、放射性疾病或者造成传染病流行、暴发的；

(五)造成严重环境污染的；

(六)造成毒害性、放射性、传染病病原体等危险物质丢失、被盗、被抢或者被他人利用进行违法犯罪活动的；

（七）其他危害公共安全的情形。

第七条 ［非法携带枪支、弹药、管制刀具、危险物品危及公共安全案（刑法第一百三十条）］非法携带枪支、弹药、管制刀具或者爆炸性、易燃性、放射性、毒害性、腐蚀性物品，进入公共场所或者公共交通工具，危及公共安全，涉嫌下列情形之一的，应予立案追诉：

（一）携带枪支一支以上或者手榴弹、炸弹、地雷、手雷等具有杀伤性弹药一枚以上的；

（二）携带爆炸装置一套以上的；

（三）携带炸药、发射药、黑火药五百克以上或者烟火药一千克以上、雷管二十枚以上或者导火索、导爆索二十米以上，或者虽未达到上述数量标准，但拒不交出的；

（四）携带的弹药、爆炸物在公共场所或者公共交通工具上发生爆炸或者燃烧，尚未造成严重后果的；

（五）携带管制刀具二十把以上，或者虽未达到上述数量标准，但拒不交出，或者用来进行违法活动尚未构成其他犯罪的；

（六）携带的爆炸性、易燃性、放射性、毒害性、腐蚀性物品在公共场所或者公共交通工具上发生泄漏、遗洒，尚未造成严重后果的；

（七）其他情节严重的情形。

第八条 ［重大责任事故案（刑法第一百三十四条第一款）］在生产、作业中违反有关安全管理的规定，涉嫌下列情形之一的，应予立案追诉：

（一）造成死亡一人以上，或者重伤三人以上；

（二）造成直接经济损失五十万元以上的；

（三）发生矿山生产安全事故，造成直接经济损失一百万元以上的；

（四）其他造成严重后果的情形。

第九条 ［强令违章冒险作业案（刑法第一百三十四条第二款）］强令他人违章冒险作业，涉嫌下列情形之一的，应予立案追诉：

（一）造成死亡一人以上，或者重伤三人以上；

（二）造成直接经济损失五十万元以上的；

（三）发生矿山生产安全事故，造成直接经济损失一百万元以上的；

（四）其他造成严重后果的情形。

第十条 ［重大劳动安全事故案（刑法第一百三十五条）］安全生产设施或者安全生产条件不符合国家规定，涉嫌下列情形之一的，应予立案追诉：

（一）造成死亡一人以上，或者重伤三人以上；

（二）造成直接经济损失五十万元以上的；

（三）发生矿山生产安全事故，造成直接经济损失一百万元以上的；

（四）其他造成严重后果的情形。

第十一条 ［大型群众性活动重大安全事故案（刑法第一百三十五条之一）］举办大型群众性活动违反安全管理规定，涉嫌下列情形之一的，应予立案追诉：

（一）造成死亡一人以上，或者重伤三人以上；

（二）造成直接经济损失五十万元以上的；

（三）其他造成严重后果的情形。

第十二条 ［危险物品肇事案（刑法第一百三十六条）］违反爆炸性、易燃性、放射性、毒害性、腐蚀性物品的管理规定，在生产、储存、运输、使用中发生重大事故，涉嫌下列情形之一的，应予立案追诉：

（一）造成死亡一人以上，或者重伤三人以上；

（二）造成直接经济损失五十万元以上的；

（三）其他造成严重后果的情形。

第十三条　［工程重大安全事故案（刑法第一百三十七条）］建设单位、设计单位、施工单位、工程监理单位违反国家规定，降低工程质量标准，涉嫌下列情形之一的，应予立案追诉：

（一）造成死亡一人以上，或者重伤三人以上；

（二）造成直接经济损失五十万元以上的；

（三）其他造成严重后果的情形。

第十四条　［教育设施重大安全事故案（刑法第一百三十八条）］明知校舍或者教育教学设施有危险，而不采取措施或者不及时报告，涉嫌下列情形之一的，应予立案追诉：

（一）造成死亡一人以上、重伤三人以上或者轻伤十人以上的；

（二）其他致使发生重大伤亡事故的情形。

第十五条　［消防责任事故案（刑法第一百三十九条）］违反消防管理法规，经消防监督机构通知采取改正措施而拒绝执行，涉嫌下列情形之一的，应予立案追诉：

（一）造成死亡一人以上，或者重伤三人以上；

（二）造成直接经济损失五十万元以上的；

（三）造成森林火灾，过火有林地面积二公顷以上，或者过火疏林地、灌木林地、未成林地、苗圃地面积四公顷以上的；

（四）其他造成严重后果的情形。

第六十八条　［非法采矿案（刑法第三百四十三条第一款）］违反矿产资源法的规定，未取得采矿许可证擅自采矿的，或者擅自进入国家规划矿区、对国民经济具有重要价值的矿区和他人矿区范围采矿的，或者擅自开采国家规定实行保护性开采的特定矿种，经责令停止开采后拒不停止开采，造成矿产资源破坏的价值数额在五万至十万元以上的，应予立案追诉。

具有下列情形之一的，属于本条规定的"未取得采矿许可证擅自采矿"：

（一）无采矿许可证开采矿产资源的；

（二）采矿许可证被注销、吊销后继续开采矿产资源的；

（三）超越采矿许可证规定的矿区范围开采矿产资源的；

（四）未按采矿许可证规定的矿种开采矿产资源的（共生、伴生矿种除外）；

（五）其他未取得采矿许可证开采矿产资源的情形。

在采矿许可证被依法暂扣期间擅自开采的，视为本条规定的"未取得采矿许可证擅自采矿"。

造成矿产资源破坏的价值数额，由省级以上地质矿产主管部门出具鉴定结论，经查证属实后予以认定。

第六十九条　［破坏性采矿案（刑法第三百四十三条第二款）］违反矿产资源法的规定，采取破坏性的开采方法开采矿产资源，造成矿产资源严重破坏，价值在三十万至五十万元以上的，应予立案追诉。

本条规定的"采取破坏性的开采方法开采矿产资源"，是指行为人违反地质矿产主管部门审查批准的矿产资源开发利用方案开采矿产资源,并造成矿产资源严重破坏的行为。

破坏性的开采方法以及造成矿产资源严重破坏的价值数额,由省级以上地质矿产主管部门出具鉴定结论,经查证属实后予以认定。

第七十条 〔非法采伐、毁坏国家重点保护植物案(刑法第三百四十四条)〕违反国家规定,非法采伐、毁坏珍贵树木或者国家重点保护的其他植物的,应予立案追诉。

本条和本规定第七十一条规定的"珍贵树木或者国家重点保护的其他植物",包括由省级以上林业主管部门或者其他部门确定的具有重大历史纪念意义、科学研究价值或者年代久远的古树名木,国家禁止、限制出口的珍贵树木以及列入《国家重点保护野生植物名录》的树木或者其他植物。

第七十一条 〔非法收购、运输、加工、出售国家重点保护植物、国家重点保护植物制品案(刑法第三百四十四条)〕违反国家规定,非法收购、运输、加工、出售珍贵树木或者国家重点保护的其他植物及其制品的,应予立案追诉。

第七十二条 〔盗伐林木案(刑法第三百四十五条第一款)〕盗伐森林或者其他林木,涉嫌下列情形之一的,应予立案追诉:

(一)盗伐二至五立方米以上的;

(二)盗伐幼树一百至二百株以上的。

以非法占有为目的,具有下列情形之一的,属于本条规定的"盗伐森林或者其他林木":

(一)擅自砍伐国家、集体、他人所有或者他人承包经营管理的森林或者其他林木的;

(二)擅自砍伐本单位或者本人承包经营管理的森林或者其他林木的;

(三)在林木采伐许可证规定的地点以外采伐国家、集体、他人所有或者他人承包经营管理的森林或者其他林木的。

本条和本规定第七十三条、第七十四条规定的林木数量以立木蓄积计算,计算方法为:原木材积除以该树种的出材率;"幼树",是指胸径五厘米以下的树木。

第七十三条 〔滥伐林木案(刑法第三百四十五条第二款)〕违反森林法的规定,滥伐森林或者其他林木,涉嫌下列情形之一的,应予立案追诉:

(一)滥伐十至二十立方米以上的;

(二)滥伐幼树五百至一千株以上的。

违反森林法的规定,具有下列情形之一的,属于本条规定的"滥伐森林或者其他林木":

(一)未经林业行政主管部门及法律规定的其他主管部门批准并核发林木采伐许可证,或者虽持有林木采伐许可证,但违反林木采伐许可证规定的时间、数量、树种或者方式,任意采伐本单位所有或者本人所有的森林或者其他林木的;

(二)超过林木采伐许可证规定的数量采伐他人所有的森林或者其他林木的。

违反森林法的规定,在林木采伐许可证规定的地点以外,采伐本单位或者本人所有的森林或者其他林木的,除农村居民采伐自留地和房前屋后个人所有的零星林木以外,属于本条第二款第(一)项"未经林业行政主管部门及法律规定的其他主管部门批准并核发林木采伐许可证"规定的情形。

林木权属争议一方在林木权属确权之前,擅自砍伐森林或者其他林木的,属于本条规定的"滥伐森林或者其他林木"。

滥伐林木的数量,应在伐区调查设计允许的误差额以上计算。

第七十四条　［非法收购、运输盗伐、滥伐的林木案(刑法第三百四十五条第三款)］非法收购、运输明知是盗伐、滥伐的林木，涉嫌下列情形之一的，应予立案追诉：

(一)非法收购、运输盗伐、滥伐的林木二十立方米以上或者幼树一千株以上的；

(二)其他情节严重的情形。

本条规定的"非法收购"的"明知"，是指知道或者应当知道。具有下列情形之一的，可以视为应当知道，但是有证据证明确属被蒙骗的除外：

(一)在非法的木材交易场所或者销售单位收购木材的；

(二)收购以明显低于市场价格出售的木材的；

(三)收购违反规定出售的木材的。

附　则

第一百条　本规定中的立案追诉标准，除法律、司法解释另有规定的以外，适用于相关的单位犯罪。

第一百零一条　本规定中的"以上"，包括本数。

第一百零二条　本规定自印发之日起施行。

最高人民法院印发《关于进一步加强危害生产安全刑事案件审判工作的意见》的通知

法发〔2011〕20号

各省、自治区、直辖市高级人民法院，解放军军事法院，新疆维吾尔自治区高级人民法院生产建设兵团分院：

现将《最高人民法院关于进一步加强危害生产安全刑事案件审判工作的意见》印发给你们，请认真贯彻执行。本意见贯彻执行中遇到的问题，请及时报告最高人民法院。

二〇一一年十二月三十日

最高人民法院关于进一步加强危害生产安全刑事案件审判工作的意见

为依法惩治危害生产安全犯罪，促进全国安全生产形势持续稳定好转，保护人民群众生命财产安全，现就进一步加强危害生产安全刑事案件审判工作，制定如下意见。

一、高度重视危害生产安全刑事案件审判工作

1.充分发挥刑事审判职能作用，依法惩治危害生产安全犯罪，是人民法院为大局服务、为人民司法的必然要求。安全生产关系到人民群众生命财产安全，事关改革、发展和稳定的大局。当前，全国安全生产状况呈现总体稳定、持续好转的发展态势，但形势依然严峻，企业安全生产基础依然薄弱；非法、违法生产，忽视生产安全的现象仍然十分突出；重特大生产安全责任事故时有发生，个别地方和行业重特大责任事故上升。一些重特大生产安全责任事故举国关注，相关案件处理不好，不仅起不到应有的警示作用，不利于生产安全责任事故的防范，也损害党和国家形象，影响社会和谐稳定。各级人民法院要从政治和全局的高度，

充分认识审理好危害生产安全刑事案件的重要意义，切实增强工作责任感，严格依法、积极稳妥地审理相关案件，进一步发挥刑事审判工作在创造良好安全生产环境、促进经济平稳较快发展方面的积极作用。

2. 采取有力措施解决存在的问题，切实加强危害生产安全刑事案件审判工作。近年来，各级人民法院依法审理危害生产安全刑事案件，一批严重危害生产安全的犯罪分子及相关职务犯罪分子受到法律制裁，对全国安全生产形势持续稳定好转发挥了积极促进作用。2010年，监察部、国家安全生产监督管理总局会同最高人民法院等部门对部分省市重特大生产安全事故责任追究落实情况开展了专项检查。从检查的情况来看，审判工作总体情况是好的，但仍有个别案件在法律适用或者宽严相济刑事政策具体把握上存在问题，需要切实加强指导。各级人民法院要高度重视，确保相关案件审判工作取得良好的法律效果和社会效果。

二、危害生产安全刑事案件审判工作的原则

3. 严格依法，从严惩处。对严重危害生产安全犯罪，尤其是相关职务犯罪，必须始终坚持严格依法、从严惩处。对于人民群众广泛关注、社会反映强烈的案件要及时审结，回应人民群众关切，维护社会和谐稳定。

4. 区分责任，均衡量刑。危害生产安全犯罪，往往涉案人员较多，犯罪主体复杂，既包括直接从事生产、作业的人员，也包括对生产、作业负有组织、指挥或者管理职责的负责人、管理人员、实际控制人、投资人等，有的还涉及国家机关工作人员渎职犯罪。对相关责任人的处理，要根据事故原因、危害后果、主体职责、过错大小等因素，综合考虑全案，正确划分责任，做到罪责刑相适应。

5. 主体平等，确保公正。审理危害生产安全刑事案件，对于所有责任主体，都必须严格落实法律面前人人平等的刑法原则，确保刑罚适用公正，确保裁判效果良好。

三、正确确定责任

6. 审理危害生产安全刑事案件，政府或相关职能部门依法对事故原因、损失大小、责任划分作出的调查认定，经庭审质证后，结合其他证据，可作为责任认定的依据。

7. 认定相关人员是否违反有关安全管理规定，应当根据相关法律、行政法规，参照地方性法规、规章及国家标准、行业标准，必要时可参考公认的惯例和生产经营单位制定的安全生产规章制度、操作规程。

8. 多个原因行为导致生产安全事故发生的，在区分直接原因与间接原因的同时，应当根据原因行为在引发事故中所具作用的大小，分清主要原因与次要原因，确认主要责任和次要责任，合理确定罪责。

一般情况下，对生产、作业负有组织、指挥或者管理职责的负责人、管理人员、实际控制人、投资人，违反有关安全生产管理规定，对重大生产安全事故的发生起决定性、关键性作用的，应当承担主要责任。

对于直接从事生产、作业的人员违反安全管理规定，发生重大生产安全事故的，要综合考虑行为人的从业资格、从业时间、接受安全生产教育培训情况、现场条件、是否受到他人强令作业、生产经营单位执行安全生产规章制度的情况等因素认定责任，不能将直接责任简单等同于主要责任。

对于负有安全生产管理、监督职责的工作人员，应根据其岗位职责、履职依据、履职时间等，综合考察工作职责、监管条件、履职能力、履职情况等，合理确定罪责。

四、准确适用法律

9.严格把握危害生产安全犯罪与以其他危险方法危害公共安全罪的界限,不应将生产经营中违章违规的故意不加区别地视为对危害后果发生的故意。

10.以行贿方式逃避安全生产监督管理,或者非法、违法生产、作业,导致发生重大生产安全事故,构成数罪的,依照数罪并罚的规定处罚。

违反安全生产管理规定,非法采矿、破坏性采矿或排放、倾倒、处置有害物质严重污染环境,造成重大伤亡事故或者其他严重后果,同时构成危害生产安全犯罪和破坏环境资源保护犯罪的,依照数罪并罚的规定处罚。

11.安全事故发生后,负有报告职责的国家工作人员不报或者谎报事故情况,贻误事故抢救,情节严重,构成不报、谎报安全事故罪,同时构成职务犯罪或其他危害生产安全犯罪的,依照数罪并罚的规定处罚。

12.非矿山生产安全事故中,认定"直接负责的主管人员和其他直接责任人员"、"负有报告职责的人员"的主体资格,认定构成"重大伤亡事故或者其他严重后果"、"情节特别恶劣",不报、谎报事故情况,贻误事故抢救,"情节严重"、"情节特别严重"等,可参照最高人民法院、最高人民检察院《关于办理危害矿山生产安全刑事案件具体应用法律若干问题的解释》的相关规定。

五、准确把握宽严相济刑事政策

13.审理危害生产安全刑事案件,应综合考虑生产安全事故所造成的伤亡人数、经济损失、环境污染、社会影响、事故原因与被告人职责的关联程度、被告人主观过错大小、事故发生后被告人的施救表现、履行赔偿责任情况等,正确适用刑罚,确保裁判法律效果和社会效果相统一。

14.造成《关于办理危害矿山生产安全刑事案件具体应用法律若干问题的解释》第四条规定的"重大伤亡事故或者其他严重后果",同时具有下列情形之一的,也可以认定为刑法第一百三十四条、第一百三十五条规定的"情节特别恶劣":

(一)非法、违法生产的;

(二)无基本劳动安全设施或未向生产、作业人员提供必要的劳动防护用品,生产、作业人员劳动安全无保障的;

(三)曾因安全生产设施或者安全生产条件不符合国家规定,被监督管理部门处罚或责令改正,一年内再次违规生产致使发生重大生产安全事故的;

(四)关闭、故意破坏必要安全警示设备的;

(五)已发现事故隐患,未采取有效措施,导致发生重大事故的;

(六)事故发生后不积极抢救人员,或者毁灭、伪造、隐藏影响事故调查的证据,或者转移财产逃避责任的;

(七)其他特别恶劣的情节。

15.相关犯罪中,具有以下情形之一的,依法从重处罚:

(一)国家工作人员违反规定投资入股生产经营企业,构成危害生产安全犯罪的;

(二)贪污贿赂行为与事故发生存在关联性的;

(三)国家工作人员的职务犯罪与事故存在直接因果关系的;

(四)以行贿方式逃避安全生产监督管理,或者非法、违法生产、作业的;

（五）生产安全事故发生后，负有报告职责的国家工作人员不报或者谎报事故情况，贻误事故抢救，尚未构成不报、谎报安全事故罪的；

（六）事故发生后，采取转移、藏匿、毁灭遇难人员尸体，或者毁灭、伪造、隐藏影响事故调查的证据，或者转移财产，逃避责任的；

（七）曾因安全生产设施或者安全生产条件不符合国家规定，被监督管理部门处罚或责令改正，一年内再次违规生产致使发生重大生产安全事故的。

16. 对于事故发生后，积极施救，努力挽回事故损失，有效避免损失扩大；积极配合调查，赔偿受害人损失的，可依法从宽处罚。

六、依法正确适用缓刑和减刑、假释

17. 对于危害后果较轻，在责任事故中不负主要责任，符合法律有关缓刑适用条件的，可以依法适用缓刑，但应注意根据案件具体情况，区别对待，严格控制，避免适用不当造成的负面影响。

18. 对于具有下列情形的被告人，原则上不适用缓刑：

（一）具有本意见第 14 条、第 15 条所规定的情形的；

（二）数罪并罚的。

19. 宣告缓刑，可以根据犯罪情况，同时禁止犯罪分子在缓刑考验期限内从事与安全生产有关的特定活动。

20. 办理与危害生产安全犯罪相关的减刑、假释案件，要严格执行刑法、刑事诉讼法和有关司法解释规定。是否决定减刑、假释，既要看罪犯服刑期间的悔改表现，还要充分考虑原判认定的犯罪事实、性质、情节、社会危害程度等情况。

七、加强组织领导，注意协调配合

21. 对于重大、敏感案件，合议庭成员要充分做好庭审前期准备工作，全面、客观掌握案情，确保案件开庭审理稳妥顺利、依法公正。

22. 审理危害生产安全刑事案件，涉及专业技术问题的，应有相关权威部门出具的咨询意见或者司法鉴定意见；可以依法邀请具有相关专业知识的人民陪审员参加合议庭。

23. 对于审判工作中发现的安全生产事故背后的渎职、贪污贿赂等违法犯罪线索，应当依法移送有关部门处理。对于情节轻微，免予刑事处罚的被告人，人民法院可建议有关部门依法给予行政处罚或纪律处分。

24. 被告人具有国家工作人员身份的，案件审结后，人民法院应当及时将生效的裁判文书送达行政监察机关和其他相关部门。

25. 对于造成重大伤亡后果的案件，要充分运用财产保全等法定措施，切实维护被害人依法获得赔偿的权利。对于被告人没有赔偿能力的案件，应当依靠地方党委和政府做好善后安抚工作。

26. 积极参与安全生产综合治理工作。对于审判中发现的安全生产管理方面的突出问题，应当发出司法建议，促使有关部门强化安全生产意识和制度建设，完善事故预防机制，杜绝同类事故发生。

27. 重视做好宣传工作。对于社会关注的典型案件，要重视做好审判情况的宣传报道，规范裁判信息发布，及时回应社会的关切，充分发挥重大、典型案件的教育警示作用。

28. 各级人民法院要在依法履行审判职责的同时，及时总结审判经验，深入开展调查研究,推动审判工作水平不断提高。上级法院要以辖区内发生的重大生产安全责任事故案件为重点,加强对下级法院危害生产安全刑事案件审判工作的监督和指导,适时检查此类案件的审判情况,提出有针对性的指导意见。

最高人民法院关于审理人身损害赔偿案件适用法律若干问题的解释

为正确审理人身损害赔偿案件,依法保护当事人的合法权益,根据《中华人民共和国民事诉讼法》等有关法律规定,结合审判实践,就有关适用法律的问题作出的相关解释。该法已于2003年12月4日由最高人民法院审判委员会第1299次会议通过。现予公布,自2004年5月1日起施行。

第一条 因生命、健康、身体遭受侵害,赔偿权利人起诉请求赔偿义务人赔偿财产损失和精神损害的,人民法院应予受理。

本条所称"赔偿权利人",是指因侵权行为或者其他致害原因直接遭受人身损害的受害人、依法由受害人承担扶养义务的被扶养人以及死亡受害人的近亲属。

本条所称"赔偿义务人",是指因自己或者他人的侵权行为以及其他致害原因依法应当承担民事责任的自然人、法人或者其他组织。

第二条 受害人对同一损害的发生或者扩大有故意、过失的,依照民法通则第一百三十一条的规定,可以减轻或者免除赔偿义务人的赔偿责任。但侵权人因故意或者重大过失致人损害,受害人只有一般过失的,不减轻赔偿义务人的赔偿责任。

适用民法通则第一百零六条第三款规定确定赔偿义务人的赔偿责任时,受害人有重大过失的,可以减轻赔偿义务人的赔偿责任。

第三条 二人以上共同故意或者共同过失致人损害,或者虽无共同故意、共同过失,但其侵害行为直接结合发生同一损害后果的,构成共同侵权,应当依照民法通则第一百三十条规定承担连带责任。

二人以上没有共同故意或者共同过失,但其分别实施的数个行为间接结合发生同一损害后果的,应当根据过失大小或者原因比例各自承担相应的赔偿责任。

第四条 二人以上共同实施危及他人人身安全的行为并造成损害后果,不能确定实际侵害行为人的,应当依照民法通则第一百三十条规定承担连带责任。共同危险行为人能够证明损害后果不是由其行为造成的,不承担赔偿责任。

第五条 赔偿权利人起诉部分共同侵权人的,人民法院应当追加其他共同侵权人作为共同被告。赔偿权利人在诉讼中放弃对部分共同侵权人的诉讼请求的,其他共同侵权人对被放弃诉讼请求的被告应当承担的赔偿份额不承担连带责任。责任范围难以确定的,推定各共同侵权人承担同等责任。

人民法院应当将放弃诉讼请求的法律后果告知赔偿权利人,并将放弃诉讼请求的情况在法律文书中叙明。

第六条 从事住宿、餐饮、娱乐等经营活动或者其他社会活动的自然人、法人、其他组织,未尽合理限度范围内的安全保障义务致使他人遭受人身损害,赔偿权利人请求其承担相应赔偿责任的,人民法院应予支持。

因第三人侵权导致损害结果发生的,由实施侵权行为的第三人承担赔偿责任。安全保障义务人有过错的，应当在其能够防止或者制止损害的范围内承担相应的补充赔偿责任。安全保障义务人承担责任后，可以向第三人追偿。赔偿权利人起诉安全保障义务人的，应当将第三人作为共同被告，但第三人不能确定的除外。

第七条　对未成年人依法负有教育、管理、保护义务的学校、幼儿园或者其他教育机构，未尽职责范围内的相关义务致使未成年人遭受人身损害，或者未成年人致他人人身损害的，应当承担与其过错相应的赔偿责任。

第三人侵权致未成年人遭受人身损害的，应当承担赔偿责任。学校、幼儿园等教育机构有过错的，应当承担相应的补充赔偿责任。

第八条　法人或者其他组织的法定代表人、负责人以及工作人员，在执行职务中致人损害的，依照民法通则第一百二十一条的规定，由该法人或者其他组织承担民事责任。上述人员实施与职务无关的行为致人损害的，应当由行为人承担赔偿责任。

属于《国家赔偿法》赔偿事由的，依照《国家赔偿法》的规定处理。

第九条　雇员在从事雇佣活动中致人损害的，雇主应当承担赔偿责任；雇员因故意或者重大过失致人损害的，应当与雇主承担连带赔偿责任。雇主承担连带赔偿责任的，可以向雇员追偿。

前款所称"从事雇佣活动"，是指从事雇主授权或者指示范围内的生产经营活动或者其他劳务活动。雇员的行为超出授权范围，但其表现形式是履行职务或者与履行职务有内在联系的，应当认定为"从事雇佣活动"。

第十条　承揽人在完成工作过程中对第三人造成损害或者造成自身损害的，定作人不承担赔偿责任。但定作人对定作、指示或者选任有过失的，应当承担相应的赔偿责任。

第十一条　雇员在从事雇佣活动中遭受人身损害，雇主应当承担赔偿责任。雇佣关系以外的第三人造成雇员人身损害的，赔偿权利人可以请求第三人承担赔偿责任，也可以请求雇主承担赔偿责任。雇主承担赔偿责任后，可以向第三人追偿。

雇员在从事雇佣活动中因安全生产事故遭受人身损害，发包人、分包人知道或者应当知道接受发包或者分包业务的雇主没有相应资质或者安全生产条件的，应当与雇主承担连带赔偿责任。

属于《工伤保险条例》调整的劳动关系和工伤保险范围的，不适用本条规定。

第十二条　依法应当参加工伤保险统筹的用人单位的劳动者，因工伤事故遭受人身损害，劳动者或者其近亲属向人民法院起诉请求用人单位承担民事赔偿责任的，告知其按《工伤保险条例》的规定处理。

因用人单位以外的第三人侵权造成劳动者人身损害，赔偿权利人请求第三人承担民事赔偿责任的，人民法院应予支持。

第十三条　为他人无偿提供劳务的帮工人，在从事帮工活动中致人损害的，被帮工人应当承担赔偿责任。被帮工人明确拒绝帮工的，不承担赔偿责任。帮工人存在故意或者重大过失，赔偿权利人请求帮工人和被帮工人承担连带责任的，人民法院应予支持。

第十四条　帮工人因帮工活动遭受人身损害的，被帮工人应当承担赔偿责任。被帮工人明确拒绝帮工的，不承担赔偿责任；但可以在受益范围内予以适当补偿。

帮工人因第三人侵权遭受人身损害的，由第三人承担赔偿责任。第三人不能确定或者没有赔偿能力的，可以由被帮工人予以适当补偿。

第十五条 为维护国家、集体或者他人的合法权益而使自己受到人身损害，因没有侵权人、不能确定侵权人或者侵权人没有赔偿能力，赔偿权利人请求受益人在受益范围内予以适当补偿的，人民法院应予支持。

第十六条 下列情形，适用民法通则第一百二十六条的规定，由所有人或者管理人承担赔偿责任，但能够证明自己没有过错的除外：

（一）道路、桥梁、隧道等人工建造的构筑物因维护、管理瑕疵致人损害的

（二）堆放物品滚落、滑落或者堆放物倒塌致人损害的

（三）树木倾倒、折断或者果实坠落致人损害的。

前款第（一）项情形，因设计、施工缺陷造成损害的，由所有人、管理人与设计、施工者承担连带责任。

第十七条 受害人遭受人身损害，因就医治疗支出的各项费用以及因误工减少的收入，包括医疗费、误工费、护理费、交通费、住宿费、住院伙食补助费、必要的营养费，赔偿义务人应当予以赔偿。

受害人因伤致残的，其因增加生活上需要所支出的必要费用以及因丧失劳动能力导致的收入损失，包括残疾赔偿金、残疾辅助器具费、被扶养人生活费，以及因康复护理、继续治疗实际发生的必要的康复费、护理费、后续治疗费，赔偿义务人也应当予以赔偿。

受害人死亡的，赔偿义务人除应当根据抢救治疗情况赔偿本条第一款规定的相关费用外，还应当赔偿丧葬费、被扶养人生活费、死亡补偿费以及受害人亲属办理丧葬事宜支出的交通费、住宿费和误工损失等其他合理费用。

第十八条 受害人或者死者近亲属遭受精神损害，赔偿权利人向人民法院请求赔偿精神损害抚慰金的，适用《最高人民法院关于确定民事侵权精神损害赔偿责任若干问题的解释》予以确定。

精神损害抚慰金的请求权，不得让与或者继承。但赔偿义务人已经以书面方式承诺给予金钱赔偿，或者赔偿权利人已经向人民法院起诉的除外。

第十九条 医疗费根据医疗机构出具的医药费、住院费等收款凭证，结合病历和诊断证明等相关证据确定。赔偿义务人对治疗的必要性和合理性有异议的，应当承担相应的举证责任。

医疗费的赔偿数额，按照一审法庭辩论终结前实际发生的数额确定。器官功能恢复训练所必要的康复费、适当的整容费以及其他后续治疗费，赔偿权利人可以待实际发生后另行起诉。但根据医疗证明或者鉴定结论确定必然发生的费用，可以与已经发生的医疗费一并予以赔偿。

第二十条 误工费根据受害人的误工时间和收入状况确定。

误工时间根据受害人接受治疗的医疗机构出具的证明确定。受害人因伤致残持续误工的，误工时间可以计算至定残日前一天。

受害人有固定收入的，误工费按照实际减少的收入计算。受害人无固定收入的，按照其最近三年的平均收入计算；受害人不能举证证明其最近三年的平均收入状况的，可以参照受诉法院所在地相同或者相近行业上一年度职工的平均工资计算。

第二十一条 护理费根据护理人员的收入状况和护理人数、护理期限确定。

护理人员有收入的，参照误工费的规定计算；护理人员没有收入或者雇佣护工的，参照

当地护工从事同等级别护理的劳务报酬标准计算。护理人员原则上为一人，但医疗机构或者鉴定机构有明确意见的，可以参照确定护理人员人数。

护理期限应计算至受害人恢复生活自理能力时止。受害人因残疾不能恢复生活自理能力的，可以根据其年龄、健康状况等因素确定合理的护理期限，但最长不超过二十年。

受害人定残后的护理，应当根据其护理依赖程度并结合配制残疾辅助器具的情况确定护理级别。

第二十二条　交通费根据受害人及其必要的陪护人员因就医或者转院治疗实际发生的费用计算。交通费应当以正式票据为凭；有关凭据应当与就医地点、时间、人数、次数相符合。

第二十三条　住院伙食补助费可以参照当地国家机关一般工作人员的出差伙食补助标准予以确定。

受害人确有必要到外地治疗，因客观原因不能住院，受害人本人及其陪护人员实际发生的住宿费和伙食费，其合理部分应予赔偿。

第二十四条　营养费根据受害人伤残情况参照医疗机构的意见确定。

第二十五条　残疾赔偿金根据受害人丧失劳动能力程度或者伤残等级，按照受诉法院所在地上一年度城镇居民人均可支配收入或者农村居民人均纯收入标准，自定残之日起按二十年计算。但六十周岁以上的，年龄每增加一岁减少一年；七十五周岁以上的，按五年计算。

受害人因伤致残但实际收入没有减少，或者伤残等级较轻但造成职业妨害严重影响其劳动就业的，可以对残疾赔偿金作相应调整。

第二十六条　残疾辅助器具费按照普通适用器具的合理费用标准计算。伤情有特殊需要的，可以参照辅助器具配制机构的意见确定相应的合理费用标准。

辅助器具的更换周期和赔偿期限参照配制机构的意见确定。

第二十七条　丧葬费按照受诉法院所在地上一年度职工月平均工资标准，以六个月总额计算。

第二十八条　被扶养人生活费根据扶养人丧失劳动能力程度，按照受诉法院所在地上一年度城镇居民人均消费性支出和农村居民人均年生活消费支出标准计算。被扶养人为未成年人的，计算至十八周岁；被扶养人无劳动能力又无其他生活来源的，计算二十年。但六十周岁以上的，年龄每增加一岁减少一年；七十五周岁以上的，按五年计算。

被扶养人是指受害人依法应当承担扶养义务的未成年人或者丧失劳动能力又无其他生活来源的成年近亲属。被扶养人还有其他扶养人的，赔偿义务人只赔偿受害人依法应当负担的部分。被扶养人有数人的，年赔偿总额累计不超过上一年度城镇居民人均消费性支出额或者农村居民人均年生活消费支出额。

第二十九条　死亡赔偿金按照受诉法院所在地上一年度城镇居民人均可支配收入或者农村居民人均纯收入标准，按二十年计算。但六十周岁以上的，年龄每增加一岁减少一年；七十五周岁以上的，按五年计算。

第三十条　赔偿权利人举证证明其住所地或者经常居住地城镇居民人均可支配收入或者农村居民人均纯收入高于受诉法院所在地标准的，残疾赔偿金或者死亡赔偿金可以按照其住所地或者经常居住地的相关标准计算。

被扶养人生活费的相关计算标准，依照前款原则确定。

第三十一条　人民法院应当按照民法通则第一百三十一条以及本解释第二条的规定，确定第十九条至第二十九条各项财产损失的实际赔偿金额。

前款确定的物质损害赔偿金与按照第十八条第一款规定确定的精神损害抚慰金，原则上应当一次性给付。

第三十二条 超过确定的护理期限、辅助器具费给付年限或者残疾赔偿金给付年限，赔偿权利人向人民法院起诉请求继续给付护理费、辅助器具费或者残疾赔偿金的，人民法院应予受理。赔偿权利人确需继续护理、配制辅助器具，或者没有劳动能力和生活来源的，人民法院应当判令赔偿义务人继续给付相关费用五至十年。

第三十三条 赔偿义务人请求以定期金方式给付残疾赔偿金、被扶养人生活费、残疾辅助器具费的，应当提供相应的担保。人民法院可以根据赔偿义务人的给付能力和提供担保的情况，确定以定期金方式给付相关费用。但一审法庭辩论终结前已经发生的费用、死亡赔偿金以及精神损害抚慰金，应当一次性给付。

第三十四条 人民法院应当在法律文书中明确定期金的给付时间、方式以及每期给付标准。执行期间有关统计数据发生变化的，给付金额应当适时进行相应调整。

定期金按照赔偿权利人的实际生存年限给付，不受本解释有关赔偿期限的限制。

第三十五条 本解释所称"城镇居民人均可支配收入"、"农村居民人均纯收入"、"城镇居民人均消费性支出"、"农村居民人均年生活消费支出"、"职工平均工资"，按照政府统计部门公布的各省、自治区、直辖市以及经济特区和计划单列市上一年度相关统计数据确定。

"上一年度"，是指一审法庭辩论终结时的上一统计年度。

第三十六条 本解释自 2004 年 5 月 1 日起施行。2004 年 5 月 1 日后新受理的一审人身损害赔偿案件，适用本解释的规定。已经作出生效裁判的人身损害赔偿案件依法再审的，不适用本解释的规定。

在本解释公布施行之前已经生效施行的司法解释，其内容与本解释不一致的，以本解释为准。

2. 相关行政法规、部门规章和地方性法规

生产安全事故报告和调查处理条例
中华人民共和国国务院令
第 493 号

《生产安全事故报告和调查处理条例》已经 2007 年 3 月 28 日国务院第 172 次常务会议通过，现予公布，自 2007 年 6 月 1 日起施行。

总理 温家宝

二〇〇七年四月九日

生产安全事故报告和调查处理条例

第一章 总 则

第一条 为了规范生产安全事故的报告和调查处理，落实生产安全事故责任追究制度，防止和减少生产安全事故，根据《中华人民共和国安全生产法》和有关法律，制定本条例。

第二条 生产经营活动中发生的造成人身伤亡或者直接经济损失的生产安全事故的报告和调查处理，适用本条例；环境污染事故、核设施事故、国防科研生产事故的报告和调查处理不适用本条例。

第三条 根据生产安全事故（以下简称事故）造成的人员伤亡或者直接经济损失，事故一般分为以下等级：

（一）特别重大事故，是指造成30人以上死亡，或者100人以上重伤（包括急性工业中毒，下同），或者1亿元以上直接经济损失的事故；

（二）重大事故，是指造成10人以上30人以下死亡，或者50人以上100人以下重伤，或者5000万元以上1亿元以下直接经济损失的事故；

（三）较大事故，是指造成3人以上10人以下死亡，或者10人以上50人以下重伤，或者1000万元以上5000万元以下直接经济损失的事故；

（四）一般事故，是指造成3人以下死亡，或者10人以下重伤，或者1000万元以下直接经济损失的事故。

国务院安全生产监督管理部门可以会同国务院有关部门，制定事故等级划分的补充性规定。

本条第一款所称的"以上"包括本数，所称的"以下"不包括本数。

第四条 事故报告应当及时、准确、完整，任何单位和个人对事故不得迟报、漏报、谎报或者瞒报。

事故调查处理应当坚持实事求是、尊重科学的原则，及时、准确地查清事故经过、事故原因和事故损失，查明事故性质，认定事故责任，总结事故教训，提出整改措施，并对事故责任者依法追究责任。

第五条 县级以上人民政府应当依照本条例的规定，严格履行职责，及时、准确地完成事故调查处理工作。

事故发生地有关地方人民政府应当支持、配合上级人民政府或者有关部门的事故调查处理工作，并提供必要的便利条件。

参加事故调查处理的部门和单位应当互相配合，提高事故调查处理工作的效率。

第六条 工会依法参加事故调查处理，有权向有关部门提出处理意见。

第七条 任何单位和个人不得阻挠和干涉对事故的报告和依法调查处理。

第八条 对事故报告和调查处理中的违法行为，任何单位和个人有权向安全生产监督管理部门、监察机关或者其他有关部门举报，接到举报的部门应当依法及时处理。

第二章　事故报告

第九条　事故发生后，事故现场有关人员应当立即向本单位负责人报告；单位负责人接到报告后，应当于 1 小时内向事故发生地县级以上人民政府安全生产监督管理部门和负有安全生产监督管理职责的有关部门报告。

情况紧急时，事故现场有关人员可以直接向事故发生地县级以上人民政府安全生产监督管理部门和负有安全生产监督管理职责的有关部门报告。

第十条　安全生产监督管理部门和负有安全生产监督管理职责的有关部门接到事故报告后，应当依照下列规定上报事故情况，并通知公安机关、劳动保障行政部门、工会和人民检察院：

（一）特别重大事故、重大事故逐级上报至国务院安全生产监督管理部门和负有安全生产监督管理职责的有关部门；

（二）较大事故逐级上报至省、自治区、直辖市人民政府安全生产监督管理部门和负有安全生产监督管理职责的有关部门；

（三）一般事故上报至设区的市级人民政府安全生产监督管理部门和负有安全生产监督管理职责的有关部门。

安全生产监督管理部门和负有安全生产监督管理职责的有关部门依照前款规定上报事故情况，应当同时报告本级人民政府。国务院安全生产监督管理部门和负有安全生产监督管理职责的有关部门以及省级人民政府接到发生特别重大事故、重大事故的报告后，应当立即报告国务院。

必要时，安全生产监督管理部门和负有安全生产监督管理职责的有关部门可以越级上报事故情况。

第十一条　安全生产监督管理部门和负有安全生产监督管理职责的有关部门逐级上报事故情况，每级上报的时间不得超过 2 小时。

第十二条　报告事故应当包括下列内容：

（一）事故发生单位概况；

（二）事故发生的时间、地点以及事故现场情况；

（三）事故的简要经过；

（四）事故已经造成或者可能造成的伤亡人数（包括下落不明的人数）和初步估计的直接经济损失；

（五）已经采取的措施；

（六）其他应当报告的情况。

第十三条　事故报告后出现新情况的，应当及时补报。

自事故发生之日起 30 日内，事故造成的伤亡人数发生变化的，应当及时补报。道路交通事故、火灾事故自发生之日起 7 日内，事故造成的伤亡人数发生变化的，应当及时补报。

第十四条　事故发生单位负责人接到事故报告后，应当立即启动事故相应应急预案，或者采取有效措施，组织抢救，防止事故扩大，减少人员伤亡和财产损失。

第十五条　事故发生地有关地方人民政府、安全生产监督管理部门和负有安全生产监督管理职责的有关部门接到事故报告后，其负责人应当立即赶赴事故现场，组织事故救援。

第十六条　事故发生后，有关单位和人员应当妥善保护事故现场以及相关证据，任何单位和个人不得破坏事故现场、毁灭相关证据。

因抢救人员、防止事故扩大以及疏通交通等原因，需要移动事故现场物件的，应当做出标志，绘制现场简图并做出书面记录，妥善保存现场重要痕迹、物证。

第十七条　事故发生地公安机关根据事故的情况，对涉嫌犯罪的，应当依法立案侦查，采取强制措施和侦查措施。犯罪嫌疑人逃匿的，公安机关应当迅速追捕归案。

第十八条　安全生产监督管理部门和负有安全生产监督管理职责的有关部门应当建立值班制度，并向社会公布值班电话，受理事故报告和举报。

第三章　事故调查

第十九条　特别重大事故由国务院或者国务院授权有关部门组织事故调查组进行调查。

重大事故、较大事故、一般事故分别由事故发生地省级人民政府、设区的市级人民政府、县级人民政府负责调查。省级人民政府、设区的市级人民政府、县级人民政府可以直接组织事故调查组进行调查，也可以授权或者委托有关部门组织事故调查组进行调查。

未造成人员伤亡的一般事故，县级人民政府也可以委托事故发生单位组织事故调查组进行调查。

第二十条　上级人民政府认为必要时，可以调查由下级人民政府负责调查的事故。

自事故发生之日起30日内（道路交通事故、火灾事故自发生之日起7日内），因事故伤亡人数变化导致事故等级发生变化，依照本条例规定应当由上级人民政府负责调查的，上级人民政府可以另行组织事故调查组进行调查。

第二十一条　特别重大事故以下等级事故，事故发生地与事故发生单位不在同一个县级以上行政区域的，由事故发生地人民政府负责调查，事故发生单位所在地人民政府应当派人参加。

第二十二条　事故调查组的组成应当遵循精简、效能的原则。

根据事故的具体情况，事故调查组由有关人民政府、安全生产监督管理部门、负有安全生产监督管理职责的有关部门、监察机关、公安机关以及工会派人组成，并应当邀请人民检察院派人参加。

事故调查组可以聘请有关专家参与调查。

第二十三条　事故调查组成员应当具有事故调查所需要的知识和专长，并与所调查的事故没有直接利害关系。

第二十四条　事故调查组组长由负责事故调查的人民政府指定。事故调查组组长主持事故调查组的工作。

第二十五条　事故调查组履行下列职责：

（一）查明事故发生的经过、原因、人员伤亡情况及直接经济损失；

（二）认定事故的性质和事故责任；

（三）提出对事故责任者的处理建议；

（四）总结事故教训，提出防范和整改措施；

（五）提交事故调查报告。

第二十六条　事故调查组有权向有关单位和个人了解与事故有关的情况，并要求其提供相关文件、资料，有关单位和个人不得拒绝。

事故发生单位的负责人和有关人员在事故调查期间不得擅离职守，并应当随时接受事故调查组的询问，如实提供有关情况。

事故调查中发现涉嫌犯罪的，事故调查组应当及时将有关材料或者其复印件移交司法机关处理。

第二十七条 事故调查中需要进行技术鉴定的，事故调查组应当委托具有国家规定资质的单位进行技术鉴定。必要时，事故调查组可以直接组织专家进行技术鉴定。技术鉴定所需时间不计入事故调查期限。

第二十八条 事故调查组成员在事故调查工作中应当诚信公正、恪尽职守，遵守事故调查组的纪律，保守事故调查的秘密。

未经事故调查组组长允许，事故调查组成员不得擅自发布有关事故的信息。

第二十九条 事故调查组应当自事故发生之日起60日内提交事故调查报告；特殊情况下，经负责事故调查的人民政府批准，提交事故调查报告的期限可以适当延长，但延长的期限最长不超过60日。

第三十条 事故调查报告应当包括下列内容：

（一）事故发生单位概况；

（二）事故发生经过和事故救援情况；

（三）事故造成的人员伤亡和直接经济损失；

（四）事故发生的原因和事故性质；

（五）事故责任的认定以及对事故责任者的处理建议；

（六）事故防范和整改措施。

事故调查报告应当附具有关证据材料。事故调查组成员应当在事故调查报告上签名。

第三十一条 事故调查报告报送负责事故调查的人民政府后，事故调查工作即告结束。事故调查的有关资料应当归档保存。

第四章 事故处理

第三十二条 重大事故、较大事故、一般事故，负责事故调查的人民政府应当自收到事故调查报告之日起15日内做出批复；特别重大事故，30日内做出批复，特殊情况下，批复时间可以适当延长，但延长的时间最长不超过30日。

有关机关应当按照人民政府的批复，依照法律、行政法规规定的权限和程序，对事故发生单位和有关人员进行行政处罚，对负有事故责任的国家工作人员进行处分。

事故发生单位应当按照负责事故调查的人民政府的批复，对本单位负有事故责任的人员进行处理。

负有事故责任的人员涉嫌犯罪的，依法追究刑事责任。

第三十三条 事故发生单位应当认真吸取事故教训，落实防范和整改措施，防止事故再次发生。防范和整改措施的落实情况应当接受工会和职工的监督。

安全生产监督管理部门和负有安全生产监督管理职责的有关部门应当对事故发生单位落实防范和整改措施的情况进行监督检查。

第三十四条 事故处理的情况由负责事故调查的人民政府或者其授权的有关部门、机构向社会公布，依法应当保密的除外。

第五章　法律责任

第三十五条　事故发生单位主要负责人有下列行为之一的，处上一年年收入40%至80%的罚款；属于国家工作人员的，并依法给予处分；构成犯罪的，依法追究刑事责任：

（一）不立即组织事故抢救的；

（二）迟报或者漏报事故的；

（三）在事故调查处理期间擅离职守的。

第三十六条　事故发生单位及其有关人员有下列行为之一的，对事故发生单位处100万元以上500万元以下的罚款；对主要负责人、直接负责的主管人员和其他直接责任人员处上一年年收入60%至100%的罚款；属于国家工作人员的，并依法给予处分；构成违反治安管理行为的，由公安机关依法给予治安管理处罚；构成犯罪的，依法追究刑事责任：

（一）谎报或者瞒报事故的；

（二）伪造或者故意破坏事故现场的；

（三）转移、隐匿资金、财产，或者销毁有关证据、资料的；

（四）拒绝接受调查或者拒绝提供有关情况和资料的；

（五）在事故调查中作伪证或者指使他人作伪证的；

（六）事故发生后逃匿的。

第三十七条　事故发生单位对事故发生负有责任的，依照下列规定处以罚款：

（一）发生一般事故的，处10万元以上20万元以下的罚款；

（二）发生较大事故的，处20万元以上50万元以下的罚款；

（三）发生重大事故的，处50万元以上200万元以下的罚款；

（四）发生特别重大事故的，处200万元以上500万元以下的罚款。

第三十八条　事故发生单位主要负责人未依法履行安全生产管理职责，导致事故发生的，依照下列规定处以罚款；属于国家工作人员的，并依法给予处分；构成犯罪的，依法追究刑事责任：

（一）发生一般事故的，处上一年年收入30%的罚款；

（二）发生较大事故的，处上一年年收入40%的罚款；

（三）发生重大事故的，处上一年年收入60%的罚款；

（四）发生特别重大事故的，处上一年年收入80%的罚款。

第三十九条　有关地方人民政府、安全生产监督管理部门和负有安全生产监督管理职责的有关部门有下列行为之一的，对直接负责的主管人员和其他直接责任人员依法给予处分；构成犯罪的，依法追究刑事责任：

（一）不立即组织事故抢救的；

（二）迟报、漏报、谎报或者瞒报事故的；

（三）阻碍、干涉事故调查工作的；

（四）在事故调查中作伪证或者指使他人作伪证的。

第四十条　事故发生单位对事故发生负有责任的，由有关部门依法暂扣或者吊销其有关证照；对事故发生单位负有事故责任的有关人员，依法暂停或者撤销其与安全生产有关的执业资格、岗位证书；事故发生单位主要负责人受到刑事处罚或者撤职处分的，自刑罚执行完毕或者受处分之日起，5 年内不得担任任何生产经营单位的主要负责人。

为发生事故的单位提供虚假证明的中介机构，由有关部门依法暂扣或者吊销其有关证照及其相关人员的执业资格；构成犯罪的，依法追究刑事责任。

第四十一条 参与事故调查的人员在事故调查中有下列行为之一的，依法给予处分；构成犯罪的，依法追究刑事责任：

(一)对事故调查工作不负责任，致使事故调查工作有重大疏漏的；

(二)包庇、袒护负有事故责任的人员或者借机打击报复的。

第四十二条 违反本条例规定，有关地方人民政府或者有关部门故意拖延或者拒绝落实经批复的对事故责任人的处理意见的，由监察机关对有关责任人员依法给予处分。

第四十三条 本条例规定的罚款的行政处罚，由安全生产监督管理部门决定。

法律、行政法规对行政处罚的种类、幅度和决定机关另有规定的，依照其规定。

第六章 附 则

第四十四条 没有造成人员伤亡，但是社会影响恶劣的事故，国务院或者有关地方人民政府认为需要调查处理的，依照本条例的有关规定执行。

国家机关、事业单位、人民团体发生的事故的报告和调查处理，参照本条例的规定执行。

第四十五条 特别重大事故以下等级事故的报告和调查处理，有关法律、行政法规或者国务院另有规定的，依照其规定。

第四十六条 本条例自 2007 年 6 月 1 日起施行。国务院 1989 年 3 月 29 日公布的《特别重大事故调查程序暂行规定》和 1991 年 2 月 22 日公布的《企业职工伤亡事故报告和处理规定》同时废止。

生产安全事故罚款处罚规定(试行)

第一条 为防止和减少生产安全事故，严格追究生产安全事故发生单位及其有关责任人员的法律责任，正确适用事故罚款的行政处罚，依照《安全生产法》《生产安全事故报告和调查处理条例》(以下简称《条例》)的规定，制定本规定。

第二条 安全生产监督管理部门和煤矿安全监察机构对生产安全事故发生单位(以下简称事故发生单位)及其主要负责人、直接负责的主管人员和其他责任人员等有关责任人员依照《安全生产法》和《条例》实施罚款的行政处罚，适用本规定。

第三条 本规定所称事故发生单位是指对事故发生负有责任的生产经营单位。

本规定所称主要负责人是指有限责任公司、股份有限公司的董事长或者总经理或者个人经营的投资人，其他生产经营单位的厂长、经理、局长、矿长(含实际控制人)等人员。

第四条 本规定所称事故发生单位主要负责人、直接负责的主管人员和其他直接责任人员的上一年年收入，属于国有生产经营单位的，是指该单位上级主管部门所确定的上一年年收入总额；属于非国有生产经营单位的，是指经财务、税务部门核定的上一年年收入总额。

生产经营单位提供虚假资料或者由于财务、税务部门无法核定等原因致使有关人员的上一年年收入难以确定的，按照下列办法确定：

（一）主要负责人的上一年年收入，按照本省、自治区、直辖市上一年度职工平均工资的 5 倍以上 10 倍以下计算；

（二）直接负责的主管人员和其他直接责任人员的上一年年收入，按照本省、自治区、直辖市上一年度职工平均工资的 1 倍以上 5 倍以下计算。

第五条　《条例》所称的迟报、漏报、谎报和瞒报，依照下列情形认定：

（一）报告事故的时间超过规定时限的，属于迟报；

（二）因过失对应当上报的事故或者事故发生的时间、地点、类别、伤亡人数、直接经济损失等内容遗漏未报的，属于漏报；

（三）故意不如实报告事故发生的时间、地点、初步原因、性质、伤亡人数和涉险人数、直接经济损失等有关内容的，属于谎报；

（四）隐瞒已经发生的事故，超过规定时限未向安全监管监察部门和有关部门报告，经查证属实的，属于瞒报。

第六条　对事故发生单位及其有关责任人员处以罚款的行政处罚，依照下列规定决定：

（一）对发生特别重大事故的单位及其有关责任人员罚款的行政处罚，由国家安全生产监督管理总局决定；

（二）对发生重大事故的单位及其有关责任人员罚款的行政处罚，由省级人民政府安全生产监督管理部门决定；

（三）对发生较大事故的单位及其有关责任人员罚款的行政处罚，由设区的市级人民政府安全生产监督管理部门决定；

（四）对发生一般事故的单位及其有关责任人员罚款的行政处罚，由县级人民政府安全生产监督管理部门决定。

上级安全生产监督管理部门可以指定下一级安全生产监督管理部门对事故发生单位及其有关责任人员实施行政处罚。

第七条　对煤矿事故发生单位及其有关责任人员处以罚款的行政处罚，依照下列规定执行：

（一）对发生特别重大事故的煤矿及其有关责任人员罚款的行政处罚，由国家煤矿安全监察局决定；

（二）对发生重大事故和较大事故的煤矿及其有关责任人员罚款的行政处罚，由省级煤矿安全监察机构决定；

（三）对发生一般事故的煤矿及其有关责任人员罚款的行政处罚，由省级煤矿安全监察机构所属分局决定。

上级煤矿安全监察机构可以指定下一级煤矿安全监察机构对事故发生单位及其有关责任人员实施行政处罚。

第八条　特别重大事故以下等级事故，事故发生地与事故发生单位所在地不在同一个县级以上行政区域的，由事故发生地的安全生产监督管理部门或者煤矿安全监察机构依照本规定第六条或者第七条规定的权限实施行政处罚。

第九条　安全生产监督管理部门和煤矿安全监察机构对事故发生单位及其有关责任人员实施罚款的行政处罚，依照《安全生产违法行为行政处罚办法》规定的程序执行。

第十条　事故发生单位及其有关责任人员对安全生产监督管理部门和煤矿安全监察机构

给予的行政处罚,享有陈述、申辩的权利;对行政处罚不服的,有权依法申请行政复议或者提起行政诉讼。

第十一条　事故发生单位主要负责人有《安全生产法》第一百零六条、《条例》第三十五条规定的下列行为之一的,依照下列规定处以罚款:

(一)事故发生单位主要负责人在事故发生后不立即组织事故抢救的,处上一年年收入100%的罚款;

(二)事故发生单位主要负责人迟报事故的,处上一年年收入60%至80%的罚款;漏报事故的,处上一年年收入40%至60%的罚款;

(三)事故发生单位主要负责人在事故调查处理期间擅离职守的,处上一年年收入80%至100%的罚款。

第十二条　事故发生单位有《条例》第三十六条规定行为之一的,依照《国家安全监管总局关于印发〈安全生产行政处罚自由裁量标准〉的通知》(安监总政法〔2010〕137号)等规定给予罚款。

第十三条　事故发生单位的主要负责人、直接负责的主管人员和其他直接责任人员有《安全生产法》第一百零六条、《条例》第三十六条规定的下列行为之一的,依照下列规定处以罚款:

(一)伪造、故意破坏事故现场,或者转移、隐匿资金、财产、销毁有关证据、资料,或者拒绝接受调查,或者拒绝提供有关情况和资料,或者在事故调查中作伪证,或者指使他人作伪证的,处上一年年收入80%至90%的罚款;

(二)谎报、瞒报事故或者事故发生后逃匿的,处上一年年收入100%的罚款。

第十四条　事故发生单位对造成3人以下死亡,或者3人以上10人以下重伤(包括急性工业中毒,下同),或者300万元以上1000万元以下直接经济损失的一般事故负有责任的,处20万元以上50万元以下的罚款。

事故发生单位有本条第一款规定的行为且有谎报或者瞒报事故情节的,处50万元的罚款。

第十五条　事故发生单位对较大事故发生负有责任的,依照下列规定处以罚款:

(一)造成3人以上6人以下死亡,或者10人以上30人以下重伤,或者1000万元以上3000万元以下直接经济损失的,处50万元以上70万元以下的罚款;

(二)造成6人以上10人以下死亡,或者30人以上50人以下重伤,或者3000万元以上5000万元以下直接经济损失的,处70万元以上100万元以下的罚款。

事故发生单位对较大事故发生负有责任且有谎报或者瞒报情节的,处100万元的罚款。

第十六条　事故发生单位对重大事故发生负有责任的,依照下列规定处以罚款:

(一)造成10人以上15人以下死亡,或者50人以上70人以下重伤,或者5000万元以上7000万元以下直接经济损失的,处100万元以上300万元以下的罚款;

(二)造成15人以上30人以下死亡,或者70人以上100人以下重伤,或者7000万元以上1亿元以下直接经济损失的,处300万元以上500万元以下的罚款。

事故发生单位对重大事故发生负有责任且有谎报或者瞒报情节的,处500万元的罚款。

第十七条　事故发生单位对特别重大事故发生负有责任的,依照下列规定处以罚款:

(一)造成30人以上40人以下死亡,或者100人以上120人以下重伤,或者1亿元以上

1.2 亿元以下直接经济损失的，处 500 万元以上 1000 万元以下的罚款；

（二）造成 40 人以上 50 人以下死亡，或者 120 人以上 150 人以下重伤，或者 1.2 亿元以上 1.5 亿元以下直接经济损失的，处 1000 万元以上 1500 万元以下的罚款；

（三）造成 50 人以上死亡，或者 150 人以上重伤，或者 1.5 亿元以上直接经济损失的，处 1500 万元以上 2000 万元以下的罚款。

事故发生单位对特别重大事故负有责任且有下列情形之一的，处 2000 万元的罚款：

（一）谎报特别重大事故的；

（二）瞒报特别重大事故的；

（三）未依法取得有关行政审批或者证照擅自从事生产经营活动的；

（四）拒绝、阻碍行政执法的；

（五）拒不执行有关停产停业、停止施工、停止使用相关设备或者设施的行政执法指令的；

（六）明知存在事故隐患，仍然进行生产经营活动的；

（七）一年内已经发生 2 起以上较大事故，或者 1 起重大以上事故，再次发生特别重大事故的；

（八）地下矿山矿领导没有按照规定带班下井的。

第十八条　事故发生单位主要负责人未依法履行安全生产管理职责，导致事故发生的，依照下列规定处以罚款：

（一）发生一般事故的，处上一年年收入 30% 的罚款；

（二）发生较大事故的，处上一年年收入 40% 的罚款；

（三）发生重大事故的，处上一年年收入 60% 的罚款；

（四）发生特别重大事故的，处上一年年收入 80% 的罚款。

第十九条　个人经营的投资人未依照《安全生产法》的规定保证安全生产所必需的资金投入，致使生产经营单位不具备安全生产条件，导致发生生产安全事故的，依照下列规定对个人经营的投资人处以罚款：

（一）发生一般事故的，处 2 万元以上 5 万元以下的罚款；

（二）发生较大事故的，处 5 万元以上 10 万元以下的罚款；

（三）发生重大事故的，处 10 万元以上 15 万元以下的罚款；

（四）发生特别重大事故的，处 15 万元以上 20 万元以下的罚款。

第二十条　违反《条例》和本规定，事故发生单位及其有关责任人员有两种以上应当处以罚款的行为的，安全生产监督管理部门或者煤矿安全监察机构应当分别裁量，合并作出处罚决定。

第二十一条　对事故发生负有责任的其他单位及其有关责任人员处以罚款的行政处罚，依照相关法律、法规和规章的规定实施。

第二十二条　本规定自 2015 年 5 月 1 日起施行。

煤矿生产安全事故报告和调查处理规定

《煤矿生产安全事故报告和调查处理规定》，是 2008 年 12 月国家安全生产监督管理总局印发的行业安全规定，为了规范煤矿生产安全事故报告和调查处理，落实事故责任追究，防止和减少煤矿生产安全事故，依照《生产安全事故报告和调查处理条例》《煤矿安全监察条例》和国务院有关规定而制定的。

第一章　总则

第一条　为了规范煤矿生产安全事故报告和调查处理，落实事故责任追究，防止和减少煤矿生产安全事故，依照《生产安全事故报告和调查处理条例》《煤矿安全监察条例》和国务院有关规定，制定本规定。

第二条　本规定所称煤矿生产安全事故（以下简称事故），是指各类煤矿（包括与煤炭生产直接相关的煤矿地面生产系统、附属场所）发生的生产安全事故。

第三条　特别重大事故由国务院或者根据国务院授权，由国家安全生产监督管理总局组织调查处理。

特别重大事故以下等级的事故按照事故等级划分，分别由相应的煤矿安全监察机构负责组织调查处理。

未设立煤矿安全监察分局的省级煤矿安全监察机构，由省级煤矿安全监察机构履行煤矿安全监察分局的职责。

第二章　事故分级

第四条　根据事故造成的人员伤亡或者直接经济损失，煤矿事故分为以下等级：

（一）特别重大事故，是指造成 30 人以上死亡，或者 100 人以上重伤（包括急性工业中毒，下同），或者 1 亿元以上直接经济损失的事故；

（二）重大事故，是指造成 10 人以上 30 人以下死亡，或者 50 人以上 100 人以下重伤，或者 5000 万元以上 1 亿元以下直接经济损失的事故；

（三）较大事故，是指造成 3 人以上 10 人以下死亡，或者 10 人以上 50 人以下重伤，或者 1000 万元以上 5000 万元以下直接经济损失的事故；

（四）一般事故，是指造成 3 人以下死亡，或者 10 人以下重伤，或者 1000 万元以下直接经济损失的事故。

本条所称的"以上"包括本数，所称的"以下"不包括本数。

第五条　事故中的死亡人员依据公安机关或者具有资质的医疗机构出具的证明材料进行确定，重伤人员依据具有资质的医疗机构出具的证明材料进行确定。

第六条　事故造成的直接经济损失包括：

（一）人身伤亡后所支出的费用，含医疗费用（含护理费用），丧葬及抚恤费用，补助及救济费用，歇工工资；

（二）善后处理费用，含处理事故的事务性费用，现场抢救费用，清理现场费用，事故赔偿费用；

（三）财产损失价值，含固定资产损失价值，流动资产损失价值。

第七条　事故发生单位应当按照规定及时统计直接经济损失。发生特别重大事故以下等级的事故，事故发生单位为省属以下煤矿企业的，其直接经济损失经企业上级政府主管部门（单位）审核后书面报组织事故调查的煤矿安全监察机构；事故发生单位为省属以上（含省属)煤矿企业的，其直接经济损失经企业集团公司或者企业上级政府主管部门审核后书面报组织事故调查的煤矿安全监察机构。特别重大事故的直接经济损失报国家安全生产监督管理总局。

第八条　自事故发生之日起 30 日内，事故造成的伤亡人数发生变化的，应当按照变化后的伤亡人数重新确定事故等级。

第九条　事故抢险救援时间超过 30 日的，应当在抢险救援结束后重新核定事故伤亡人数或者直接经济损失。重新核定的事故伤亡人数或者直接经济损失与原报告不一致的，按照重新核定的事故伤亡人数或者直接经济损失确定事故等级。

第三章　事故报告

第十条　煤矿发生事故后，事故现场有关人员应当立即报告煤矿负责人；煤矿负责人接到报告后，应当于 1 小时内报告事故发生地县级以上人民政府安全生产监督管理部门、负责煤矿安全生产监督管理的部门和驻地煤矿安全监察机构。

情况紧急时，事故现场有关人员可以直接向事故发生地县级以上人民政府安全生产监督管理部门、负责煤矿安全生产监督管理的部门和煤矿安全监察机构报告。

第十一条　煤矿安全监察分局接到事故报告后，应当在 2 小时内上报省级煤矿安全监察机构。

省级煤矿安全监察机构接到较大事故以上等级事故报告后，应当在 2 小时内上报国家安全生产监督管理总局、国家煤矿安全监察局。

国家安全生产监督管理总局、国家煤矿安全监察局接到特别重大事故、重大事故报告后，应当在 2 小时内上报国务院。

第十二条　地方人民政府安全生产监督管理部门和负责煤矿安全生产监督管理的部门接到煤矿事故报告后，应当在 2 小时内报告本级人民政府、上级人民政府安全生产监督管理部门、负责煤矿安全生产监督管理的部门和驻地煤矿安全监察机构，同时通知公安机关、劳动保障行政部门、工会和人民检察院。

第十三条　报告事故应当包括下列内容：

（一）事故发生单位概况（单位全称、所有制形式和隶属关系、生产能力、证照情况等）；

（二）事故发生的时间、地点以及事故现场情况；

（三）事故类别（顶板、瓦斯、机电、运输、放炮、水害、火灾、其他）；

（四）事故的简要经过，入井人数、生还人数和生产状态等；

（五）事故已经造成伤亡人数、下落不明的人数和初步估计的直接经济损失；

（六）已经采取的措施；

（七）其他应当报告的情况。

以上报告内容，初次报告由于情况不明没有报告的，应在查清后及时续报。

第十四条　事故报告后出现新情况的，应当及时补报或者续报。

事故伤亡人数发生变化的，有关单位应当在发生的当日内及时补报或者续报。

第十五条　事故报告应当及时、准确、完整，任何单位和个人不得迟报、漏报、谎报或者瞒报事故。

第四章　事故现场处置和保护

第十六条　煤矿安全监察机构接到事故报告后，按照规定，有关负责人应当立即赶赴事故现场，协助事故发生地有关人民政府做好应急救援工作。

第十七条　事故发生后，有关单位和人员应当妥善保护事故现场以及相关证据。任何单位和个人不得破坏事故现场、毁灭证据。

第十八条　因事故抢险救援必须改变事故现场状况的，应当绘制现场简图并做出书面记录，妥善保存现场重要痕迹、物证。抢险救灾结束后，现场抢险救援指挥部应当及时向事故调查组提交抢险救援报告及有关图纸、记录等资料。

第五章　事故调查

第十九条　特别重大事故由国务院组织事故调查组进行调查，或者根据国务院授权，由国家安全生产监督管理总局组织国务院事故调查组进行调查。

重大事故由省级煤矿安全监察机构组织事故调查组进行调查。

较大事故由煤矿安全监察分局组织事故调查组进行调查。

一般事故中造成人员死亡的，由煤矿安全监察分局组织事故调查组进行调查；没有造成人员死亡的，煤矿安全监察分局可以委托地方人民政府负责煤矿安全生产监督管理的部门或者事故发生单位组织事故调查组进行调查。

第二十条　上级煤矿安全监察机构认为必要时，可以调查由下级煤矿安全监察机构负责调查的煤矿事故。

第二十一条　因伤亡人数变化导致事故等级发生变化的事故，依照本规定应当由上级煤矿安全监察机构调查的，上级煤矿安全监察机构可以另行组织事故调查组进行调查。

第二十二条　事故调查组的组成应当遵循精简、效能的原则。

特别重大事故由国务院或者经国务院授权由国家安全生产监督管理总局、国家煤矿安全监察局、监察部等有关部门、全国总工会和事故发生地省级人民政府派员组成国务院事故调查组，并邀请最高人民检察院派员参加。

特别重大事故以下等级的事故，根据事故的具体情况，由煤矿安全监察机构、有关地方人民政府及其安全生产监督管理部门、负责煤矿安全生产监督管理的部门、行业主管部门、监察机关、公安机关以及工会派人组成事故调查组，并应当邀请人民检察院派人参加。

事故调查组可以聘请有关专家参与调查。

第二十三条　事故调查组成员应当具有事故调查所需要的知识和专长，并与事故发生单位和所调查的事故没有直接利害关系。

第二十四条　事故调查组应当坚持实事求是、依法依规、注重实效的三项基本要求和"四不放过"的原则，做到诚信公正、恪尽职守、廉洁自律，遵守事故调查组的纪律，保守事故调查的秘密，不得包庇、袒护负有事故责任的人员或者借机打击报复。

第二十五条　重大、较大和一般事故的事故调查组组长由负责煤矿事故调查的煤矿安全监察机构负责人担任。委托调查的一般事故，事故调查组组长由煤矿安全监察机构商事故发生地人民政府确定。

事故调查组组长履行下列职责：

（一）主持事故调查组开展工作；

（二）明确事故调查组各小组的职责，确定事故调查组成员的分工；

（三）协调决定事故调查工作中的重要问题；

（四）批准发布事故有关信息；

（五）审核事故涉嫌犯罪事实证据材料，批准将有关材料或者复印件移交司法机关处理。

第二十六条　事故调查组坚持统一领导、协作办案、公平公正、精简高效的原则。

事故调查组履行下列主要职责：

（一）查明事故单位的基本情况；

（二）查明事故发生的经过、原因、类别、人员伤亡情况及直接经济损失；隐瞒事故的，应当查明隐瞒过程和事故真相；

（三）认定事故的性质和事故责任；

（四）提出对事故责任人员和责任单位的处理建议；

（五）总结事故教训，提出防范和整改措施；

（六）在规定时限内提交事故调查报告。

第二十七条　事故调查中需要对重大技术问题、重要物证进行技术鉴定的，事故调查组可以委托具有国家规定资质的单位或直接组织专家进行技术鉴定。进行技术鉴定的单位、专家应当出具书面技术鉴定结论，并对鉴定结论负责。技术鉴定所需时间不计入事故调查期限。

第二十八条　事故调查组应当自事故发生之日起60日内提交事故调查报告。

特殊情况下，经上级煤矿安全监察机构批准，提交事故调查报告的期限可以适当延长，但延长的期限最长不超过60日。

第二十九条　事故抢险救灾超过60日，无法进行事故现场勘察的，事故调查时限从具备现场勘察条件之日起计算。

瞒报事故的调查时限从查实之日起计算。

第三十条　事故调查报告应当包括下列内容：

（一）事故发生单位基本情况；

（二）事故发生经过、事故救援情况和事故类别；

（三）事故造成的人员伤亡和直接经济损失；

（四）事故发生的直接原因、间接原因和事故性质；

（五）事故责任的认定以及对事故责任人员和责任单位的处理建议；

（六）事故防范和整改措施。

事故调查组成员应当在事故调查报告上签名。

第三十一条　事故调查报告报送至负责事故调查的国家安全生产监督管理总局或者煤矿安全监察机构后，事故调查工作即告结束。

第三十二条　事故调查的有关资料应当由组织事故调查的煤矿安全监察机构归档保存。归档保存的材料包括技术鉴定报告、重大技术问题鉴定结论和检测检验报告、尸检报告、物证和证人证言、直接经济损失文件、相关图纸、视听资料、批复文件等。

第六章 事故处理

第三十三条 特别重大事故调查报告报经国务院同意后，由国家安全生产监督管理总局批复结案。

重大事故调查报告经征求省级人民政府意见后，报国家煤矿安全监察局批复结案。

较大事故调查报告经征求设区的市级人民政府意见后，报省级煤矿安全监察机构批复结案。

一般事故由煤矿安全监察分局批复结案。

第三十四条 重大事故、较大事故、一般事故，煤矿安全监察机构应当自收到事故调查报告之日起15日内作出批复。特别重大事故的批复时限依照《生产安全事故报告和调查处理条例》的规定执行。

第三十五条 事故批复应当主送落实责任追究的有关地方人民政府及其有关部门或者单位。

有关地方人民政府及其有关部门或者单位应当依照法律、行政法规规定的权限和程序，对事故责任单位和责任人员按照事故批复的规定落实责任追究，并及时将落实情况书面反馈批复单位。

第三十六条 煤矿安全监察机构依法对煤矿事故责任单位和责任人员实施行政处罚。

第三十七条 事故发生单位应当落实事故防范和整改措施。防范和整改措施的落实情况应当接受工会和职工的监督。

负责煤矿安全生产监督管理的部门应当对事故责任单位落实防范和整改措施的情况进行监督检查。

煤矿安全监察机构应当对事故责任单位落实防范和整改措施的情况进行监察。

第三十八条 特别重大事故的调查处理情况由国务院或者国务院授权组织事故调查的国家安全生产监督管理总局和其他部门向社会公布，特别重大事故以下等级的事故的调查处理情况由组织事故调查的煤矿安全监察机构向社会公布，依法应当保密的除外。

工伤保险条例

（2003年4月27日中华人民共和国国务院令第375号公布 根据2010年12月20日《国务院关于修改〈工伤保险条例〉的决定》修订）

第一章 总 则

第一条 为了保障因工作遭受事故伤害或者患职业病的职工获得医疗救治和经济补偿，促进工伤预防和职业康复，分散用人单位的工伤风险，制定本条例。

第二条 中华人民共和国境内的企业、事业单位、社会团体、民办非企业单位、基金会、律师事务所、会计师事务所等组织和有雇工的个体工商户（以下称用人单位）应当依照本条例规定参加工伤保险，为本单位全部职工或者雇工（以下称职工）缴纳工伤保险费。

中华人民共和国境内的企业、事业单位、社会团体、民办非企业单位、基金会、律师事务所、会计师事务所等组织的职工和个体工商户的雇工，均有依照本条例的规定享受工伤保险待遇的权利。

第三条 工伤保险费的征缴按照《社会保险费征缴暂行条例》关于基本养老保险费、基本医疗保险费、失业保险费的征缴规定执行。

第四条 用人单位应当将参加工伤保险的有关情况在本单位内公示。

用人单位和职工应当遵守有关安全生产和职业病防治的法律法规，执行安全卫生规程和标准，预防工伤事故发生，避免和减少职业病危害。

职工发生工伤时，用人单位应当采取措施使工伤职工得到及时救治。

第五条 国务院社会保险行政部门负责全国的工伤保险工作。

县级以上地方各级人民政府社会保险行政部门负责本行政区域内的工伤保险工作。

社会保险行政部门按照国务院有关规定设立的社会保险经办机构（以下称经办机构）具体承办工伤保险事务。

第六条 社会保险行政部门等部门制定工伤保险的政策、标准，应当征求工会组织、用人单位代表的意见。

第二章 工伤保险基金

第七条 工伤保险基金由用人单位缴纳的工伤保险费、工伤保险基金的利息和依法纳入工伤保险基金的其他资金构成。

第八条 工伤保险费根据以支定收、收支平衡的原则，确定费率。

国家根据不同行业的工伤风险程度确定行业的差别费率，并根据工伤保险费使用、工伤发生率等情况在每个行业内确定若干费率档次。行业差别费率及行业内费率档次由国务院社会保险行政部门制定，报国务院批准后公布施行。

统筹地区经办机构根据用人单位工伤保险费使用、工伤发生率等情况，适用所属行业内相应的费率档次确定单位缴费费率。

第九条 国务院社会保险行政部门应当定期了解全国各统筹地区工伤保险基金收支情况，及时提出调整行业差别费率及行业内费率档次的方案，报国务院批准后公布施行。

第十条 用人单位应当按时缴纳工伤保险费。职工个人不缴纳工伤保险费。

用人单位缴纳工伤保险费的数额为本单位职工工资总额乘以单位缴费费率之积。

对难以按照工资总额缴纳工伤保险费的行业，其缴纳工伤保险费的具体方式，由国务院社会保险行政部门规定。

第十一条 工伤保险基金逐步实行省级统筹。

跨地区、生产流动性较大的行业，可以采取相对集中的方式异地参加统筹地区的工伤保险。具体办法由国务院社会保险行政部门会同有关行业的主管部门制定。

第十二条 工伤保险基金存入社会保障基金财政专户，用于本条例规定的工伤保险待遇，劳动能力鉴定，工伤预防的宣传、培训等费用，以及法律、法规规定的用于工伤保险的其他费用的支付。

工伤预防费用的提取比例、使用和管理的具体办法，由国务院社会保险行政部门会同国务院财政、卫生行政、安全生产监督管理等部门规定。

任何单位或者个人不得将工伤保险基金用于投资运营、兴建或者改建办公场所、发放奖金，或者挪作其他用途。

第十三条　工伤保险基金应当留有一定比例的储备金，用于统筹地区重大事故的工伤保险待遇支付；储备金不足支付的，由统筹地区的人民政府垫付。储备金占基金总额的具体比例和储备金的使用办法，由省、自治区、直辖市人民政府规定。

第三章　工伤认定

第十四条　职工有下列情形之一的，应当认定为工伤：

（一）在工作时间和工作场所内，因工作原因受到事故伤害的；

（二）工作时间前后在工作场所内，从事与工作有关的预备性或者收尾性工作受到事故伤害的；

（三）在工作时间和工作场所内，因履行工作职责受到暴力等意外伤害的；

（四）患职业病的；

（五）因工外出期间，由于工作原因受到伤害或者发生事故下落不明的；

（六）在上下班途中，受到非本人主要责任的交通事故或者城市轨道交通、客运轮渡、火车事故伤害的；

（七）法律、行政法规规定应当认定为工伤的其他情形。

第十五条　职工有下列情形之一的，视同工伤：

（一）在工作时间和工作岗位，突发疾病死亡或者在48小时之内经抢救无效死亡的；

（二）在抢险救灾等维护国家利益、公共利益活动中受到伤害的；

（三）职工原在军队服役，因战、因公负伤致残，已取得革命伤残军人证，到用人单位后旧伤复发的。

职工有前款第（一）项、第（二）项情形的，按照本条例的有关规定享受工伤保险待遇；职工有前款第（三）项情形的，按照本条例的有关规定享受除一次性伤残补助金以外的工伤保险待遇。

第十六条　职工符合本条例第十四条、第十五条的规定，但是有下列情形之一的，不得认定为工伤或者视同工伤：

（一）故意犯罪的；

（二）醉酒或者吸毒的；

（三）自残或者自杀的。

第十七条　职工发生事故伤害或者按照职业病防治法规定被诊断、鉴定为职业病，所在单位应当自事故伤害发生之日或者被诊断、鉴定为职业病之日起30日内，向统筹地区社会保险行政部门提出工伤认定申请。遇有特殊情况，经报社会保险行政部门同意，申请时限可以适当延长。

用人单位未按前款规定提出工伤认定申请的，工伤职工或者其近亲属、工会组织在事故伤害发生之日或者被诊断、鉴定为职业病之日起1年内，可以直接向用人单位所在地统筹地区社会保险行政部门提出工伤认定申请。

按照本条第一款规定应当由省级社会保险行政部门进行工伤认定的事项，根据属地原则由用人单位所在地的设区的市级社会保险行政部门办理。

用人单位未在本条第一款规定的时限内提交工伤认定申请，在此期间发生符合本条例规定的工伤待遇等有关费用由该用人单位负担。

第十八条 提出工伤认定申请应当提交下列材料：

（一）工伤认定申请表；

（二）与用人单位存在劳动关系（包括事实劳动关系）的证明材料；

（三）医疗诊断证明或者职业病诊断证明书（或者职业病诊断鉴定书）。

工伤认定申请表应当包括事故发生的时间、地点、原因以及职工伤害程度等基本情况。

工伤认定申请人提供材料不完整的，社会保险行政部门应当一次性书面告知工伤认定申请人需要补正的全部材料。申请人按照书面告知要求补正材料后，社会保险行政部门应当受理。

第十九条 社会保险行政部门受理工伤认定申请后，根据审核需要可以对事故伤害进行调查核实，用人单位、职工、工会组织、医疗机构以及有关部门应当予以协助。职业病诊断和诊断争议的鉴定，依照职业病防治法的有关规定执行。对依法取得职业病诊断证明书或者职业病诊断鉴定书的，社会保险行政部门不再进行调查核实。

职工或者其近亲属认为是工伤，用人单位不认为是工伤的，由用人单位承担举证责任。

第二十条 社会保险行政部门应当自受理工伤认定申请之日起 60 日内作出工伤认定的决定，并书面通知申请工伤认定的职工或者其近亲属和该职工所在单位。

社会保险行政部门对受理的事实清楚、权利义务明确的工伤认定申请，应当在 15 日内作出工伤认定的决定。

作出工伤认定决定需要以司法机关或者有关行政主管部门的结论为依据的，在司法机关或者有关行政主管部门尚未作出结论期间，作出工伤认定决定的时限中止。

社会保险行政部门工作人员与工伤认定申请人有利害关系的，应当回避。

第四章 劳动能力鉴定

第二十一条 职工发生工伤，经治疗伤情相对稳定后存在残疾、影响劳动能力的，应当进行劳动能力鉴定。

第二十二条 劳动能力鉴定是指劳动功能障碍程度和生活自理障碍程度的等级鉴定。

劳动功能障碍分为十个伤残等级，最重的为一级，最轻的为十级。

生活自理障碍分为三个等级：生活完全不能自理、生活大部分不能自理和生活部分不能自理。

劳动能力鉴定标准由国务院社会保险行政部门会同国务院卫生行政部门等部门制定。

第二十三条 劳动能力鉴定由用人单位、工伤职工或者其近亲属向设区的市级劳动能力鉴定委员会提出申请，并提供工伤认定决定和职工工伤医疗的有关资料。

第二十四条 省、自治区、直辖市劳动能力鉴定委员会和设区的市级劳动能力鉴定委员会分别由省、自治区、直辖市和设区的市级社会保险行政部门、卫生行政部门、工会组织、经办机构代表以及用人单位代表组成。

劳动能力鉴定委员会建立医疗卫生专家库。列入专家库的医疗卫生专业技术人员应当具备下列条件：

（一）具有医疗卫生高级专业技术职务任职资格；

（二）掌握劳动能力鉴定的相关知识；

（三）具有良好的职业品德。

第二十五条　设区的市级劳动能力鉴定委员会收到劳动能力鉴定申请后，应当从其建立的医疗卫生专家库中随机抽取3名或者5名相关专家组成专家组，由专家组提出鉴定意见。设区的市级劳动能力鉴定委员会根据专家组的鉴定意见作出工伤职工劳动能力鉴定结论；必要时，可以委托具备资格的医疗机构协助进行有关的诊断。

设区的市级劳动能力鉴定委员会应当自收到劳动能力鉴定申请之日起60日内作出劳动能力鉴定结论，必要时，作出劳动能力鉴定结论的期限可以延长30日。劳动能力鉴定结论应当及时送达申请鉴定的单位和个人。

第二十六条　申请鉴定的单位或者个人对设区的市级劳动能力鉴定委员会作出的鉴定结论不服的，可以在收到该鉴定结论之日起15日内向省、自治区、直辖市劳动能力鉴定委员会提出再次鉴定申请。省、自治区、直辖市劳动能力鉴定委员会作出的劳动能力鉴定结论为最终结论。

第二十七条　劳动能力鉴定工作应当客观、公正。劳动能力鉴定委员会组成人员或者参加鉴定的专家与当事人有利害关系的，应当回避。

第二十八条　自劳动能力鉴定结论作出之日起1年后，工伤职工或者其近亲属、所在单位或者经办机构认为伤残情况发生变化的，可以申请劳动能力复查鉴定。

第二十九条　劳动能力鉴定委员会依照本条例第二十六条和第二十八条的规定进行再次鉴定和复查鉴定的期限，依照本条例第二十五条第二款的规定执行。

第五章　工伤保险待遇

第三十条　职工因工作遭受事故伤害或者患职业病进行治疗，享受工伤医疗待遇。

职工治疗工伤应当在签订服务协议的医疗机构就医，情况紧急时可以先到就近的医疗机构急救。

治疗工伤所需费用符合工伤保险诊疗项目目录、工伤保险药品目录、工伤保险住院服务标准的，从工伤保险基金支付。工伤保险诊疗项目目录、工伤保险药品目录、工伤保险住院服务标准，由国务院社会保险行政部门会同国务院卫生行政部门、食品药品监督管理部门等部门规定。

职工住院治疗工伤的伙食补助费，以及经医疗机构出具证明，报经办机构同意，工伤职工到统筹地区以外就医所需的交通、食宿费用从工伤保险基金支付，基金支付的具体标准由统筹地区人民政府规定。

工伤职工治疗非工伤引发的疾病，不享受工伤医疗待遇，按照基本医疗保险办法处理。

工伤职工到签订服务协议的医疗机构进行工伤康复的费用，符合规定的，从工伤保险基金支付。

第三十一条　社会保险行政部门作出认定为工伤的决定后发生行政复议、行政诉讼的，行政复议和行政诉讼期间不停止支付工伤职工治疗工伤的医疗费用。

第三十二条　工伤职工因日常生活或者就业需要，经劳动能力鉴定委员会确认，可以安装假肢、矫形器、假眼、假牙和配置轮椅等辅助器具，所需费用按照国家规定的标准从工伤保险基金支付。

第三十三条　职工因工作遭受事故伤害或者患职业病需要暂停工作接受工伤医疗的，在停工留薪期内，原工资福利待遇不变，由所在单位按月支付。

停工留薪期一般不超过 12 个月。伤情严重或者情况特殊，经设区的市级劳动能力鉴定委员会确认，可以适当延长，但延长不得超过 12 个月。工伤职工评定伤残等级后，停发原待遇，按照本章的有关规定享受伤残待遇。工伤职工在停工留薪期满后仍需治疗的，继续享受工伤医疗待遇。

生活不能自理的工伤职工在停工留薪期需要护理的，由所在单位负责。

第三十四条　工伤职工已经评定伤残等级并经劳动能力鉴定委员会确认需要生活护理的，从工伤保险基金按月支付生活护理费。

生活护理费按照生活完全不能自理、生活大部分不能自理或者生活部分不能自理 3 个不同等级支付，其标准分别为统筹地区上年度职工月平均工资的 50%、40% 或者 30%。

第三十五条　职工因工致残被鉴定为一级至四级伤残的，保留劳动关系，退出工作岗位，享受以下待遇：

（一）从工伤保险基金按伤残等级支付一次性伤残补助金，标准为：一级伤残为 27 个月的本人工资，二级伤残为 25 个月的本人工资，三级伤残为 23 个月的本人工资，四级伤残为 21 个月的本人工资；

（二）从工伤保险基金按月支付伤残津贴，标准为：一级伤残为本人工资的 90%，二级伤残为本人工资的 85%，三级伤残为本人工资的 80%，四级伤残为本人工资的 75%。伤残津贴实际金额低于当地最低工资标准的，由工伤保险基金补足差额；

（三）工伤职工达到退休年龄并办理退休手续后，停发伤残津贴，按照国家有关规定享受基本养老保险待遇。基本养老保险待遇低于伤残津贴的，由工伤保险基金补足差额。

职工因工致残被鉴定为一级至四级伤残的，由用人单位和职工个人以伤残津贴为基数，缴纳基本医疗保险费。

第三十六条　职工因工致残被鉴定为五级、六级伤残的，享受以下待遇：

（一）从工伤保险基金按伤残等级支付一次性伤残补助金，标准为：五级伤残为 18 个月的本人工资，六级伤残为 16 个月的本人工资；

（二）保留与用人单位的劳动关系，由用人单位安排适当工作。难以安排工作的，由用人单位按月发给伤残津贴，标准为：五级伤残为本人工资的 70%，六级伤残为本人工资的 60%，并由用人单位按照规定为其缴纳应缴纳的各项社会保险费。伤残津贴实际金额低于当地最低工资标准的，由用人单位补足差额。

经工伤职工本人提出，该职工可以与用人单位解除或者终止劳动关系，由工伤保险基金支付一次性工伤医疗补助金，由用人单位支付一次性伤残就业补助金。一次性工伤医疗补助金和一次性伤残就业补助金的具体标准由省、自治区、直辖市人民政府规定。

第三十七条　职工因工致残被鉴定为七级至十级伤残的，享受以下待遇：

（一）从工伤保险基金按伤残等级支付一次性伤残补助金，标准为：七级伤残为 13 个月的本人工资，八级伤残为 11 个月的本人工资，九级伤残为 9 个月的本人工资，十级伤残为 7 个月的本人工资；

（二）劳动、聘用合同期满终止，或者职工本人提出解除劳动、聘用合同的，由工伤保险基金支付一次性工伤医疗补助金，由用人单位支付一次性伤残就业补助金。一次性工伤医疗补助金和一次性伤残就业补助金的具体标准由省、自治区、直辖市人民政府规定。

第三十八条 工伤职工工伤复发,确认需要治疗的,享受本条例第三十条、第三十二条和第三十三条规定的工伤待遇。

第三十九条 职工因工死亡,其近亲属按照下列规定从工伤保险基金领取丧葬补助金、供养亲属抚恤金和一次性工亡补助金:

(一)丧葬补助金为6个月的统筹地区上年度职工月平均工资;

(二)供养亲属抚恤金按照职工本人工资的一定比例发给由因工死亡职工生前提供主要生活来源、无劳动能力的亲属。标准为:配偶每月40%,其他亲属每人每月30%,孤寡老人或者孤儿每人每月在上述标准的基础上增加10%。核定的各供养亲属的抚恤金之和不应高于因工死亡职工生前的工资。供养亲属的具体范围由国务院社会保险行政部门规定;

(三)一次性工亡补助金标准为上一年度全国城镇居民人均可支配收入的20倍。

伤残职工在停工留薪期内因工伤导致死亡的,其近亲属享受本条第一款规定的待遇。

一级至四级伤残职工在停工留薪期满后死亡的,其近亲属可以享受本条第一款第(一)项、第(二)项规定的待遇。

第四十条 伤残津贴、供养亲属抚恤金、生活护理费由统筹地区社会保险行政部门根据职工平均工资和生活费用变化等情况适时调整。调整办法由省、自治区、直辖市人民政府规定。

第四十一条 职工因工外出期间发生事故或者在抢险救灾中下落不明的,从事故发生当月起3个月内照发工资,从第4个月起停发工资,由工伤保险基金向其供养亲属按月支付供养亲属抚恤金。生活有困难的,可以预支一次性工亡补助金的50%。职工被人民法院宣告死亡的,按照本条例第三十九条职工因工死亡的规定处理。

第四十二条 工伤职工有下列情形之一的,停止享受工伤保险待遇:

(一)丧失享受待遇条件的;

(二)拒不接受劳动能力鉴定的;

(三)拒绝治疗的。

第四十三条 用人单位分立、合并、转让的,承继单位应当承担原用人单位的工伤保险责任;原用人单位已经参加工伤保险的,承继单位应当到当地经办机构办理工伤保险变更登记。

用人单位实行承包经营的,工伤保险责任由职工劳动关系所在单位承担。

职工被借调期间受到工伤事故伤害的,由原用人单位承担工伤保险责任,但原用人单位与借调单位可以约定补偿办法。

企业破产的,在破产清算时依法拨付应当由单位支付的工伤保险待遇费用。

第四十四条 职工被派遣出境工作,依据前往国家或者地区的法律应当参加当地工伤保险的,参加当地工伤保险,其国内工伤保险关系中止;不能参加当地工伤保险的,其国内工伤保险关系不中止。

第四十五条 职工再次发生工伤,根据规定应当享受伤残津贴的,按照新认定的伤残等级享受伤残津贴待遇。

第六章 监督管理

第四十六条 经办机构具体承办工伤保险事务,履行下列职责:

（一）根据省、自治区、直辖市人民政府规定，征收工伤保险费；

（二）核查用人单位的工资总额和职工人数，办理工伤保险登记，并负责保存用人单位缴费和职工享受工伤保险待遇情况的记录；

（三）进行工伤保险的调查、统计；

（四）按照规定管理工伤保险基金的支出；

（五）按照规定核定工伤保险待遇；

（六）为工伤职工或者其近亲属免费提供咨询服务。

第四十七条　经办机构与医疗机构、辅助器具配置机构在平等协商的基础上签订服务协议，并公布签订服务协议的医疗机构、辅助器具配置机构的名单。具体办法由国务院社会保险行政部门分别会同国务院卫生行政部门、民政部门等部门制定。

第四十八条　经办机构按照协议和国家有关目录、标准对工伤职工医疗费用、康复费用、辅助器具费用的使用情况进行核查，并按时足额结算费用。

第四十九条　经办机构应当定期公布工伤保险基金的收支情况，及时向社会保险行政部门提出调整费率的建议。

第五十条　社会保险行政部门、经办机构应当定期听取工伤职工、医疗机构、辅助器具配置机构以及社会各界对改进工伤保险工作的意见。

第五十一条　社会保险行政部门依法对工伤保险费的征缴和工伤保险基金的支付情况进行监督检查。

财政部门和审计机关依法对工伤保险基金的收支、管理情况进行监督。

第五十二条　任何组织和个人对有关工伤保险的违法行为，有权举报。社会保险行政部门对举报应当及时调查，按照规定处理，并为举报人保密。

第五十三条　工会组织依法维护工伤职工的合法权益，对用人单位的工伤保险工作实行监督。

第五十四条　职工与用人单位发生工伤待遇方面的争议，按照处理劳动争议的有关规定处理。

第五十五条　有下列情形之一的，有关单位或者个人可以依法申请行政复议，也可以依法向人民法院提起行政诉讼：

（一）申请工伤认定的职工或者其近亲属、该职工所在单位对工伤认定申请不予受理的决定不服的；

（二）申请工伤认定的职工或者其近亲属、该职工所在单位对工伤认定结论不服的；

（三）用人单位对经办机构确定的单位缴费费率不服的；

（四）签订服务协议的医疗机构、辅助器具配置机构认为经办机构未履行有关协议或者规定的；

（五）工伤职工或者其近亲属对经办机构核定的工伤保险待遇有异议的。

第七章　法律责任

第五十六条　单位或者个人违反本条例第十二条规定挪用工伤保险基金，构成犯罪的，依法追究刑事责任；尚不构成犯罪的，依法给予处分或者纪律处分。被挪用的基金由社会保险行政部门追回，并入工伤保险基金；没收的违法所得依法上缴国库。

第五十七条　社会保险行政部门工作人员有下列情形之一的，依法给予处分；情节严重，构成犯罪的，依法追究刑事责任：

（一）无正当理由不受理工伤认定申请，或者弄虚作假将不符合工伤条件的人员认定为工伤职工的；

（二）未妥善保管申请工伤认定的证据材料，致使有关证据灭失的；

（三）收受当事人财物的。

第五十八条　经办机构有下列行为之一的，由社会保险行政部门责令改正，对直接负责的主管人员和其他责任人员依法给予纪律处分；情节严重，构成犯罪的，依法追究刑事责任；造成当事人经济损失的，由经办机构依法承担赔偿责任：

（一）未按规定保存用人单位缴费和职工享受工伤保险待遇情况记录的；

（二）不按规定核定工伤保险待遇的；

（三）收受当事人财物的。

第五十九条　医疗机构、辅助器具配置机构不按服务协议提供服务的，经办机构可以解除服务协议。

经办机构不按时足额结算费用的，由社会保险行政部门责令改正；医疗机构、辅助器具配置机构可以解除服务协议。

第六十条　用人单位、工伤职工或者其近亲属骗取工伤保险待遇，医疗机构、辅助器具配置机构骗取工伤保险基金支出的，由社会保险行政部门责令退还，处骗取金额2倍以上5倍以下的罚款；情节严重，构成犯罪的，依法追究刑事责任。

第六十一条　从事劳动能力鉴定的组织或者个人有下列情形之一的，由社会保险行政部门责令改正，处2000元以上1万元以下的罚款；情节严重，构成犯罪的，依法追究刑事责任：

（一）提供虚假鉴定意见的；

（二）提供虚假诊断证明的；

（三）收受当事人财物的。

第六十二条　用人单位依照本条例规定应当参加工伤保险而未参加的，由社会保险行政部门责令限期参加，补缴应当缴纳的工伤保险费，并自欠缴之日起，按日加收万分之五的滞纳金；逾期仍不缴纳的，处欠缴数额1倍以上3倍以下的罚款。

依照本条例规定应当参加工伤保险而未参加工伤保险的用人单位职工发生工伤的，由该用人单位按照本条例规定的工伤保险待遇项目和标准支付费用。

用人单位参加工伤保险并补缴应当缴纳的工伤保险费、滞纳金后，由工伤保险基金和用人单位依照本条例的规定支付新发生的费用。

第六十三条　用人单位违反本条例第十九条的规定，拒不协助社会保险行政部门对事故进行调查核实的，由社会保险行政部门责令改正，处2000元以上2万元以下的罚款。

第八章　附　则

第六十四条　本条例所称工资总额，是指用人单位直接支付给本单位全部职工的劳动报酬总额。

本条例所称本人工资，是指工伤职工因工作遭受事故伤害或者患职业病前12个月平均月缴费工资。本人工资高于统筹地区职工平均工资300%的，按照统筹地区职工平均工资的

300%计算；本人工资低于统筹地区职工平均工资60%的，按照统筹地区职工平均工资的60%计算。

第六十五条 公务员和参照公务员法管理的事业单位、社会团体的工作人员因工作遭受事故伤害或者患职业病的，由所在单位支付费用。具体办法由国务院社会保险行政部门会同国务院财政部门规定。

第六十六条 无营业执照或者未经依法登记、备案的单位以及被依法吊销营业执照或者撤销登记、备案的单位的职工受到事故伤害或者患职业病的，由该单位向伤残职工或者死亡职工的近亲属给予一次性赔偿，赔偿标准不得低于本条例规定的工伤保险待遇；用人单位不得使用童工，用人单位使用童工造成童工伤残、死亡的，由该单位向童工或者童工的近亲属给予一次性赔偿，赔偿标准不得低于本条例规定的工伤保险待遇。具体办法由国务院社会保险行政部门规定。

前款规定的伤残职工或者死亡职工的近亲属就赔偿数额与单位发生争议的，以及前款规定的童工或者童工的近亲属就赔偿数额与单位发生争议的，按照处理劳动争议的有关规定处理。

第六十七条 本条例自2004年1月1日起施行。本条例施行前已受到事故伤害或者患职业病的职工尚未完成工伤认定的，按照本条例的规定执行。

国务院关于特大安全事故行政责任追究的规定

第一条 为了有效地防范特大安全事故的发生，严肃追究特大安全事故的行政责任，保障人民群众生命、财产安全，制定本规定。

第二条 地方人民政府主要领导人和政府有关部门正职负责人对下列特大安全事故的防范、发生，依照法律、行政法规和本规定的规定有失职、渎职情形或者负有领导责任的，依照本规定给予行政处分；构成玩忽职守罪或者其他罪的，依法追究刑事责任：

（一）特大火灾事故；

（二）特大交通安全事故；

（三）特大建筑质量安全事故；

（四）民用爆炸物品和化学危险品特大安全事故；

（五）煤矿和其他矿山特大安全事故；

（六）锅炉、压力容器、压力管道和特种设备特大安全事故；

（七）其他特大安全事故。

地方人民政府和政府有关部门对特大安全事故的防范、发生直接负责的主管人员和其他直接责任人员，比照本规定给予行政处分；构成玩忽职守罪或者其他罪的，依法追究刑事责任。

特大安全事故肇事单位和个人的刑事处罚、行政处罚和民事责任，依照有关法律、法规和规章的规定执行。

第三条 特大安全事故的具体标准，按照国家有关规定执行。

第四条 地方各级人民政府及政府有关部门应当依照有关法律、法规和规章的规定，采取行政措施，对本地区实施安全监督管理，保障本地区人民群众生命、财产安全，对本地区或者职责范围内防范特大安全事故的发生、特大安全事故发生后的迅速和妥善处理负责。

第五条　地方各级人民政府应当每个季度至少召开一次防范特大安全事故工作会议，由政府主要领导人或者政府主要领导人委托政府分管领导人召集有关部门正职负责人参加，分析、布置、督促、检查本地区防范特大安全事故的工作。会议应当作出决定并形成纪要，会议确定的各项防范措施必须严格实施。

第六条　市(地、州)、县(市、区)人民政府应当组织有关部门按照职责分工对本地区容易发生特大安全事故的单位、设施和场所安全事故的防范明确责任、采取措施，并组织有关部门对上述单位、设施和场所进行严格检查。

第七条　市(地、州)、县(市、区)人民政府必须制定本地区特大安全事故应急处理预案。本地区特大安全事故应急处理预案经政府主要领导人签署后，报上一级人民政府备案。

第八条　市(地、州)、县(市、区)人民政府应当组织有关部门对本规定第二条所列各类特大安全事故的隐患进行查处；发现特大安全事故隐患的，责令立即排除；特大安全事故隐患排除前或者排除过程中，无法保证安全的，责令暂时停产、停业或者停止使用。法律、行政法规对查处机关另有规定的，依照其规定。

第九条　市(地、州)、县(市、区)人民政府及其有关部门对本地区存在的特大安全事故隐患，超出其管辖或者职责范围的，应当立即向有管辖权或者负有职责的上级人民政府或者政府有关部门报告；情况紧急的，可以立即采取包括责令暂时停产、停业在内的紧急措施，同时报告；有关上级人民政府或者政府有关部门接到报告后，应当立即组织查处。

第十条　中小学校对学生进行劳动技能教育以及组织学生参加公益劳动等社会实践活动，必须确保学生安全。严禁以任何形式、名义组织学生从事接触易燃、易爆、有毒、有害等危险品的劳动或者其他危险性劳动。严禁将学校场地出租作为从事易燃、易爆、有毒、有害等危险品的生产、经营场所。

中小学校违反前款规定的，按照学校隶属关系，对县(市、区)、乡(镇)人民政府主要领导人和县(市、区)人民政府教育行政部门正职负责人，根据情节轻重，给予记过、降级直至撤职的行政处分；构成玩忽职守罪或者其他罪的，依法追究刑事责任。

中小学校违反本条第一款规定的，对校长给予撤职的行政处分，对直接组织者给予开除公职的行政处分；构成非法制造爆炸物罪或者其他罪的，依法追究刑事责任。

第十一条　依法对涉及安全生产事项负责行政审批(包括批准、核准、许可、注册、认证、颁发证照、竣工验收等，下同)的政府部门或者机构，必须严格依照法律、法规和规章规定的安全条件和程序进行审查；不符合法律、法规和规章规定的安全条件的，不得批准；不符合法律、法规和规章规定的安全条件，弄虚作假，骗取批准或者勾结串通行政审批工作人员取得批准的，负责行政审批的政府部门或者机构除必须立即撤销原批准外，应当对弄虚作假骗取批准或者勾结串通行政审批工作人员的当事人依法给予行政处罚；构成行贿罪或者其他罪的，依法追究刑事责任。

负责行政审批的政府部门或者机构违反前款规定，对不符合法律、法规和规章规定的安全条件予以批准的，对部门或者机构的正职负责人，根据情节轻重，给予降级、撤职直至开除公职的行政处分；与当事人勾结串通的，应当开除公职；构成受贿罪、玩忽职守罪或者其他罪的，依法追究刑事责任。

第十二条　对依照本规定第十一条第一款的规定取得批准的单位和个人，负责行政审批的政府部门或者机构必须对其实施严格监督检查；发现其不再具备安全条件的，必须立即撤销原批准。

负责行政审批的政府部门或者机构违反前款规定，不对取得批准的单位和个人实施严格监督检查，或者发现其不再具备安全条件而不立即撤销原批准的，对部门或者机构的正职负责人，根据情节轻重，给予降级或者撤职的行政处分；构成受贿罪、玩忽职守罪或者其他罪的，依法追究刑事责任。

第十三条　对未依法取得批准，擅自从事有关活动的，负责行政审批的政府部门或者机构发现或者接到举报后，应当立即予以查封、取缔，并依法给予行政处罚；属于经营单位的，由工商行政管理部门依法相应吊销营业执照。

负责行政审批的政府部门或者机构违反前款规定，对发现或者举报的未依法取得批准而擅自从事有关活动的，不予查封、取缔、不依法给予行政处罚，工商行政管理部门不予吊销营业执照的，对部门或者机构的正职负责人，根据情节轻重，给予降级或者撤职的行政处分；构成受贿罪、玩忽职守罪或者其他罪的，依法追究刑事责任。

第十四条　市（地、州）、县（市、区）人民政府依照本规定应当履行职责而未履行，或者未按照规定的职责和程序履行，本地区发生特大安全事故的，对政府主要领导人，根据情节轻重，给予降级或者撤职的行政处分；构成玩忽职守罪的，依法追究刑事责任。

负责行政审批的政府部门或者机构、负责安全监督管理的政府有关部门，未依照本规定履行职责，发生特大安全事故的，对部门或者机构的正职负责人，根据情节轻重，给予撤职或者开除公职的行政处分；构成玩忽职守罪或者其他罪的，依法追究刑事责任。

第十五条　发生特大安全事故，社会影响特别恶劣或者性质特别严重的，由国务院对负有领导责任的省长、自治区主席、直辖市市长和国务院有关部门正职负责人给予行政处分。

第十六条　特大安全事故发生后，有关县（市、区）、市（地、州）和省、自治区、直辖市人民政府及政府有关部门应当按照国家规定的程序和时限立即上报，不得隐瞒不报、谎报或者拖延报告，并应当配合、协助事故调查，不得以任何方式阻碍、干涉事故调查。

特大安全事故发生后，有关地方人民政府及政府有关部门违反前款规定的，对政府主要领导人和政府部门正职负责人给予降级的行政处分。

第十七条　特大安全事故发生后，有关地方人民政府应当迅速组织救助，有关部门应当服从指挥、调度，参加或者配合救助，将事故损失降到最低限度。

第十八条　特大安全事故发生后，省、自治区、直辖市人民政府应当按照国家有关规定迅速、如实发布事故消息。

第十九条　特大安全事故发生后，按照国家有关规定组织调查组对事故进行调查。事故调查工作应当自事故发生之日起60日内完成，并由调查组提出调查报告；遇有特殊情况的，经调查组提出并报国家安全生产监督管理机构批准后，可以适当延长时间。调查报告应当包括依照本规定对有关责任人员追究行政责任或者其他法律责任的意见。

省、自治区、直辖市人民政府应当自调查报告提交之日起30日内，对有关责任人员作出处理决定；必要时，国务院可以对特大安全事故的有关责任人员作出处理决定。

第二十条　地方人民政府或者政府部门阻挠、干涉对特大安全事故有关责任人员追究行政责任的，对该地方人民政府主要领导人或者政府部门正职负责人，根据情节轻重，给予降级或者撤职的行政处分。

第二十一条　任何单位和个人均有权向有关地方人民政府或者政府部门报告特大安全事故隐患，有权向上级人民政府或者政府部门举报地方人民政府或者政府部门不履行安全监督管理职责或者不按照规定履行职责的情况。接到报告或者举报的有关人民政府或者政府部门，应当立即组织对事故隐患进行查处，或者对举报的不履行、不按照规定履行安全监督管理职责的情况进行调查处理。

第二十二条　监察机关依照行政监察法的规定，对地方各级人民政府和政府部门及其工作人员履行安全监督管理职责实施监察。

第二十三条　对特大安全事故以外的其他安全事故的防范、发生追究行政责任的办法，由省、自治区、直辖市人民政府参照本规定制定。

第二十四条　本规定自公布之日起施行。

3. 相关标准

企业职工伤亡事故调查分析规则 GB 6442—86

【发布单位】国家标准局

【标 准 号】GB 6442—86

【发布日期】1986 – 05 – 31

【实施日期】1987 – 02 – 01

【标　　题】企业职工伤亡事故调查分析规则

本标准是劳动安全管理的基础标准，是对企业职工在生产劳动过程中发生的伤亡事故（含急性中毒事故）进行调查分析的依据。调查分析的目的是：掌握事故情况，查明事故原因，分清事故责任，拟定改进措施，防止事故重复发生。

1. 名词、术语

伤亡事故是指企业职工在生产劳动过程中，发生的人身伤害急性中毒。

2. 事故调查程序

死亡、重伤事故，应按如下要求进行调查。轻伤事故的调查，可参照执行。

2.1 现场处理

2.1.1 事故发生后，应救护受伤害者，采取措施制止事故蔓延扩大。

2.1.2 认真保护事故现场，凡与事故有关的物体、痕迹、状态，不得破坏。

2.1.3 为抢救受伤害者需要移动现场某些物体时，必须做好现场标志。

2.2 物证搜集

2.2.1 现场物证包括：破损部件、碎片、残留物、致害物的位置等。

2.2.2 在现场搜集到的所有物件均应贴上标签，注明地点、时间、管理者。

2.2.3 所有物件应保持原样，不准冲洗擦拭。

2.2.4 对健康有危害的物品，应采取不损坏原始证据的安全防护措施。

2.3 事故事实材料的搜集

2.3.1 与事故鉴别、记录有关的材料

a. 发生事故的单位、地点、时间；

b. 受害人和肇事者的姓名、性别、年龄、文化程度、职业、技术等级、工龄、本工种工龄、支付工资的形式；

c. 受害人和肇事者的技术状况、接受安全教育情况；

d. 出事当天，受害人和肇事者什么时间开始工作、工作内容、工作量、作业程序、操作时的动作(或位置)；

e. 受害人和肇事者过去的事故记录。

2.3.2 事故发生的有关事实

a. 事故发生前设备、设施等的性能和质量状况；

b. 使用的材料，必要时进行物理性能或化学性能实验与分析；

c. 有关设计和工艺方面的技术文件、工作指令和规章制度方面的资料及执行情况。

d. 关于工作环境方面的状况；包括照明、湿度、温度、通风、声响、色彩度、道路工作面状况以及工作环境中的有毒、有害物质取样分析记录；

e. 个人防护措施状况：应注意它的有效性、质量、使用范围；

f. 出事前受害人和肇事者的健康状况；

g. 其他可能与事故致因有关的细节或因素。

2.4 证人材料搜集

要尽快被调查者搜集材料。对证人的口述材料，应认真考证其真实程度。

2.5 现场摄影

2.5.1 显示残骸和受害者原始存息地的所有照片。

2.5.2 可能被清除或被践踏的痕迹：如刹车痕迹、地面和建筑物的伤痕，火灾引起损害的照片、冒顶下落物的空间等。

2.5.3 事故现场全貌。

2.5.4 利用摄影或录相，以提供较完善的信息内容。

2.6 事故图

报告中的事故图，应包括了解事故情况所必需的信息。如：事故现场示意图、流程图、受害者位置图等。

3. 事故分析

3.1 事故分析步骤

3.1.1 整理和阅读调查材料。

3.1.2 按以下七项内容进行分析：见《企业职工伤亡事故分类标准》(GB 6441—86)附录 A。

a. 受伤部位

b. 受伤性质

c. 起因物

d. 致害物

e. 伤害方式

f. 不安全状态

g. 不安全行为

3.1.3 确定事故的直接原因。

3.1.4 确定事故的间接原因。

3.1.5 确定事故的责任者。

3.2 事故原因分析。

3.2.1 属于下列情况者为直接原因。

3.2.1.1 机械、物质或环境的不安全状态；

见《企业职工伤亡事故分类标准》（GB 6441—86）附录 A – A6 不安全状态。

A.6　不安全状态

分类号

6.01　防护、保险、信号等装置缺乏或有缺陷

　6.01.1　无防护

　　6.01.1.1　无防护罩

　　6.01.1.2　无安全保险装置

　　6.01.1.3　无报警装置

　　6.01.1.4　无安全标志

　　6.01.1.5　无护栏或护栏损坏

　　6.01.1.6　（电气）未接地

　　6.01.1.7　绝缘不良

　　6.01.1.8　局扇无消音系统、噪声大

　　6.01.1.9　危房内作业

　　6.01.1.10　未安装防止"跑车"的档车器或档车栏

　　6.01.1.11　其他

　6.01.2　防护不当

　　6.01.2.1　防护罩未在适当位置

　　6.01.2.2　防护装置调整不当

　　6.01.2.3　坑道掘进、隧道开凿支撑不当

　　6.01.2.4　防爆装置不当

　　6.01.2.5　采伐、集材作业安全距离不够

　　6.01.2.6　放炮作业隐蔽所有缺陷

　　6.01.2.7　电气装置带电部分裸露

　　6.01.2.8　其他

6.02　设备、设施、工具、附件有缺陷

　6.02.1　设计不当，结构不合安全要求

　　6.02.1.1　通道门遮档视线

　　6.02.1.2　制动装置有缺欠

　　6.02.1.3　安全间距不够

　　6.02.1.4　拦车网有缺欠

　　6.02.1.5　工件有锋利毛刺、毛边

　　6.02.1.6　设施上有锋利倒梭

　　6.02.1.7　其他

　6.02.2　强度不够

　　6.02.2.1　机械强度不够

　　6.02.2.2　绝缘强度不够

　　6.02.2.3　起吊重物的绳索不合安全要求

　　6.02.2.4　其他

　6.02.3　设备在非正常状态下运行

　　6.02.3.1　设备带"病"运转

　　6.02.3.2　超负荷运转

　　6.02.3.3　其他

　6.02.4　维修、调整不良

　　6.02.4.1　设备失修

　　6.02.4.2　地面不平

　　6.02.4.3　保养不当、设备失灵

　　6.02.4.4　其他

6.03　个人防护用品用具防护服、手套、护目镜及面罩、呼吸　器官护具、听力护具、安全带、安全帽、安全鞋等缺少或有缺陷

　6.03.1　无个人防护用品、用具

　6.03.2　所用的防护用品、用具不符合安全要求

6.04　生产(施工)场地环境不良

　6.04.1　照明光线不良

　　6.04.1.1　照度不足

　　6.04.1.2　作业场地烟雾尘弥漫视物不清

　　6.04.1.3　光线过强

　6.04.2　通风不良

　　6.04.2.1　无通风

　　6.04.2.2　通风系统效率低

　　6.04.2.3　风流短路

　　6.04.2.4　停电停风时放炮作业

　　6.04.2.5　瓦斯排放未达到安全浓度放炮作业

　　6.04.2.6　瓦斯超限

　　6.04.2.7　其他

　6.04.3　作业场所狭窄

　6.04.4　作业场地杂乱

　　6.04.4.1　工具、制品、材料堆放不安全

　　6.04.4.2　采伐时,未开"安全道"

　　6.04.4.3　迎门树、坐殿树、搭挂树未作处理

　　6.04.4.4　其他

　6.04.5　交通线路的配置不安全

　6.04.6　操作工序设计或配置不安全

　6.04.7　地面滑

　　6.04.7.1　地面有油或其他液体

6.04.7.2　冰雪覆盖

6.04.7.3　地面有其他易滑物

6.04.8　贮存方法不安全

6.04.9　环境温度、湿度不当

3.3.1.2 人的不安全行为：

见《企业职工伤亡事故分类标准》(GB 6441—86)附录 A – A7 不安全行为。

A.7　不安全行为

分类号

7.01　操作错误，忽视安全，忽视警告

7.01.1　未经许可开动、关停、移动机器

7.01.2　开动、关停机器时未给信号

7.01.3　开关未锁紧，造成意外转动、通电或泄漏等

7.01.4　忘记关闭设备

7.01.5　忽视警告标志、警告信号

7.01.6　操作错误(指按钮、阀门、搬手、把柄等的操作)

7.01.7　奔跑作业

7.01.8　供料或送料速度过快

7.01.9　机械超速运转

7.01.10　违章驾驶机动车

7.01.11　酒后作业

7.01.12　客货混载

7.01.13　冲压机作业时，手伸进冲压模

7.01.14　工件紧固不牢

7.01.15　用压缩空气吹铁屑

7.01.16　其他

7.02　造成安全装置失效

7.02.1　拆除了安全装置

7.02.2　安全装置堵塞，失掉了作用

7.02.3　调整的错误造成安全装置失效

7.02.4　其他

7.03　使用不安全设备

7.03.1　临时使用不牢固的设施

7.03.2　使用无安全装置的设备

7.03.3　其他

7.04　手代替工具操作

7.04.1　用手代替手动工具

7.04.2　用手清除切屑

7.04.3　不用夹具固定、用手拿工件进行机加工

7.05　物体(指成品、半成品、材料、工具、切屑和生产用品等)存放不当

7.06　冒险进入危险场所

7.06.1　冒险进入涵洞

7.06.2　接近漏料处（无安全设施）

7.06.3　采伐、集材、运材、装车时，未离危险区

7.06.4　未经安全监察人员允许进入油罐或井中

7.06.5　未"敲帮问顶"开始作业

7.06.6　冒进信号

7.06.7　调车场超速上下车

7.06.8　易燃易爆场合明火

7.06.9　私自搭乘矿车

7.06.10　在绞车道行走

7.06.11　未及时眺望

7.07　攀、坐不安全位置（如平台护栏、汽车挡板、吊车吊钩）

7.08　在起吊物下作业、停留

7.09　机器运转时加油、修理、检查、调整、焊接、清扫等工作

7.10　有分散注意力行为

7.11　在必须使用个人防护用品用具的作业或场合中，忽视其使用

7.11.1　未戴护目镜或面罩

7.11.2　未戴防护手套

7.11.3　未穿安全鞋

7.11.4　未戴安全帽

7.11.5　未佩戴呼吸护具

7.11.6　未佩戴安全带

7.11.7　未戴工作帽

7.11.8　其他

7.12　不安全装束

7.12.1　在有旋转零部件的设备旁作业穿过肥大服装

7.12.2　操纵带有旋转零部件的设备时戴手套

7.12.3　其他

7.13　对易燃、易爆等危险物品处理错误

3.2.2 属下列情况者为间接原因。

3.2.2.1 技术和设计上有缺陷——工业构件、建筑物、机械设备、仪器仪表、工艺过程、操作方法、维修检验等的设计，施工和材料使用存在问题；

3.2.2.2 教育培训不够，未经培训，缺乏或不懂安全操作技术知识；

3.2.2.3 劳动组织不合理；

3.2.2.4 对现场工作缺乏检查或指导错误；

3.2.2.5 没有安全操作规程或不健全；

3.2.2.6 没有或不认真实施事故防范措施；对事故隐患整改不力；

3.2.2.7 其他。

3.2.3 在分析事故时，应从直接原因入手，逐步深入到间接原因，从而掌握事故的全部原因。再分清主次，进行责任分析。

3.3 事故责任分析

3.3.1 根据事故调查所确认的事实，通过对直接原因和间接原因的分析，确定事故中的直接责任者和领导责任者；

3.1.2 在直接责任和领导责任者中，根据其在事故发生过程中的作用，确定主要责任者；

3.3.3 根据事故后果和事故责任者应负的责任提出处理意见。

4. 事故结案归档材料

在事故处理结案后，应归档的事故资料如下：

4.1 职工伤亡事故登记表；

4.2 职工死亡、重伤事故调查报告书及批复；

4.3 现场调查记录、图纸、照片；

4.4 技术鉴定和试验报告；

4.5 物证、人证材料；

4.6 直接和间接经济损失材料；

4.7 事故责任者的自述材料；

4.8 医疗部门对伤亡人员的诊断书；

4.9 发生事故时的工艺条件、操作情况和设计资料；

4.10 处分决定和受处分人员的检查材料；

4.11 有关事故的通报、简报及文件；

4.12 注明参加调查组的人员姓名、职务、单位。

附录 A

事故分析的技术方法（补充件）

A.1 事故树分析法（Fault Tree Analysis 略语为 FTA）又称事故逻辑分析，对事故进行分析和预测和一种方法。

事故树分析法是对既定的生产系统或作业中可能出现的事故条件及可能导致的灾害后果，按工艺流程，先后次序和因果关系绘成的程序方框图，即表示导致事故的各种因素之间的逻辑关系。用以分析系统的安全问题或系统运行的功能问题，并为判明事故发生的可能性和必然性之间的关系，提供的一种表达形式。

A.2 事件树分析法（Event Tree Anstysis 略语为 ETA）。

事件树分析是一种归纳逻辑图。是决策树（Decision Tree）在安全分析中的应用。它从事件的起始状态出发，按一定的顺序，逐项分析系统构成要素的状态（成功或失败）。并将要素的状态与系统的状态联系起来，进行比较，以查明系统的最后输出状态，从而展示事故的原因和发生条件。

4. 党纪政纪

安全生产领域违法违纪行为政纪处分暂行规定

第一条　为了加强安全生产工作,惩处安全生产领域违法违纪行为,促进安全生产法律法规的贯彻实施,保障人民群众生命财产和公共财产安全,根据《中华人民共和国行政监察法》《中华人民共和国安全生产法》及其他有关法律法规,制定本规定。

第二条　国家行政机关及其公务员,企业、事业单位中由国家行政机关任命的人员有安全生产领域违法违纪行为,应当给予处分的,适用本规定。

第三条　有安全生产领域违法违纪行为的国家行政机关,对其直接负责的主管人员和其他直接责任人员,以及对有安全生产领域违法违纪行为的国家行政机关公务员(以下统称有关责任人员),由监察机关或者任免机关按照管理权限,依法给予处分。有安全生产领域违法违纪行为的企业、事业单位,对其直接负责的主管人员和其他直接责任人员,以及对有安全生产领域违法违纪行为的企业、事业单位工作人员中由国家行政机关任命的人员(以下统称有关责任人员),由监察机关或者任免机关按照管理权限,依法给予处分。

第四条　(一)不执行国家安全生产方针政策和安全生产法律、法规、规章以及上级机关、主管部门有关安全生产的决定、命令、指示的;

(二)制定或者采取与国家安全生产方针政策以及安全生产法律、法规、规章相抵触的规定或者措施,造成不良后果或者经上级机关、有关部门指出仍不改正的。

第五条　(一)向不符合法定安全生产条件的生产经营单位或者经营者颁发有关证照的;

(二)对不具备法定条件机构、人员的安全生产资质、资格予以批准认定的;

(三)对经责令整改仍不具备安全生产条件的生产经营单位,不撤销原行政许可、审批或者不依法查处的;

(四)违法委托单位或者个人行使有关安全生产的行政许可权或者审批权的;

(五)有其他违反规定实施安全生产行政许可或者审批行为的。

第六条　(一)批准向合法的生产经营单位或者经营者超量提供剧毒品、火工品等危险物资,造成后果的;

(二)批准向非法或者不具备安全生产条件的生产经营单位或者经营者,提供剧毒品、火工品等危险物资或者其他生产经营条件的。

第七条　国家行政机关公务员利用职权或者职务上的影响,违反规定为个人和亲友谋取私利,有下列行为之一的:

(一)干预、插手安全生产装备、设备、设施采购或者招标投标等活动的;

(二)干预、插手安全生产行政许可、审批或者安全生产监督执法的;

(三)干预、插手安全生产中介活动的;

(四)有其他干预、插手生产经营活动危及安全生产行为的。

第八条

(一)未按照有关规定对有关单位申报的新建、改建、扩建工程项目的安全设施,与主体工程同时设计、同时施工、同时投入生产和使用中组织审查验收的;

(二)发现存在重大安全隐患,未按规定采取措施,导致生产安全事故发生的;

（三）对发生的生产安全事故瞒报、谎报、拖延不报，或者组织、参与瞒报、谎报、拖延不报的；

（四）生产安全事故发生后，不及时组织抢救的；

（五）对生产安全事故的防范、报告、应急救援有其他失职、渎职行为的。

第九条　国家行政机关及其公务员有下列行为之一的，对有关责任人员，给予警告、记过或者记大过处分；情节较重的，给予降级或者撤职处分；情节严重的，给予开除处分：

（一）阻挠、干涉生产安全事故调查工作的；

（二）阻挠、干涉对事故责任人员进行责任追究的；

（三）不执行对事故责任人员的处理决定，或者擅自改变上级机关批复的对事故责任人员的处理意见的。

第十条　国家行政机关公务员有下列行为之一的，给予警告、记过或者记大过处分；情节较重的，给予降级或者撤职处分；情节严重的，给予开除处分：

（一）本人及其配偶、子女及其配偶违反规定在煤矿等企业投资入股或者在安全生产领域经商办企业的；

（二）违反规定从事安全生产中介活动或者其他营利活动的；

（三）在事故调查处理时，滥用职权、玩忽职守、徇私舞弊的；

（四）利用职务上的便利，索取他人财物，或者非法收受他人财物，在安全生产领域为他人谋取利益的。

对国家行政机关公务员本人违反规定投资入股煤矿的处分，法律、法规另有规定的，从其规定。

第十一条　国有企业及其工作人员有下列行为之一的，

（一）未取得安全生产行政许可及相关证照或者不具备安全生产条件从事生产经营活动的；

（二）弄虚作假，骗取安全生产相关证照的；

（三）出借、出租、转让或者冒用安全生产相关证照的；

（四）未按照有关规定保证安全生产所必需的资金投入，导致产生重大安全隐患的；

（五）新建、改建、扩建工程项目的安全设施，不与主体工程同时设计、同时施工、同时投入生产和使用，或者未按规定审批、验收，擅自组织施工和生产的；

（六）被依法责令停产停业整顿、吊销证照、关闭的生产经营单位，继续从事生产经营活动的。

第十二条　国有企业及其工作人员有下列行为之一，导致生产安全事故发生的，

（一）对存在的重大安全隐患，未采取有效措施的；

（二）违章指挥，强令工人违章冒险作业的；

（三）未按规定进行安全生产教育和培训并经考核合格，允许从业人员上岗，致使违章作业的；

（四）制造、销售、使用国家明令淘汰或者不符合国家标准的设施、设备、器材或者产品的；

（五）超能力、超强度、超定员组织生产经营，拒不执行有关部门整改指令的；

（六）拒绝执法人员进行现场检查或者在被检查时隐瞒事故隐患，不如实反映情况的；

（七）有其他不履行或者不正确履行安全生产管理职责的。

第十三条　国有企业及其工作人员有下列行为之一的，对有关责任人员，给予记过或者记大过处分；情节较重的，给予降级、撤职或者留用察看处分；情节严重的，给予开除处分：

（一）对发生的生产安全事故瞒报、谎报或者拖延不报的；

（二）组织或者参与破坏事故现场、出具伪证或者隐匿、转移、篡改、毁灭有关证据，阻挠事故调查处理的；

（三）生产安全事故发生后，不及时组织抢救或者擅离职守的。

生产安全事故发生后逃匿的，给予开除处分。

第十四条　国有企业及其工作人员不执行或者不正确执行对事故责任人员作出的处理决定，或者擅自改变上级机关批复的对事故责任人员的处理意见的

第十五条　国有企业负责人及其配偶、子女及其配偶违反规定在煤矿等企业投资入股或者在安全生产领域经商办企业的，对由国家行政机关任命的人员，给予警告、记过或者记大过处分；情节较重的，给予降级、撤职或者留用察看处分；情节严重的，给予开除处分。

第十六条　承担安全评价、培训、认证、资质验证、设计、检测、检验等工作的机构及其工作人员，出具虚假报告等与事实不符的文件、材料，造成安全生产隐患的，对有关责任人员，给予警告、记过或者记大过处分；情节较重的，给予降级、降职或者撤职处分；情节严重的，给予开除留用察看或者开除处分。

第十七条　法律、法规授权的具有管理公共事务职能的组织以及国家行政机关依法委托的组织及其工勤人员以外的工作人员有安全生产领域违法违纪行为，应当给予处分的，参照本规定执行。

企业、事业单位中除由国家行政机关任命的人员外，其他人员有安全生产领域违法违纪行为，应当给予处分的，由企业、事业单位参照本规定执行。

第十八条　有安全生产领域违法违纪行为，需要给予组织处理的，依照有关规定办理。

第十九条　有安全生产领域违法违纪行为，涉嫌犯罪的，移送司法机关依法处理。

第二十条　本规定由监察部和国家安全生产监督管理总局负责解释。

第二十一条　本规定自公布之日起施行。

附录二　生产安全事故调查处理相关文书

在生产安全事故调查处理过程中，相关主体以文书的方式记录着调查处理的工作过程，如成立事故调查组的请求和批示文书、事故调查组各小组的工作文书、事故调查组完成的事故调查报告等等，下面收录了生产安全事故调查处理过程中的主要文书格式，以供参考。

《关于成立××事故调查组的请示》格式

××人民政府：

　　×年×月×日，×市×县×镇××煤矿发生一起××事故，造成×人死亡，×人受伤。

　　根据国务院《生产安全事故报告和调查处理条例》和《湖南省人民政府关于安全事故调查审查批复的规定》等有关规定，拟成立××事故调查组。调查组由湖南煤矿安全监察局(或监察分局)、省(或市)监察厅、省(或市)安监局、省(或市)煤炭局、省(或市)公安厅、省(或市)总工会和××市人民政府组成，同时邀请省(或市)人民检察院派人参加。××市(或县)人民政府相关部门为事故调查协办单位。调查组组长由湖南煤矿安全监察局(或监察分局)××同志担任。

　　以上安排如无不妥，请批转有关部门派人参加调查。

　　附件：××事故调查组成员单位名单

××年×月×日

《关于成立××事故调查组的函》格式

调查组成员单位：

　　×年×月×日，×市×县×镇××煤矿发生一起××事故，造成×人死亡，×人受伤。经×人民政府领导同意，决定成立事故调查组。现将有关事项函告如下：

　　一、调查组由××和××市(或县)人民政府组成，同时邀请省(或市县)人民检察院派人参加。×市(或县)人民政府相关部门为事故调查协办单位。请明确参加调查的人员，填好《参加调查组人员名单回执》(见附件2)，并于×月×日×时前传真我局。(传真号：××)

　　二、调查组定于×月×日赴×县开展调查工作，并于×月×日×时×分在××召开调查组第一次会议。

　　三、请通知参加调查的同志作好相关准备，于×月×日×时前入住××处。

　　四、调查组联系人。事故调查组联系人：××(职务：×，联系电话：××)。×市(或县)人民政府接待联系人：××(职务：××，联系电话：××)。

　　附件：1. 参加调查组人员名单回执。

　　　　　2. 关于成立××事故调查组的请示及领导批示。

《××事故直接经济损失表》格式

序号	项 目	金额(万元)	备 注
一	人身伤亡后所支出费用		
1	医疗费用(含护理费)		
2	丧葬及抚恤费用		
3	补助及救济费用		
4	歇工工资		
二	善后处理费用		
5	处理事故的事务性费用		
6	现场抢救费用		
7	清理现场费用		
8	事故赔偿费用		
三	财产损失价值		
9	固定资产损失价值		
10	流动资产损失价值		
	合 计		

（事故单位盖章）　　　　　（上级政府主管部门盖章）
　年　月　日　　　　　　　　年　月　日

《××事故伤亡人员名单》格式

序号	姓 名	伤害程度	年龄	文化程度	籍贯	培训情况	工种	本工种工龄

（事故单位盖章）

年 月 日

《××事故技术鉴定报告》格式

前言

一、事故单位基本情况

1. 企业概况

企业由来、企业性质、职工人数、地理位置、建设时间和投产时间等基本情况。

2. 生产情况

设计能力、核定能力、实际产量、劳动组织、有关技术参数、生产系统、工艺流程、安全设备设施等。

3. 灾害防治情况

重点介绍与事故有关的情况。

二、事故地点及相邻区域基本情况

三、事故发生及抢救经过

事故前及当班作业情况，事故发生及抢救经过(叙述简明扼要，不得繁杂罗嗦凑篇幅)。

四、现场勘察与分析

事故现场勘察基本情况，事故灾害定量分析。

五、事故基本要素认定及依据

事故发生时间认定

事故发生地点认定

事故死亡人数认定

事故类别认定

六、事故直接原因分析

从物的不安全状态和人的不安全行为二方面定性定量分析。

七、结论

八、建议

提出防范类似事故发生的技术措施。

报告附件：

1. 鉴定单位和鉴定人员资质证明复印件。

2. 技术鉴定组成员签字名单(含姓名、单位、职称、联系方式)。

3. 抢险救护报告。

4. 现场勘察报告。

5. 现场提取物技术检测(检验)报告。

6. 尸体检验报告。

7. 事故现场示意图及有关剖面图(按绘图细则要求制作)。

《××事故管理报告》格式

×年×月×日×时×分，××市××县×镇×煤矿发生××事故，造成×人死亡，×人×伤，直接经济损失×万元。

事故发生后的领导重要批示和各级政府、部门参与救援情况。

根据《生产安全事故报告和调查处理条例》及《煤矿安全监察条例》等法规的规定，经××人民政府同意，×月×日，××事故调查组成立。

根据调查工作的整体安排，制订了管理组调查工作方案。管理组由调查组副组长××具体分管，由××同志任组长，负责政府和有关职能部门、服务机构的调查。成立了综合内勤组和×个调查小组分别开展工作。管理组通过收集证据资料、调查取证、综合分析，查明了被调查单位和人员的基本情况、职责履行情况和管理方面的间接原因，提出了对责任人员的处理建议和管理方面的防范措施。现报告如下：

一、事故单位概况

二、事故抢救情况

三、对政府和有关职能部门的调查情况

1. ××部门

（1）主要职责：××

（2）职责履行情况：××

2. ××服务机构

（1）主要职责：××

（2）职责履行情况：××

3. ××政府

（1）主要职责：根据《安全生产法》和《湖南省安全生产监督管理职责暂行规定》等规定，各级地方党委政府的主要职责：××

（2）职责履行情况：××

五、管理方面的间接原因

六、事故责任的认定及对事故责任者的处理建议

七、管理方面的事故防范与整改措施

附件：

1. ××事故调查组管理组签名表

《××事故调查报告》格式

　　×年×月×日×时×分，××市××县×镇×煤矿发生××事故，造成×人死亡，×人×伤，直接经济损失×万元。

　　事故发生后的领导重要批示和各级政府、部门参与救援情况。

　　根据国家有关法律法规，经湖南省人民政府同意，成立了由××同志为组长，××、×	×、××同志为副组长，××、××单位参加的事故调查组，同时，邀请了省(或市、县)人民检察院参加的事故调查组。

　　调查组委托××进行了技术鉴定(或邀请××专家进行现场勘察和技术分析)。通过现场勘察、技术认定、调查取证、综合分析，查明了事故发生的经过、原因、人员伤亡情况及直接经济损失，认定了事故的性质和事故责任，提出了对事故责任者的处理建议和事故防范与整改措施。现报告如下：

　　一、事故单位基本情况

　　重点叙述与事故有关的基本情况和事故地点的情况

　　二、事故发生与抢救经过

　　(一)事故发生经过

　　(二)事故抢险救援过程

　　三、人员伤亡与直接经济损失

　　四、事故原因及性质

　　(一)事故直接原因

　　(二)间接原因

　　(三)事故性质

　　经调查认定，这是一起责任事故。

　　五、责任划分及对责任者的处理建议

　　根据事故处理的不同情况，按下列格式分类进行罗列。

　　(一)建议不再追究责任的人员

　　(指事故中已死亡的责任人员)

　　(二)司法机关已采取措施人员

　　上述人员属中共党员和行政监察对象的，待司法机关作出处理决定后，由当地纪检监察机关按照党员、干部管理权限给予相应的党纪、行政处分。对××、××依法给予××行政处罚。

　　(三)建议移送司法机关处理的人员

　　(四)涉嫌经济违纪，纪检监察机关已立案，待结案后给予相应处分人员

　　(五)建议给予党纪、行政处分人员

　　1.姓名，政治面貌，单位职务。违规事实。对事故负××责任。建议给予××处分(包括行政和党纪处分)。(属煤矿企业人员，同时写上行政处罚建议)

　　(六)其他处理建议

　　1.给予事故发生单位的行政处罚建议。

2.责成有关责任单位和人员的其他处理。

六、事故防范与整改措施

针对事故原因提出事故防范与整改措施

附件：××事故调查组成员名单

××事故调查组

×年×月×日

《××事故防范与整改措施的函》格式

××事故调查组文件

湘调查组函〔 〕×号 　　　　　　　　　签发人：

关于××事故防范与整改措施的函

××人民政府(或事故发生单位)：

为深刻吸取事故教训，调查组在查明事故发生经过和原因的基础上，提出了事故防范与整改措施(附后)，请认真组织落实，于×年×月×日前将落实情况报告××人民政府及事故调查组成员单位。

附件：××事故防范与整改措施

　　　　　　　　　　　　　　　　　　　　　　　　　　　　××事故调查组
　　　　　　　　　　　　　　　　　　　　　　　　　　　　×年×月×日

签收人签名：_____　　　签收日期：_____

抄送：××人民政府，调查组成员单位。

《××事故调查处理意见的批复》

××人民政府：

×年×月×日×时×分，××市××县×镇×煤矿发生××事故，造成×人死亡，×人×伤，直接经济损失×万元。

事故发生后，根据《生产安全事故报告和调查处理条例》等法规规定，我局××监察分局会同你市（或县）有关单位，依法组成调查组对事故进行了调查，并向我局呈报了《××事故调查处理意见的请示》（文号）。（对一般事故，写"我局依法组成事故调查组对事故进行了调查，并形成了《××事故调查报告》。经研究，现批复如下：

一、事故调查工作符合《生产安全事故报告和调查处理条例》《煤矿安全监察条例》等有关规定。

二、同意事故调查组对事故原因的分析和事故性质的认定，这是一起生产安全责任事故。

三、同意事故调查组对有关责任者的责任分析和处理建议。

姓名，政治面貌，单位职务。对事故负××责任。依法给予××处分。

四、同意事故调查组提出的事故防范和整改措施。请督促××单位深刻吸取事故教训，按照事故调查报告提出的防范措施认真督促整改，切实加强煤矿安全管理，杜绝类似事故再次发生。

请批转有关部门（单位）按干部、职工管理权限落实以上有关责任人员的政纪处分意见和责任单位的处理意见，按程序向有关党组织提出相关责任人党纪处分建议，及时公布调查处理结果，并将责任人（单位）处理意见以及事故防范和整改措施的落实情况及时函告我局。

后　记

　　《生产安全事故调查处理的理论与实践》一书是本人作为"湖南省青年骨干教师培养对象"项目的阶段性科研成果，它终于要在农历丙申年初与大家见面，实现了我院省级精品课程——《事故预防与调查处理》教学内容建设的重大突破，我感到由衷的喜悦。

　　《生产安全事故调查处理的理论与实践》一书从着手编写到出版仅花了6个月时间，其匆忙繁促，可想而知。作为主要撰写人，由于教学工作、培训学习以及法律实务占据了我的大部分时间，再加上幼儿养育的各种具体事务，导致了这一任务完成的艰辛。

　　然而，这一重大任务仍旧如期完成了，这主要得益于来自各方面的支持和帮助。首先，我要感谢湖南省安全生产监督管理局的重视和支持，省政府副秘书长、局党组书记、局长邓立佳同志亲自为本书作序，给作者及湖南安全技术职业学院的教职工极大鼓舞。其次，我要感谢湖南安全技术职业学院党委行政的全力支持，党委书记李海涛同志对该书提出了建设性意见，院长郭超亲自带领作者前往湖南省安全生产监督管理局收集相关材料，对本书的编写自始至终给予了有力的指导，长沙煤矿安全技术培训中心主任李荣欣同志为本书的撰写提供了全面的一手材料，副院长王林认真仔细地审定了全书，对该书的框架与内容做了整体的把关，并调整了一些具体章节。最后，我要特别感谢学院丁亮、孙玉琪以及郝彩霞等老师参与撰写，弥补了本人专业局限及时间的不足。

　　《生产安全事故调查处理的理论与实践》一书的顺利出版，我由衷地感谢中南大学出版社谢贵良编辑，从书稿内容的调整、文字的处理以及句读的审检都耗费了他大量时间和精力，可谓尽职尽责。

　　由于编写时间仓促，又受编者专业和学术水平限制，书中存在不妥之处，敬请广大读者和专家批评指正。

谢财良
2016 年 2 月

参考文献

［1］龚声武. 生产安全事故预防与调查处理. 长春：吉林科学技术出版社，2008

［2］徐志胜，姜学鹏. 安全系统工程. 北京：机械工业出版社，2012

［3］周波，谭芳敏. 安全管理. 北京：国防工业出版社，2015

［4］湖南省安全生产监督管理局，湖南煤矿安全监察局. 安全生产信息调度统计工作手册. 长沙，2008

［5］湖南省安全生产监督管理局. 生产安全事故调查处理培训资料汇编. 长沙，2013

［6］姜明安. 行政法与行政诉讼法. 北京：北京大学出版社，高等教育出版社，2003

［7］陈光中，徐静村. 刑事诉讼法. 北京：中国政法大学出版社，2001

［8］胡建淼. 行政法学. 北京：法律出版社，2010

［9］黄捷，刘晓广，杨立云. 法律程序关系. 长沙：湖南师大出版社. 2009

［10］［日］室井力. 日本现代行政法，吴薇译. 北京：中国政法大学出版社，1995

［11］李安清. 行政调查的程序法规则. 武汉大学法学院江汉论坛. 2008(3)

［12］陈立宾. 生产安全事故调查处理行政程序研究. 法制与经济. 2010(1)

［13］谢财良. 论生产安全事故调查处理的法律程序化. 湖南警察学院学报，2014(1).

［14］国家安全生产监督管理总局. http：//www. chinasafety. gov. cn/newpage/Channel_21382. htm

［15］湖南省安全生产监督管理局. http：//www. hunansafety. gov. cn/index. php? m = accidentquery&c = index

图书在版编目(CIP)数据

生产安全事故调查处理的理论与实践／谢财良,王林主编.
—长沙:中南大学出版社,2016.3(2020.8 重印)
ISBN 978 - 7 - 5487 - 2184 - 0

Ⅰ.生… Ⅱ.①谢…②王… Ⅲ.①安全事故－调查－研究②安全
事故－事故处理－研究　　Ⅳ.X928

中国版本图书馆 CIP 数据核字(2016)第 038876 号

生产安全事故调查处理的理论与实践

谢财良　王 林　主编

□责任编辑	谢贵良
□责任印制	周 颖
□出版发行	中南大学出版社
	社址:长沙市麓山南路　　　邮编:410083
	发行科电话:0731 - 88876770　　传真:0731 - 88710482
□印　装	长沙市宏发印刷有限公司

□开　本	787 mm×1092 mm　1/16　□印张 17.5　□字数 443 千字
□版　次	2016 年 3 月第 1 版　　　□印次　2020 年 8 月第 2 次印刷
□书　号	ISBN 978 - 7 - 5487 - 2184 - 0
□定　价	42.00 元